PSYCHOLOGY COULD BE SO FUNNY

心理学其实很有趣

超有用超好看的心理学故事

路西 / 编著

北京联合出版公司
Beijing United Publishing Co.,Ltd.

图书在版编目（CIP）数据

心理学其实很有趣：超有用超好看的心理学故事 / 路西编著 . — 北京：北京联合出版公司，2017.2（2022.8 重印）

ISBN 978-7-5502-9511-7

Ⅰ . ①心… Ⅱ . ①路… Ⅲ . ①心理学—通俗读物 Ⅳ . ① B84-49

中国版本图书馆 CIP 数据核字（2017）第 006184 号

心理学其实很有趣：超有用超好看的心理学故事

编　　著：路　西
出 品 人：赵红仕
责任编辑：管　文
封面设计：韩　立
内文排版：潘　松　吴秀侠
插图绘制：朱　杰

北京联合出版公司出版
（北京市西城区德外大街 83 号楼 9 层 100088）
北京德富泰印务有限公司印刷　新华书店经销
字数665千字　720毫米×1020毫米　1/16　26印张
2017年2月第1版　2022年8月第3次印刷
ISBN 978-7-5502-9511-7
定价：78.00元

前 言

preface

每个人都喜欢看故事、读故事，因为它能带给我们无穷的知识和无尽的智慧；它能使我们在轻松的阅读中得到有益的启迪，更深刻地理解和把握人生；它能使我们的意志更加坚强，人格越发健全；它是我们迷失时的灯塔，也是我们春风得意时的镇静剂。正如罗斯·斯图特所说："一个故事能改善与他人之间的关系，怡人性情，使人恍然大悟；一个故事可以使我们沉思生存之意义；一个故事可以使我们接受新的真理，或给我们以新的视野和方式去体察大千世界，芸芸众生。"

心理学家弗洛伊德曾说，古今中外最有智慧的人，也是最会应用心理学知识和技巧的人。他们能在纷繁的事物中，看到事物的主流；能从复杂的现象中，发现事物的规律；能从曲折的过程中，看到光明的前景；能从微小的变化中，感受到即将掀起的风暴。对于个体而言，心理学在任何时候都能派上用场，我们为人处世、求职经商、工作生活，等等，不仅仅要凭自己的诚意和能力，还要有眼力和智慧。生存靠能力，发展靠谋略，成功靠智慧。

当今社会是一个瞬息万变、竞争激烈的社会，在竞争中，不是光凭一腔热血就能取得成功，还需要具备一定的心理学智慧。从古至今，从战场到商场，从工作到生活，人与人之间无时无处不充满着竞争和对抗，心理学的各种智慧也就应运而生并影响着我们人生的每个阶段。而一旦在生活的各个领域都能将心理学用得游刃有余，你就能在人生的大弈局中永立于不败之地。因此，掌握并能够应用一定的心理学知识就显得尤为重要。

乔治·斯格密说："如果说人生的成功是珍藏在宝塔顶层的桂冠，那么，健康的心理就是握在我们手中的一柄利剑，只有磨砺好这柄利剑，才能一路披荆斩棘，最终夺取成功的桂冠。"那么，怎样的心理才算健康？怎样才能拥有健康的心理、健全的人格？怎样才能不抱怨且积极面对人生？

为了帮助大家更多地了解心理学，了解自我的心理困境和他人的心理谜题，我们编撰了本书，书中精选了数百个具有启发性、指导意义、有价值的经典心理学故事，剥去了心理学复杂的外衣，用通俗易懂的文字剖析心理学的原理、规律和方法，揭秘了心理学的奥秘。即使不懂心理学的人，也可以通过一个个经典的故事汲取心理学的智慧，破译内心的记忆密码，解读神秘的心理效应；驱除糟糕情绪的困扰，远离亚健康的导火索；洞悉灰色心理的内涵，摆脱阴暗心理的羁绊；摒弃不良嗜好与怪癖，挣脱异常心理的毒害；跨越畸变的人格障碍，扭转走向歧途的性灵；全力塑造阳光心态，成功打造完美个性。

希望你可以在轻松的心境下，和我们一起，听听故事，悟悟人生，为心灵打开尘封的锁，给心灵找个歇脚的地方，从而体味超越自我的人生圆满。

目　录

contents

〉第一篇
走近心理学：心理学是什么

第一章　认识真实的自我，由心开始——普通心理学……3
小公主长大了——感觉……3
寻回遗失的手表——听觉……5
失去感觉的贵族——感觉剥夺……8
长不大的男孩——假装长不大……10
“和尚在，我去哪儿了”——自我认知……12
德国间谍现形记——注意力……14
猩猩的惊人智慧——顿悟……17
和珅为什么受宠——同理心……18
女王与妻子——角色转换……20
惊人的谈话效果——人是感性动物……22
第二章　为什么这个社会充满了不安——社会心理学……25
黑猩猩的政治——动物心理……25
勒温的拓扑理论——动机的拓扑理论……27
漂亮的优势——光环效应……29
孩子们受到的不公平待遇——过度理由效应……32
飞机将推迟一小时着陆——留面子效应……34
“被精神分裂”的心理学家——刻板印象……35
震惊全美的凶杀案——责任分散效应……37
是什么杀死了那个年轻人——群体冷漠……39
给总统送书——名人效应……41
偷车贼的心理——破窗效应……43

曾参杀人——从众效应……44
第三章 人格的魅力与困惑——人格心理学……47
青蛙和蝎子——人格稳定性……47
截然不同的双胞胎兄弟——气质……49
同处一室的不同性格者——性格……52
马斯洛需求层次理论——需求……54
奥尔波特的人格特质论——特质……56
扼住命运的咽喉——自励……58
伯乐王旦——贝尔效应……61
“石引”治病——意志品质……63
苏章判案——道德感……65
第四章 身体健康的人心也会生病——医学心理学……67
希特勒的变态心理——本我和超我冲突……67
天才儿童的自闭症——自闭症……69
他到底是谁——多重人格……71
甘受皮肉之苦的贝蒂——性虐待症……73
她是在装病吗——躯体化……75
弗洛伊德听来的案例——移情……77
弗洛伊德与埃米夫人——自由联想法……80
绵羊和猫的心理阴影——反向抑制……82
母亲的担心——认知疗法……83

〉第二篇
健康心理学：健康的生活来自阳光的心态

第一章 健康从“心”开始——阳光心态……89
国王与大臣——乐观……89
只需一根柱子——自信……91
丘吉尔的幽默——幽默……93
不食嗟来之食——自尊……94
跌跤的福特总统——豁达……96

法师与小沙弥——平常心……98
“先生，你掉了钱”——善良……99
第二章 跨越畸变的心理障碍——心理障碍……101
史蒂芬的苦恼——回避型人格障碍……101
生性顽劣是谁的错——反社会型人格障碍……103
都是划痕惹的祸——偏执型人格障碍……105
爱美的少年——体像障碍……106
漂亮女生的双重生活——循环型人格障碍……108
问题儿童的由来——攻击型人格障碍……110
疯狂的赌徒——病理性赌博障碍……112
第三章 驱除坏情绪的困扰——不良情绪……114
博客成为避风港——压抑……114
不肯远行的蜗牛——逃避……116
平衡与不平衡的差距——抱怨……118
塔里兰的阴谋——愤怒……121
富商也有苦恼——紧张……123
第四章 摆脱异常心理的毒害——异常心理……126
从佼佼者到名落孙山的女孩——忧郁症……126
禁不住诱惑的结果——恐怖症……128
爱人要出轨——妄想症……129
约翰的可怕念头——强迫症……132
无病乱投医——疑病症……134
出走带来的后患——癔症……136
他们的问题在哪里——神经衰弱症……139

〉第三篇

社交心理学：交往的艺术，心理的维度

第一章 关系决定命运，人脉才是关键——人脉……143
两个人的不同结局——留有余地……143
受委屈的邓肯——灵活应对……144

百越救楚——亲戚人脉……146
靠老乡成功办厂——地缘人脉……149
“化敌为友”的本茨与戴姆勒——对手资源……152
比尔·盖茨和他的合伙人——“中间人”……154
第二章 沟通从说话开始——沟通……156
卡耐基谨记的教训——避免争论……156
能言善辩的口才家优孟——实话巧说……158
查尔斯·史考伯的经验之谈——赞美……160
善于倾听的安平侯——倾听……161
别人说出来的订单——忌表现欲……163
第三章 我们的身体在“说话”——身体语言……165
皇后与妃子的不同命运——表情……165
一双“死鱼般”的手——握手……167
熊抱过后——拥抱……169
颤腿的小伙子——站姿……170
被看出心理的客人——坐姿……172
大学毕业前的最后一顿饭——手势……173
蕨菜和它的小花朋友——距离……175
第四章 察言观色，瞬间读懂你周围的人——读人……178
刘宰破案——识破心虚……178
韩非子讲故事——主观臆断……180
揭穿骗局的铁匠——洞察谎言……181
御史巧计救李靖——以谎试谎……183
第五章 一招制胜，攻破人心弱点——攻心……185
经理与科长的差距——转换立场……185
“表叔”出面好办事——攀亲拉故……186
数字挑战法——提出挑战……188
袁崇焕之死——离间计……190
柯伦泰的忠诚和才干——红白脸战略……192
被一块面包打动的德国兵——互惠互利……194

〉第四篇

爱情心理学：爱是一切的答案

第一章 落花有意，流水有情——恋爱心理......199
你肩膀上有蜻蜓吗——珍惜......199
活了一百万次的猫——牵挂......201
他和鱼——被爱......203
半碗粥的爱情——一见钟情......205
女孩生命中的三个男人——伪爱......207
第二章 爱情的可控与失控——爱情路上......209
晨曦曾经那么美好——怀念......209
剩下食物都给他——得不到......212
还君明珠——爱逝......215
青草娃娃——勇气......216
驼背的墨西——美丑......218
蜜蜂与花的爱情——放弃......219
不爱江山爱美人——代价......222
第三章 爱是感觉，还是选择——婚姻迷津......224
享受爱情的呵护——依恋......224
爱情就是真情投入——终生相伴......226
弱水三千，只取一瓢饮——一生固守......228
有了外遇的妻子——学会理解......229
爱是一盏灯——学会宽容......231

〉第五篇

教育心理学：让人成为人

第一章 为何家会伤人——父母育儿心理......235
“你对孩子的教育晚了两年半”——早期教育......235
给孩子更大的空间——鱼缸法则......237
公正地对待孩子——马太效应......238

有梦想就有动力——目标效应......240
安徒生的童年——重视环境影响......243
勤奋读书的欧阳修——习惯养成......245
荣誉就像玩具——情商教育......248
第二章 完整的教育，完整的人——孩子学习心理......251
不知疲倦“问一生”——学会学习......251
快乐在哪里——确立目标......252
斯坦福大学诞生记——学会尊重......254
请为你的冷漠付费——关爱他人......255
第三章 因材施教，有教无类——教师心理......258
苏步青和三位恩师——教师人格......258
给孩子贴上正面标签——标签效应......260
期望能产生奇迹——罗森塔尔效应......262
均衡发展最重要——木桶定律......263
“小笨蛋”爱因斯坦——永不放弃......265
赞美的力量——南风效应......267
第四章 方法改变命运——教育方法......270
给孩子失败的机会——自然惩罚法则......270
望远镜的发明——培养创造力......272
苏格拉底成功的秘诀——耐心守候......274
陶行知与四块糖——宽容教育......275
卡耐基与比西奇——夸奖教育......277

〉第六篇

管理心理学：管理在人，管人在心

第一章 一呼百应的秘密——领导者心理......281
麦当劳的椅子——走动管理......281
杜邦公司的三驾马车——集权与分权......283
肯德基的特殊顾客——激发动力......285
洛克菲勒的女婿与世界银行的副总裁——资源整合......286

三年前的选择——长远选择......288
微软的英明之处——果断决策......289
第二章 团队协作——团队建设心理......291
修网还是找出破网原因——二八法则......291
买回短吻鳄的海因茨——快乐管理......293
三洋公司的“鲶鱼策略”——竞争意识......294
本田公司的团队——竞争型团队......296
第三章 知人与善任——管人用人心理......298
福布斯的用人策略——人尽其才......298
西华公司市井之中寻奇才——用人标准......300
松下的用人制度——用人不疑......302
索尼公司的内部跳槽——鼓励竞争......304
为一个人才买下一家公司——留住人才......306

〉第七篇

商用心理学：经商有风险，心态是关键

第一章 摆正心态，从容赚钱——投资心理......311
从天堂到地狱和旅鼠现象——勿盲目跟风......311
猴子偷食——勿贪婪......313
普洱“地震”——勿投机......314
看清“市场先生”的游戏——远离市场......316
可口可乐的成功——顺应消费心理......318
第二章 大道至简——营销心理......321
亚历山大的鞋店——产品人性化......321
福特公司的抽奖活动——活动促销......323
西屋公司的“W”标签——品牌标签......325
聚合选址——商圈......327
便利店的王者之途——便利商机......328
第三章 双赢是最高境界——公关心理......331
航空公司的客户满意度——客户投诉......331

争与不争有差别——合作态度……333
卖烟草的李克——心理公关……335
可口可乐进入中国市场——心理满足……337
海尔的选择——灾难公关……338
第四章 要懂得应对之策——谈判心理……341
销售顾问的技巧——预先设局……341
在行家面前弄巧成拙的露丝——巧妙报价……343
谈判专家的策略——后亮底牌……344
机智的克林顿——制造悬念……346
第五章 买和卖的艺术——推销心理……349
销售过程中的尴尬与技巧——以诚动人……349
推销的失败与成功——洞察关注点……351
会听客户话外音的大卫——窥探心理动向……355
一件“减价”的貂皮大衣——把握价格策略……357
客户的担心——安全感……358
电话销售人员的哀兵策略——利用同情心……361

〉第八篇

职场心理学：不做“穷忙族”，以事业来改变命运

第一章 工作，是你做它而不是它做你——工作心态……365
郑袖计除美人——做事低调……365
石苞的故事——心态平和……367
曹丕以何取胜——争而不争……369
赵德昭的“远虑”——目光长远……371
第二章 想“出头”，先要会“埋头”——新人潜伏……374
夫差与勾践——学会低调……374
三选二怎么选——团结意识……375
喜欢鲜红色的女士——投其所好……377
总统的交流艺术——一见如故……379
遵守规则——规矩办事……381

父子与驴——勿求面面俱到......382
第三章 取悦你的上司，为自己的前途铺路——与上司相处......385
龚遂与韩信的不同命运——不抢风头......385
为什么人不同命——多请教......386
表扬过后——拿捏分寸......388
毛毛虫实验——不盲从......389
第四章 用谁不重要，重要的是怎么用——任用下属......391
刘秀的驭人术——收放结合......391
刘邦的自知之明——起用强者......393
乾隆的妙招——调解矛盾......395
屈尊降贵的吴起——讲究情义......396
国王与大力士——活用权力......398

〉第一篇

走近心理学：心理学是什么

第一章
认识真实的自我，由心开始——普通心理学

小公主长大了——感觉

我们的一切知识和能力都来自感官，或者说得更确切一点，都来自感觉。

——（法国）孔狄亚克

炎炎夏日，人们在外面的时间过长，常常会慨叹：“热死了！”由此可见，大家对“感觉”这一现象并不陌生。

事实上，人体上分布着很多神经，这些神经支配着我们的眼、耳、鼻、舌、皮肤等感觉器官。于是，我们通过感觉器官和感觉神经把外界的声、光、味、冷、热等传到大脑，即所谓的感觉。感觉是人脑对直接作用于感觉器官的客观刺激物的个别属性的反应。从生理学角度分析，感觉是神经系统对外界刺激的反应。它只对客观刺激的个别属性做出反应，因而，也是最简单的心理活动。

感觉的形成要依赖感觉系统。感觉系统由感受器、感觉通络及大脑感觉皮层组成；各部分各司其职，共同完成整个感觉过程。感觉系统工作的第一步就是将外界各种能量形成的刺激（如光、声波等）转变成能量在神经系统中传导的生物电信号，完成这种转变的装置就是感觉系统的感受器。

每种感受器对神经形成的刺激特别敏感，该刺激就是感受器的适宜刺激。例如，人眼的适宜刺激是 400 ~ 700 纳米的光波。不同的适宜刺激引起感受器的反应，感受器把刺激转化成能量，引起神经的冲动，从而形成感觉。感觉形成后，其作用也

就开始发挥了。

感觉是由某种刺激物作用于感觉器官而引起的，但并非任何刺激物都能引起感觉。例如，人们无法看到落在皮肤上的灰尘，也无法感觉到它的重量。只有当刺激物的作用达到一定强度时，才可能引起感受器的反应，发放神经冲动引起感觉。感觉器官这种对适宜刺激的感受能力称为感受性。

从前，印度有个国王，他的小女儿最得他喜爱。国王总嫌小公主长得太慢。这天，他派人找来了一个医生，命令医生："你给公主一种药，让她吃了马上长大。办到了，我重重赏赐；办不到，我就杀了你。"医生寻思了一阵，说："这种药我从前有过，只是年深日久，早已用完。不过，我可以立即去找。只是用这种药，必须遵守一个条件：在我找药期间，你必须同公主分开，相互不能见面。不然，公主就是吃了这种药，也不见效。"

国王虽不愿和女儿分开，可他巴望着公主快快长大，也就答应了。医生到远方去找药，一去就是12年。医生把带回的药给公主服了，然后领着她去见国王。大殿里，一个长得高挑又十分美丽的姑娘站在国王面前。国王拉着公主的手，从头看到脚，乐得合不拢嘴，连声夸奖医生有本事，并赏给他很多珠宝。

故事中的那位印度国王，因为每天都和心爱的女儿在一起，因此对小公主成长变化的差别感受性就很小。那位医生改变了刺激国王视觉的时间和空间模式，使国王的感受性发生了变化。12 年后进行对比，虽是同一个刺激物，作用于同一感受器官，但国王的差别感受性却提高了。

科学地讲，感受性有绝对感受性与差别感受性之分。感受性的强度以感觉阈限的大小来衡量。所谓感觉阈限，指能引起感觉并持续一定时间的刺激量，可分为绝对感觉阈限和差别感觉阈限。绝对感觉阈限是指刚刚能引起感觉的最小刺激量。对绝对感觉阈限的感觉能力称为绝对感受性（即对最小刺激量的感觉能力）。差别感觉阈限是指刚刚能引起差别感觉的两个同类刺激物之间的最小差别量，也称最小可觉差。对差别感觉阈限的感觉能力称为差别感受性（即对同类刺激最小差别量的感觉能力）。

概括来讲，我们在现实世界里对冷、热等各种感受的不经意慨叹，不过都是人体感觉的反映而已。

寻回遗失的手表——听觉

黑夜使眼睛失去它的作用，却使耳朵的听觉更为灵敏，它虽然妨碍了视觉的活动，却给予了听觉加倍的补偿。

——（英国）莎士比亚

听觉是人类感知世界的一个重要途径，是人们接受外界刺激的第二个最主要通道。人类生活在充满声音的物质世界里，我们几乎每时每刻都在接受外界声音的刺激。听觉使我们能够享受到美妙的音乐和小鸟的歌唱，它使我们能与家人和朋友们交谈。电话铃声、敲门声和汽车的喇叭声能对我们进行提醒告诫，通过听觉人们可获得声音所传递的各式各样的信息，得以通往来，传授知识，交流思想。听觉影响到人们实际生活的许多方面，也是认识外界的重要信息源。

和视觉一样，听觉也需要听觉刺激。它是由物体振动产生的。例如，悠扬的琴声是由琴弦的振动产生的，婉转的鸟鸣是由鸟儿声带的振动产生的。物体振动时对周围的空气产生压力，使空气分子做疏密相间的运动，就形成了声波。声波再通过空气传递到人耳，使之在耳中产生了听觉。

一个声音传来，我们一般能听出声音来自哪里，这种现象就是听觉的空间定位，听觉对我们进行空间定位是很重要的。盲人判断事物，主要靠听觉，但就听觉而言，单靠一只耳朵进行空间定位时，不能十分有效地判断声源的方位，却可以有效地判断声源的远近。

我们要准确地判断声源的方位，两只耳朵必须协同作用。由于我们的双耳位于头部左右不同的位置上，因而当声音从左右不同的方向传过来到达我们双耳时就会有一个先后的时间差，这一短暂的时间差就成为我们对声源左或右定位的重要线索；而当声波同时到达我们双耳时，我们就会对声源进行定位。

在一间安静的房间内，我们可以听到钟表的“滴答”声、暖气管中的水流声、窗外的流水声，但是如果室内人声嘈杂，上面的那些声音马上就会听不到了。这种现象被称为声音的掩蔽。下面这则故事中的小孩就充分利用了声音掩蔽的现象。

一位富有的农夫在巡视谷仓时，不慎将一块名贵的手表遗失在谷仓里，他在偌大的谷仓内遍寻不到，便定下赏金，要农场上的小孩到谷仓帮忙，谁能找到手表，便给他 50 美元。

重赏之下，小孩们马上都卖力地四处翻找。只有一个贫穷的小孩在众人都忙着寻找手表的时候，坐在那里不为所动。谷仓内尽是成堆的谷粒以及散置的大批稻草，要在这当中找寻小小的一块手表，实在是大海捞针。

小孩们忙到太阳下山仍无所获，一个接着一个放弃了 50 美元的诱惑，一起回家吃饭去了。那个贫穷的小孩在众人都离开之后，才开始努力寻找那块手表，原来他早就有了主意，手表在谷粒中肯定会发出声音，那么多人一起寻找，吵吵嚷嚷，手表发出的声音肯定听不到，若天色晚了，没人的时候，就一定可以听到手表的“滴答”声，这样就能找到手表了。

谷仓中慢慢变得漆黑，小孩虽然害怕，但他仍然凝声屏气，默默寻找。突然他发现在人声静下来之后，出现了一个奇特的声音。那声音“滴答、滴答”不停地响着，小孩立刻停下所有动作，谷仓内更安静了，“滴答”声十分清晰。小孩循着声音，终于在偌大的漆黑谷仓中找到了那块名贵的手表。

故事中的小孩非常聪明，巧妙地利用听觉找到了手表。事实上，萧瑟的风声、潺潺的流水、悠悠的琴声、啾啾的鸟鸣、优美的歌声……如此一个优美动听、充满生机的世界，都是听觉赐给我们的珍贵礼物。

很多人好奇，为什么世界上会有上述千差万别的声音呢？其实，这是由音调决定的。音调主要是由声波频率决定的听觉特性。声波的频率不同，人耳听到

的音调高低也不同。音乐的音调一般在 50 ~ 5000 赫兹之间，言语的音调一般在 300 ~ 5000 赫兹之间，人的听觉频率范围为 16 ~ 20000 赫兹。其中 1000 ~ 4000 赫兹是人耳最敏感的区域。

轰隆的飞机、呼啸而过的火车、刺耳的电锯声，人耳在听到这些声音的时候会感觉非常难受，这其实和声音的音响有关。音响是由声音强度决定的一种听觉特性。强度大，听起来响度就高，反之则响度低。测量音响的单位为贝尔或分贝尔。

失去感觉的贵族——感觉剥夺

一个人可能感觉失望但永远不要绝望。

——（以色列）西蒙·佩雷斯

感觉剥夺指的是有机体与外界环境刺激处于高度隔绝的特殊状态。有机体处于这种状态，外界的声音刺激、光刺激、触觉刺激都被排除。几天后，有机体将发生某些病理心理现象。

传说，古希腊有一个贵族男子因为勾引了国王的妃子而被打入死牢，愤怒的国王打算用最严酷的刑罚来惩戒他。国王把他关在一个没有光线的地下室，那里没有阳光进入，任何时候都是漆黑一片，什么也看不见。这名贵族男子的四肢和脖颈被铁环套住并固定在墙上，这样一来他就完全不能动弹了，狱卒遵照国王的命令每天给他喂一些没有味道的干面粉。

这名贵族男子对国王充满仇恨，他打算复仇，可是无法动弹，该怎么办呢？于是，他每天在单纯的复仇意念中用想象力来锻炼自己的体格和武艺，由于没有各种感觉刺激，他的理智和想象力得到了很大的发展，而每天吃干面粉也使他的体格变得越来越强壮，而且能够免除一切疾病的侵害……

多年以后，这名贵族男子终于重见天日，而此时他已经成了一个无坚不摧的强者，凭着多年在牢狱中练就的一身本领，他很快便打败了国王，并且最终和自己心爱的女人幸福地生活在一起。

传说毕竟是传说，在那样的牢狱里生活，真的能够仅凭感觉就把人锻炼成一个伟大的强者吗？感觉对于人真的有那么大的作用吗？如果丧失了感觉，那么对人会有什么影响吗？为了解答这一系列的问题，1954 年，加拿大麦克吉尔大学的心理学教授博克森做了一项名为“感觉剥夺”的实验。

在这个实验中，实验对象戴半透明的护目镜，只能透过光线而看不见图像；棉手套和卡片纸做的护腕剥夺了受试者手指的触觉；听觉刺激被一只围在头上的 U 形枕头和一只始终嗡嗡作响的空调机控制了。实验对象在小房间里尽可能长久地躺在床上，吃喝都由实验者安排好，而自身不能移动手脚。总之，实验对象的各种感觉都被实验者“剥夺”了。博克森教授找了 20 名大学生作为实验对象，并且承诺这些实验对象每忍受一天的感觉剥夺，就可以得到 20 美元的酬劳，这在当时的美国是一笔相当可观的收入。

这些大学生都以为自己得到了一个美差，毕竟闭着眼睛睡大觉就能赚钱的差事并不是那么常见。最初的时候，实验对象都能做到安静地睡着，可是过了没多久，他们就开始出现失眠、不耐烦的症状，他们迫切地渴望寻找一些刺激，他们想说话、唱歌，用手套互相敲打。总之，他们变得焦躁不安，很不舒服，甚至思维都变得混乱了。被隔离 12、24、48 小时后，实验对象要分别接受包括简单算术、字谜游戏及组词等内容的测试。结果表明，随着被隔离时间的延长，测试的成绩越来越差，隔离一段时间后，实验对象很难集中注意力并变得容易激动。此外，他们还常常会产生幻觉。他们处于隔离状态下的脑电波比隔离前明显减慢了。刚解除隔离状态时，实验对象常产生感觉失真，脑电波要过几小时后才能重新恢复正常。

我们靠视觉感受色彩和光线，靠听觉感受声音和旋律，靠皮肤感受冷暖、粗糙和细腻……感觉是我们一些外界刺激的来源，它对人的心理健康发挥着重要作用。首先，没有感觉，我们将无法获得外界的一切信息，我们的心灵将会是一片空白。其次，人体是一个内外平衡的系统，只有在信息的输入和输出保持平衡状态的时候，人的心理才能保持健康。

最后，感觉对于人际关系来说也是非常重要的。没有感觉，我们就不能和他人建立同感，也无法感受到他人的情绪变化。在一个感觉被剥夺的环境中，人很快便会出现思维混乱、注意力涣散、语言能力受损等现象，这种环境将会严重损害人们的心理健康。

长不大的男孩——假装长不大

所有的孩子都会长大，除了彼得·潘。

——（美国）巴里

有一天，一位行为谦恭的父亲带着孩子来到某位心理咨询师的诊室。一开始，这位父亲坐在儿子旁边，对着咨询师，接着他站起来走到咨询师面前的沙发上坐下，很急切地看着咨询师说："这是我的儿子，今年已经18岁了，可是他依旧和他母亲睡，这使得我们夫妻分居多年了。以前他小，我没觉得什么，可是现在他都这么大了，还是这样，我很担心他是不是有什么问题。"

接下来，孩子的父亲对着咨询师侃侃而谈，说从前家里的房子小，三口之家一直住在一起，后来房子大了，因为老人的原因使得三人仍不能分开睡，不过由于他常常出差，所以儿子一般是和妻子一起睡。后来，他的工作逐渐稳定下来了，可以每天回家，但那时，已经13岁的儿子却不愿和母亲分开，所以他就只好自己一个人睡。而如果妻子有事不在家的话，孩子也要让他陪着睡。这种情况一直持续到现在。

于是，咨询师转向孩子，询问他的同学关系，考察他的言语表达能力。男孩很沉着地讲述自己喜欢听音乐、跳舞和同学聚会等。还说到，有时候如果高兴的话，还能向别的同学成功推销一些小东西，获得一点赢利。他说自己和同学的关系往往开始的时候很顺利，但是不知道为什么总是深交不下去，所以也就逐渐疏远了。以前他的学习成绩还不错，但是近来有明显退步的迹象，他觉得可能是由于自己的脑子不好使的缘故。他对于自己注意力、记忆力的下降，深感苦恼。而且，他认为自己和父亲的关系是"矛盾性亲近"，既愿意接触，又比较逆反。而和母亲的接触则为"亲近性疏远"，即关系很亲，但心里又觉得很疏远。

咨询师觉得现在和自己对话的男孩，是以更成熟的年龄在与自己交流。这样的孩子不该有严重的分离焦虑。

"那你觉得你父母的关系怎么样？"咨询师问。

“他们过去总是吵架，不过最近几年稍微好了一点。”男孩回答说。

“是不是自从父母不吵架了，你的成绩反而开始下降了？”咨询师又问道。

男孩想了想，说：“这两者之间好像没有什么联系吧。”

这时，一直坐在一旁的父亲开始插话：“我在公司工作，平时会有一些应酬，为此，他母亲经常跟我吵架。这孩子其实很佩服我，但我常常言语会比较粗暴、武断，虽然他和他母亲比较亲一些，因为他母亲宠着他，但是他母亲工作一般、文化程度也不高，他心里是瞧不起他母亲的。”

现在，问题的根源慢慢浮现出来了，总结一下，主要有以下几点：

1. 母亲的原因

一方面，母亲喜欢溺爱孩子的感觉，当母亲自己需要孩子的欲望强过放手让孩子独立生活的愿望时，母亲对孩子的控制就会多于关注。另一方面，在溺爱环境中长大的孩子，也会紧紧抓住母亲，不愿意体验新的但充满风险的生活。

2. 父亲的原因

强大的父亲（事业有成，与母亲各方面相差悬殊），对孩子来讲具有危险的“攻击性”，他认同父亲，就会轻则与父亲发生对抗，重则表现为放弃父亲的安排，学习下降甚至做出打架、逃学等对外攻击行为。攻击性不恰当的表现，还会以相反的形式表达出来，如性格孤僻、情感脆弱等。为了不与父亲直接对抗，孩子有时会表现出身体不适或将自己变得弱小一些。

3. 孩子的原因

当孩子长大后，家里就有了两个强大的男人，面对一个弱小无助的女性，母亲失去了照顾的功能，又没有知识上的跟进，母亲可能被父亲淘汰，也可能被社会所淘汰，这是孩子所不能接受的“幻想现实”。作为妥协，他必须使自己不进步，回到被照顾的状态中去，即孩子表现得在父母面前仍然是年幼的、需要照顾的。在孩子看来，自己表现得弱小，母亲的“照顾”价值才能继续体现出来。

4. 家庭的原因

“共生家庭”使孩子不愿意长大。“共生”就是指孩子与父母，特别是与母亲之间相互依存的关系。“望子成龙”“老有所养”讲的是父母对孩子的依靠，前者是职业希望，后者是生活希望，合起来就会造成对孩子精神上的巨大压力。“假装长不大”，既可以维持父母抚养孩子的价值感，还可以逃避前面所说的精神压力，何乐而不为？同时，这种“假装长不大”，父亲事业有成、家里存在绝对权威、与母亲各方面的悬殊差异导致孩子不经意地表现出对母亲的不屑。

问题的症结已经找出，咨询师也给出了解决方案：其一，孩子独立是迟早的事情，父母不能溺爱孩子，培养孩子独立生活的能力才是父母的大爱；其二，让孩子明白，父母的事情不是由他来负责的，父母和他本身都存在独立人格，必须对各自负责。

“和尚在，我去哪儿了”——自我认知

认识你自己。

——希腊箴言

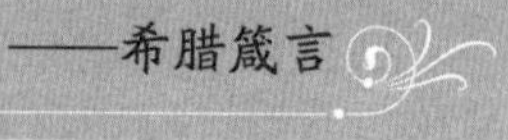

自我认知也叫自我意识，或叫自我，是个体对自己存在的觉察，包括对自己的行为和心理状态的认知。如果一个人不能正确地认识自我，看不到自我的不足，觉得处处不如别人，就会产生自卑，丧失信心，做事畏缩不前……相反，如果一个人过高地估计自己，也会骄傲自大、盲目乐观，导致工作的失误。因此，恰当地认识自我，实事求是地评价自己，是自我调节和人格完善的重要前提。

从前有个解差，押送一名和尚服役，途中解差为避免出现闪失，就每天早晨把所有重要的东西全部清点一遍。他先摸摸包袱，自言自语地说：“包袱在。”又摸摸押解和尚的官府文书，告诉自己说：“文书在。”然后再摸摸和尚的光头和系在和尚身上的绳子，说道：“和尚在。”最后他摸摸自己的脑袋说：“我也在。”

解差每天早晨都这样清点一遍，什么都不缺才放心上路。那个和尚把解差的一举一动都看在眼里，突然灵机一动，想出了一个逃跑的好办法。

一天晚上，他们俩照例在一家客栈里住了下来。吃晚饭的时候，和尚一个劲

儿地给解差劝酒：“长官，多喝几杯，没有关系的。顶多再有一两天，我们就该到了。您回去以后，因为押送我有功，一定会被上级提拔，这不是值得庆贺的事吗？应该多喝几杯！”解差听得心花怒放，喝了一杯又一杯，最后酩酊大醉，躺在床上鼾声如雷。

和尚赶快去找了一把剃刀来，三两下把解差的头发剃得干干净净，又解下自己身上的绳子系在解差身上，然后就连夜逃跑了。

第二天早晨，解差酒醒了，他迷迷糊糊地睁开眼睛，就开始例行公事地清点。先摸摸包袱：“包袱在。”又摸摸文书：“文书在。”“和尚……咦，和尚呢？”解差大惊失色。忽然，他瞅见面前的一面镜子，看见了自己的光头，再摸摸身上系的绳子，就高兴了：“嗯，和尚在。”不过，他马上又迷惑不解了：“和尚在，那么我跑哪儿去了？”

自我，是一个“陌生的朋友”，既十分熟悉，又常常令人困惑。它是你“自己手中的东西”，然而我们往往对其熟视无睹，似乎它远在天边，神秘缥缈得很。例子中解差的行为就是对自我的不认知。

一般来说，认知发展是随着我们的年龄发展的，有 4 个阶段：

第一个阶段是在 0 ~ 2 岁的时候，这个阶段叫作感觉运动阶段。这个时候的心理运动特点主要是，婴儿通过自身的动作及与动作相联系的感知来认识外部世界，没有表象和言语，所以只能认识在眼前的物体。

这个阶段的孩子，只能认识父母，并用最简单的符号来表达自己的需要。

第二个阶段是在 2 ~ 6 岁的时候，这个阶段的心理运动叫作前运算时期的阶段。这个时候的心理运动特点是儿童产生了象征性的功能，开始摆脱对具体动作的依赖，可以凭借头脑中对事物表征与语言来进行思维。儿童已经开始认识到事物的存在不依赖自己对事物的动作和感知。儿童对事物的认识容易被事物的现象所左右。这一阶段的思维是一种象征性思维，它一方面使儿童的思维摆脱了对动作的依赖，另一方面也使儿童的思维局限于现象的世界，从而缺乏逻辑性。

第三个阶段是在 6 ～ 11 岁的时候，这个时期的儿童认识事物的特点已经和上两个阶段显著不同了，他们已经认识到一个事物的认知特征是无论如何也不会发生变化的，它们的量也永远不会发生变化。这个阶段的儿童，不仅能从别人的角度来看问题，而且对事物的本质性和类属关系都有了一定的认识。

第四个阶段就是形式运算的阶段。大约自 11 ～ 12 岁开始，到这一阶段，个体形成了完整的认知结构系统，能进行形式命题思维，智力发展趋于成熟。

随着年龄的增长，认知心理的发展也会不断成长，个性心理与性别心理就会凸显出来。个性心理是随着自己心理的成熟逐渐体现出来的东西，也是在自己的生活中逐渐体会出来的东西。

德国间谍现形记——注意力

> “注意”是我们心灵的唯一门户，意识中的一切，必然都要经过它才能进来。
>
> ——（俄国）乌申斯基

注意是一种心理状态，它是意识的警觉性和选择性的表现。一切心理活动都必须有注意的参加，否则，就不能顺利有效地发生、发展。注意可以分为有意注意和无意注意两种。有意注意也称随意注意，是一种有目的、有准备、必要时还需要一定努力的注意。无意注意也称不随意注意，是没有准备的、自然发生的，也就是不需要任何努力的一种注意。有意注意和无意注意往往是交互进行的，因为任何单一的注意都不可能维持长久。

第二次世界大战期间，各国都十分重视间谍机构的活动，都希望在情报方面战胜对手，以期在整个战争中获取主动。同时，反间谍机构也都在积极活动。一次，盟军反间谍机关收审了一位自称是来自比利时北部的“流浪汉”。他的言谈举止使人怀疑，眼神也不像是农民。因此，法国反间谍军官奥克多认定他是德国间谍，可是他没有更有力的证据。奥克多决定通过审讯找到突破口。

审讯开始了。奥克多提出的第一个问题是："会数数吗？"这个问题很简单。"流浪汉"用法语流利地数数，没有露出一丝破绽，甚至在说德语的人最容易说漏嘴的地方，他也能说得很熟练。于是，他被押回小屋去了。

过了一会儿，哨兵用德语大声喊："着火了！""流浪汉"仍然无动于衷，似乎真的听不懂德语，照样睡他的觉。

后来，奥克多又找来一位农民，和"流浪汉"谈论起庄稼的事。这"流浪汉"谈得居然也不外行，有的地方甚至比农民更懂行。

第二天，"流浪汉"在被押进审讯室的时候，显得更加沉着、平静。奥克多非常认真地审阅完一份文件，并在上面签字之后，抬起头突然用德语说："好啦，我满意了，你可以走了。你自由了。""流浪汉"一听到这话，长长地松了口气，像放下一个沉重的包袱。他仰起脸，愉快地呼吸着自由的空气，兴奋之情溢于言表。

"流浪汉"露出的欣慰表情，虽然是一刹那间发生的，却透露出他懂德语这一信息，使他露出了马脚。经过进一步的审讯，"流浪汉"最终承认自己是一个德国间谍。

这真是一场精彩的心理战。法国军官奥克多利用人的潜意识心理，转移德国间谍的有意注意，忽然用德语说释放他，引发他的无意注意，让他在不经意间露出得意忘形之色，暴露了自己。

一般来说，突然发生变化的刺激会引起人的无意注意。比如平常下班回家看见自己的孩子活蹦乱跳地玩，一般不会引起家长的注意，因为孩子一贯如此。可如果有一天回家，发现孩子无精打采，一个人在家里发呆，就会引起家长的注意。在背景中特别突出的人或事物能够引起人的注意，比如人群中的大高个子。不断变化的刺激，也能引起人的注意，比如电影中不断变化的镜头。

自己需要的东西，最容易引起人们的注意，就像故事中的“释放”命令对于那个德国间谍，使他无意地注意到，从而也在无意中暴露了自己的情绪。

注意是心理活动对一定对象的指向集中，没有注意的参与，任何心理过程、活动都不能正常进行。注意具有两个特点，即指向性和集中性。除了指向性和集中性以外，注意还具有广度、分配和转移等特性。因为思维特点的不同，不同的人所注意到的事物是不同的，也就是说，每个人的注意都有他自己的选择性。

注意是一种稳固的个性心理特征，在学习和工作中具有极为重要的意义。那么，怎样训练自己的注意力呢?

1. 明确目的任务

当我们对学习和工作的目的、任务有清晰的了解时，我们就会提高自觉性，加强责任感，集中注意力。即使注意力有时涣散，也会立刻引起自我警觉，把分散的注意力收拢回来。

2. 培养间接兴趣

注意与兴趣是孪生姐妹。有了浓厚的兴趣，就会在大脑皮层形成优势兴奋中心，使注意力高度集中。

3. 克服内外干扰

外部干扰，主要是指无关的声音分散注意的视觉刺激物以及人们感兴趣的事物等。内部干扰，主要是指疲劳、疾病、与学习无关的思想情绪等。克服内部干扰，除了要培养正确的思想、情感外，还要避免用脑过度，保持充足的睡眠，防止过度的身心疲劳；要积极进行体育锻炼，促进神经系统功能的完善，增强对各种外界刺激的适应能力，例如工作和学习时把桌子上的报纸杂志收起来，还要有意识地锻炼自己的意志，培养“闹中求静”的本领，使注意力能高度集中。

4. 变换学习活动

心理学的研究表明，单调的刺激最易使注意涣散，或降低注意效率，使人易感疲劳，甚至昏昏欲睡；反之，多样化的学习活动最能保持注意的稳定性，或提高注意效率，使人精力充沛，不易感到厌倦。因而在学习时，不要单纯地看，或单纯地读、单纯地写，这都有碍于注意的保持。要把看、读、写结合起来，交替进行，才能在大脑皮层上形成一个较强的兴奋中心，从而有效地维持自己的注意。

猩猩的惊人智慧——顿悟

顿悟即是无念，何名无念，若见一切法心不染着，是为无念。

——慧 能

顿悟指的是通过观察，对情境的全局、对达到目标途径的提示有所了解，从而在主体内部确立相应的目标和手段之间的关系。

德国一位心理学家长期致力于猩猩的智力问题研究，他在担任猩猩研究站站长期间，发表了大量研究报告，揭示了猩猩的生活习性和学习本领。

猩猩研究中心有一只名叫沙尔的雄性猩猩，有一次，为了在它身上做一项特殊的实验，饲养员专门在一个上午不给它吃任何东西，让它处于极度饥饿状态。午饭时间过后，等到时机差不多成熟了，饲养员才把它领到一个房间，房间的天花板上吊着一串香蕉，沙尔即便站立起来也够不到。

沙尔一见香蕉便又蹿又跳，可怎么也够不着。它急得在屋子里来回打转，嘴里发出不满的吼声。这时候，饲养员在房间里放了一个大木箱、一根短木棒。沙尔犹豫了一下，它拿起棍子，试探着去够香蕉，可依然够不着。沙尔失望了，它沮丧地蹲在地上。就在它万般无奈的时候，突然，它直奔箱子，把它拖到香蕉的下面，然后又拿着那根短木棒，很敏捷地爬到了箱子上，轻轻一跳，香蕉就到手了。

几天之后，他们再次测试沙尔的学习本领。这次，他们把香蕉挂得更高，短棍换成了一个小木箱。

沙尔一开始仍然沿袭上次得到的经验，它把大箱子搬到香蕉下面，然后爬上去，但它并没有跳起来去抓香蕉，因为香蕉太高了，无论如何也是够不着的。

它茫然地坐在箱子上，有些不知所措。突然，它又跳了下来，抓住小箱子，拖着它满屋子乱转，同时发出愤怒的怪叫声，并用力地踢打墙壁。等到它气撒得差不多的时候，它忽然像明白了什么似的拖着小箱子来到大箱子跟前，稍微一用力，便将小箱子扔在了大箱子上面，然后迅速爬了上去，解决了难题。

除此之外，这位心理学家还设计了许多不同的难题让猩猩解决。猩猩似乎能时不时地突然在某个关键时刻想到解决问题的办法，最后，这位心理学家解释说，这是猩猩在脑海里对形势的重塑。他将这种突然的发现叫作“顿悟”，定义为“某种相对于整个问题的布局而出现的完美解决方法”。

通过一系列实验，这位心理学家还发现顿悟式学习不一定依靠奖励，而且当动物得到某种顿悟时，它不仅知道用顿悟得到的知识来解决当时的问题，而且可以有一定程度的融会贯通，甚至举一反三，把稍加改变的方法应用到其他不同的情形之中。按照心理学的术语来说，顿悟式学习能进行“积极传递”。

和珅为什么受宠——同理心

己所不欲，勿施于人。

——孔 子

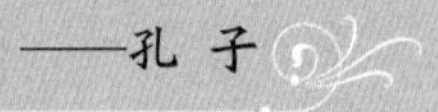

同理心又叫“同感”，指能设身处地地体验他人的处境，对他人的情绪和心境保持敏感和理解。

和珅是我国历史上有名的大贪官，而且还是一个劣迹斑斑的奸佞小人。可是，就是这样一个奸佞的大贪官得到了乾隆皇帝长达20多年的宠信，这是为什么呢?

其实，和珅之所以得宠一定程度上得益于他的善解人意，他总是能够“想乾隆之所想，急乾隆之所急”。

乾隆皇帝喜欢吟诗作赋，而和珅也在很早的时候就下了很大功夫来收集乾隆的诗作，并对其用典、诗（词）风、喜用的词句了解得一清二楚，闲来还有所唱和，这让乾隆对他另眼相看。要知道，和珅作为一个满族人，却能在诗赋上有所建树，这可不是件容易的事情。

乾隆母亲去世时，和珅表现得非常出色。他并不像其他皇亲国戚、官宦臣下那样一味地劝皇上节哀，或说一些无关痛痒的话。和珅只是默默地陪着乾隆跪泣落泪，不思寝食，几天下来人就搞得面无血色、形容枯槁。能如此与皇帝同感共情的人，满朝文武中也就和珅一人，因此，他深受乾隆皇帝宠信。

一次乾隆出游，途中忽命停轿却不言为何，别人都很着急。和珅知道后，立即找到一个瓦盆递进轿中，结果让乾隆非常高兴，溺毕继续起驾。一路上，所有的人全都非常佩服和珅脑子的灵活，取悦龙心有术。

乾隆是一个非常诙谐的人，总是喜欢和大臣们开玩笑。因此，和珅就经常给乾隆讲一些市井的俚语笑话，使得龙心大悦，而这些，绝对不是一般军机大臣所能做到的。

清人笔记中有这样一则故事：按照惯例，顺天（指北京）乡试《四书》考题，例由皇上钦命，由内阁先期呈进《四书》一部，命题完毕，书归内阁。有一次，乾隆在命题之后，由内监捧着《四书》送还内阁。途中正好遇到和珅，于是，和珅便打听起皇上命题的情况，内监又不敢多言，只说皇上手批《论语》第一本，在快批完的时候，就微笑着开始书写。

和珅听了沉思片刻，就立刻想到乾隆肯定批的是“乙酰”一章。因为乙酰两字包含“乙酉”二字，而那年乡试就是在乾隆乙酉年举行。和珅便以此通知他的弟子们，结果正如和珅所料，那年的乡试考题果然是“乙酰”一章。从这一点上，足以看出和珅“以帝心为心”，功夫非同寻常！

和珅同感共情的能力在心理学中称为“同理心”。同理心这个概念最初是由美国的临床心理学家罗杰斯针对医患关系中的医生而谈的，如今已扩展到医患关系双方及普通的人群之中了。同理心又译作“移情”“同感”“共情”等，是指能设身处地地体验他人的处境，对他人的情绪和心境保持敏感和理解。在与他人交流时体验到对方的内心世界的感受，并能对对方的感情做出恰当反应。而且，这种共情层次越高，感受越准确、越深入时，它能帮助人们更好地理解对方，缓解情绪状态，促进双方的自我理解和双方深入的沟通，自然就能建立起一种积极的人际关系，有助于问题的解决。

通常，一个具有同理心的人对周围的一切事物都会产生一种关心和了解的心理趋向。当自己在与他人在认识上出现了分歧时，能够真诚地尊重对方，并容忍这种差异；当自己在与他人在行为上出现摩擦时，能善意地理解对方，并分担由此而产生的各种心理负担。因此，这便会使人感受到这种力量在支撑着他或是她，使他们感觉到无论说什么都会得到宽容和尊重，并由此而增强了自己的自信心，从而获得愉快的心理体验。缺乏同理心的人是不能从他人的角度出发去理解他人的，他们常常不能接受别人的观点，却一定要求别人接受他们的观点。对这样的人，人们自然就会“敬而远之”。

女王与妻子——角色转换

> 世界是个舞台，各种角色都有人扮演。
>
> ——（英国）托·米德尔顿

角色转换就像演员在舞台上扮演不同的角色一样，人处在不同的社会地位，从事不同的社会职业都要有相应的个人行为模式，即扮演不同的社会角色。因此，社会角色就是个人在社会关系体系中处于特定的社会角色转换位、并符合社会要求的一套个人行为模式。

维多利亚是英国历史上有名的女王，但是她私下和丈夫阿尔伯特亲王相处，不免也有一般家庭的争执场面。

有一次，他们夫妇又吵架了，丈夫阿尔伯特愤而回到卧室，并且关上了门。事后维多利亚女王想想，知道是自己理亏，就在房间外敲门，打算向丈夫道歉。

“谁？”女王在敲门后，听到丈夫这样问道。

“英国女王！”

可是屋内没有任何回音，于是女王又敲了敲门。

“谁呀？”

“我是女王。”

可是对方依旧没有回答。

最后，维多利亚又敲了敲门，温柔地说道：“对不起，亲爱的，开门好吗？我是你的妻子。”

这回房门从里面打开了。

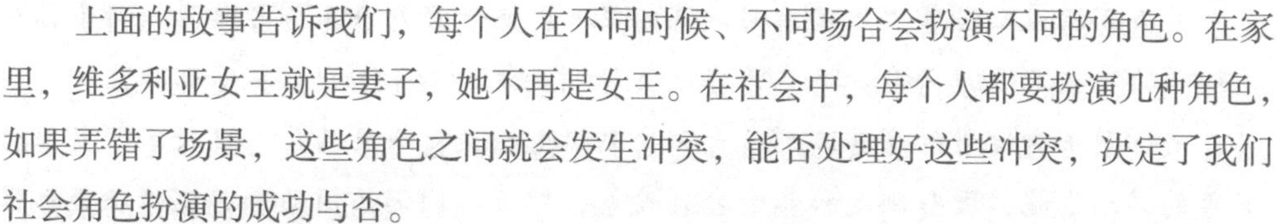

上面的故事告诉我们，每个人在不同时候、不同场合会扮演不同的角色。在家里，维多利亚女王就是妻子，她不再是女王。在社会中，每个人都要扮演几种角色，如果弄错了场景，这些角色之间就会发生冲突，能否处理好这些冲突，决定了我们社会角色扮演的成功与否。

每个人都要在社会中扮演属于自己的社会角色。当个人在所履行的两个或多个社会角色之间或角色与人格之间，有难以相容感时，就发生了角色冲突。

消除角色冲突，可以采取如下几项方法：

1. 防止角色混同

不同角色的权利与义务是各不相同的，不能混为一谈，应当区别对待。如在与异性交往中，男性要把妻子、女朋友、女同事区别开来；同样道理，女方也要对丈夫、男朋友、男同事区别对待。

2. 学会换位思考

考虑和处理问题时，要站在他人的立场，将心比心、设身处地地体验不同于自己的别的角色的需求、遭遇和感受。比如丈夫站在妻子的角度，妻子站在丈夫的角度，下级站在领导的角度，领导站在下属的角度，这样自然就能消除角色冲突，促进人际关系的和谐。

3. 做好角色转换

我们在角色转换后，应当及时对所承担角色的权利与义务有明确的认识，对该角色应有行为做出清晰的理解，以求顺应变化，尽早进入新角色，转换角色行为。在单位时是领导，习惯于发布命令、指挥别人，但回到家里，履行作为丈夫和父亲的职责时，就不能一味地严肃正经。

惊人的谈话效果——人是感性动物

> 人是感性动物。
>
> ——（奥地利）弗洛伊德

弗洛伊德在经过深刻的理性思考后，得到了这样一个结论：人是感性动物。人是永远不可能用自己的理性去理解、指挥人类自己全部的情绪、情感以至于命运的。

霍桑实验是心理学史上最出名的实验之一。这一系列在美国芝加哥西部电器公司所属的霍桑工厂进行的心理学研究由哈佛大学的心理学教授梅奥主持。

美国芝加哥郊外的霍桑工厂，是一个制造电话交换机的工厂。这个工厂具有较完善的娱乐设施、医疗制度和养老金制度等，但员工们仍愤愤不平，生产状况也很不理想。为探究原因，1924 年 11 月，美国国家研究委员会在该工厂进行了一个“谈话实验”，研究者在工厂中开始了访谈计划。此计划的最初想法是要工人就管理当局的规划和政策、工头的态度和工作条件等问题作出回答，但这种规定好的访谈计划在进行过程中得到了意想不到的效果。工人想就工作提纲以外的事情进行交谈，他们认为重要的事情并不是公司或调查者认为意义重大的那些事。访谈者了解到这一点，及时把访谈计划改为事先不规定的内容，每次访谈的平均时间从 30 分钟延长到 1 ~ 1.5 个小时，多听少说，详细记录工人的不满和意见。访谈计划持续了两年多，工厂的产量大幅提高。

工人们长期以来对工厂的各项管理制度和方法存在许多不满，无处发泄，访谈计划的实行恰恰为他们提供了发泄机会。发泄过后，工人们心情舒畅，士气高涨，产量得到提高。

另外，他们还做了一个群体实验。

梅奥等人在这个实验中选择 14 名男工人在单独的房间里从事绕线、焊接和检验工作。对这个班组实行特殊的工人计件工资制度。实验者原来设想，实行这套奖励办法会使工人更加努力工作，以便得到更多的报酬。

但观察结果发现，产量只保持在中等水平上，每个工人的日产量平均都差不多，而且工人并不如实地报告产量。调查发现，这个班组为了维护他们群体的利益，自发地形成了一些规范。

他们约定，谁也不能干得太多，突出自己；谁也不能干得太少，影响全组的产量，并且约法三章，不准向管理当局告密，如有人违反这些规定，轻则挖苦谩骂，重则拳打脚踢。

进一步调查发现，工人们之所以维持中等水平的产量，是担心产量提高，管理当局会改变现行奖励制度，或裁减人员，使部分工人失业，或者会使干得慢的伙伴

受到惩罚。

从亚当·斯密开始，经济学把人看作理性动物。后来的管理学，无一不是以理性为前提的。从泰罗的科学管理到韦伯的官僚制，把理性精神发挥得淋漓尽致。这些固然都是正确的，而且人的行为在大多数情况下都反映出理性。

但是，如果彻底排除了非理性，人类的自身属性就不复存在。在心理学研究的历史上，霍桑实验第一次把工业中的人际关系问题提到首要地位，并且提醒人们在处理管理问题时要注意人的因素，这对管理心理学的形成具有很大的促进作用。

梅奥根据霍桑实验，提出了人际关系学说。霍桑实验更清晰地说明，人的思想和行动更多的是由感情而不是由逻辑引导的。梅奥的管理思想在一定意义上，是要纠正古典管理学中过度理性化的偏失。完全理性必然把人机器化，进而破坏人生的价值和意义。梅奥从改变管理行为、培养人际关系型经理人员入手，要求实现管理形态的根本性转变。这种转变的本质，是要以人性化替代理性化。所谓人性，既要包容理性因素，又要包容非理性因素，把人的非理性和理性统一起来。如果说梅奥开创了新的管理模式的话，那么，这种管理模式就是人性化管理。

在谈到组织内的人际关系问题时，有一个现象不可不谈，就是小团体。不论是在公司企业、军队抑或学生群体中，非正式的小团体都广泛存在着。这些小团体是在成员共同的感情、态度和倾向基础上自发形成的群体，这些小团体有自己特殊的行为规范，对人的行为起着调节和控制作用。一般来说，每个小团体都会有一两个核心人物，是小团体的领袖，他们有着很强的号召力，其意见不论是对小团体还是整个正式的组织都有较大的影响。要想控制小团体对正式组织的消极影响，并增强其积极影响，很重要的一点就是做好小团体“领导”的工作。

第二章

为什么这个社会充满了不安——社会心理学

黑猩猩的政治——动物心理

我赞同动物均有其权利，如同人类均有人权一样。这才是扩充仁心之道。

——（美国）林肯

研究动物心理的发生和发展属于动物心理学或比较心理学的范围，与生物学特别是动物学相交叉。动物心理发生和发展的历史是人类心理发展的前史。动物心理学研究从低级动物到类人猿为止的心理是怎样发生的，又是怎样在适应自然的情况下逐步从低级形态（受刺激性）向高级形态（思维的萌芽）发展的。

在荷兰的一家动物园中饲养着25只黑猩猩，最初的1号雄性叫作麦克，2号叫马力，3号是一只年轻的雄性，叫作杰里。麦克享有首领的一切权力和尊荣：它可以优先进食，可以指挥其他的猩猩，所有的雌性猩猩都是它的王妃，当它竖着毛、迈着沉重而有节奏的步子走向任何一只猩猩的时候，没有谁敢坐着不动，都要起来给它让路。

不久，2号马力开始向麦克示威——跺脚拍地围着它转，甚至敢在它面前与雌性交配。马力在一次最猖狂的示威中，响亮地拍了麦克一下就跑掉了。麦克似乎不能容忍了，全身的毛都竖了起来，但不去追马力，而是去拥抱在场的每位雌性，特别是狠狠拥抱一个地位最高的叫作妈妈的雌性。

此举以来，这些雌性黑猩猩都起来跟着麦克去追击马力，把它赶到了树上。从此以后，马力不再直接向麦克示威，而是更多地接近雌性，常常追逐和攻击与麦克亲近的雌性。在此期间，杰里也常常冒出来帮助马力，同时，杰里也不再向麦克作恭谨的问候，而对马力更加恭顺了。

这种变化的过程有段时间，直到麦克越来越孤立，终于在一天夜里，3 只雄猩猩在睡觉的笼子中爆发了战争。第二天早上，负了伤的麦克一副沮丧的样子——它失去了头领的位置。

以后的日子里，麦克和杰里一起向马力献殷勤。但是不久，杰里对马力越来越不恭顺，常向它竖毛示威。最终，麦克和杰里站到了一起，雌性猩猩们也和马力逐渐疏远。马力遭到了麦克曾经受到的那种孤立，时时表现出忧郁和不安的神情。不久在夜里又发生了血腥的战斗，人们发现的时候，马力已经躺在血泊中奄奄一息。马力最后没有被救活。

动物心理是比较心理学家们所关注的内容，它们通过比较人与动物的心理，来解释心理起源和发展的原因。

以上故事是比较心理学弗朗斯·德·瓦尔在荷兰阿纳姆的一个动物园对黑猩猩进行长期观察记录的一部分。他对灵长类进行潜心研究，其研究著作的题目是《黑猩猩的政治》。他断言，政治是唯一描述黑猩猩复杂群体关系的词语，“黑猩猩的社会组织太像人类了，简直难以置信”。

每位灵长类学家，都会告诉你黑猩猩难以想象的机敏，一个对另一个的巧妙控制，小的雄性向大的雄性求宠以及同盟的变换和秘密的接管。理论认为在人类历史的最初阶段，正是这样的社会交往——复杂的等级体制的形成——推动人脑飞跃似的向前发展。

灵长类学家描述黑猩猩的行为时写道，居主导地位的雄性具有人的特征，是“克制的、狡猾的、合作的”，它们“从来不会打无准备之仗”。黑猩猩还是高度的机会主义者，它们从不像哈姆雷特那样犹豫或拖延时间。它们如果在竞争对手身上看到弱点，会立刻加以利用。

猩猩是讲战略的。它们表现出我们人类具有的虚伪和欺骗的本性。德·瓦尔认为，雄猩猩经常形成它所谓的“三人同盟”。德·瓦尔就像描述一个政治风云人物那样，描述了一个德高望重的领头雄猩猩如何被一个年轻的对手赶下权力的宝座，结果岌岌可危的首脑不得不与另一个强大的猩猩结成同盟，推翻觊觎权力的人。

黑猩猩用这样的联盟形成它所谓的“最小获胜联盟”。他指出，雄猩猩结盟是为了获得统治地位，而雌猩猩更愿意与它们喜欢的雌性结盟，尽管这些雌性不一定能帮助它们提高地位。雌猩猩形成一种身份序列然后维持这一序列。同时，它们也需要食物，经常为了食物而交配。

像所有动物一样，黑猩猩从自身基因考虑，选择最恰当的方式交配，欺骗被认为是这种自我利益的不可分割的一部分。一个雄猩猩在同领头雄猩猩的一个妻妾偷偷交配之后，会过分热情地拜倒在领头雄猩猩面前，而后者根本就没有注意到发生的一切。黑猩猩企图推翻现有秩序，它就会在领头雄猩猩面前表现得很恭敬，同时秘密地与其他猩猩形成同盟。在权力斗争中寻求群体支持的雄猩猩开始梳理雌性，而且同它们的幼崽玩耍，这是一反常态的。

勒温的拓扑理论——动机的拓扑理论

好理论最实际。

——（美国）库尔特·勒温

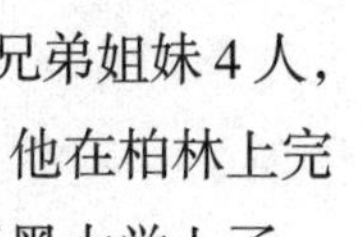

库尔特·勒温1890年9月9日生于普鲁士波森省的一个小村庄。兄弟姐妹4人，他排行第二。父亲拥有并经营一家百货店。1905年，全家迁往柏林，他在柏林上完中学后进入弗莱堡大学计划学医，但很快他放弃了这种想法，在慕尼黑大学上了一学期，于1910年回到柏林，在柏林攻读心理学博士学位。

他的主要教授卡尔·施通普夫是一位深受尊重的实验心理学家。勒温在1914年完成博士生必修课后，作为步兵在德国军队服役4年，他从士兵一直提升为中尉。战争结束后，他回柏林大学在心理研究所做教员和研究助教。他是一个善于激发

学生兴趣的教员，很多学生纷纷跑到他班上，并在他的指导下做研究工作。

在柏林大学，他和完形心理学的两位奠基人马克思·韦特海默和法沃尔夫冈·克勒相识。他受到他们观点的影响，但没有成为完形心理学家。此外，他也受到弗洛伊德精神分析法的影响。1926 年，他晋升为教授。在柏林大学期间，勒温和他的学生们出版了一系列精彩的论文。

希特勒掌权时，勒温在斯坦福大学任访问教授。他用很短时间回德国料理私事后又回到美国度过他的后半生。他在康奈尔大学任儿童大学教授两年。之后，他被任命为艾奥瓦州立大学儿童福利所心理学教授。1954 年，勒温接受麻省理工团体动力学研学中心教授和主任的职位。同时，他还是美国犹太人会议的社会关系委员会主任，该会从事社会问题研究。1947 年 2 月 12 日，他因心脏衰竭于马萨诸塞州纽顿维尔突然逝世，终年 56 岁。

勒温的心理学研究活动可分为 3 个时期：

1. 在柏林时期，他根据大量有关成人与儿童实验，提出了他的动机理论。他着重研究和分析了学习和知觉的认识过程、个体动机和情绪的变动等问题。

2. 在艾奥瓦州立大学时期，勒温的理论兴趣和研究重点放在奖励、惩罚、冲突和社会影响等人际关系。他进行了关于领导、社会气氛、群体标准和价值观念等群体现象的研究。他在这一时期的重要成就之一，是关于民主与专制领导条件下的儿童群体的研究。

3. 在麻省理工群体变动研究中心时期，他分析了技术、经济、法律和政治对策群体的社会约束，研究了工业组织中的冲突与群体之间的偏见和敌对行为等方面的问题。

勒温对现代心理学，特别是社会心理学，在理论与实践上都有巨大的贡献。他在意志动机方面进行了大量的研究，弥补了格式塔心理学在情绪与意志方面研究的不足。他对志愿水平问题进行了深入的实验研究，这些研究证明人们在活动中成功或失败的体验在很大程度上取决于人的志愿水平。

他很重视社会心理学的研究。他的实验证明，在民主领导作风下的工作效果比在专制或放任的作风下都要好。他最后的一大成就，就是他为群体动态研究中心设计了“行动研究”计划。他接触了许多组织与个人，这些组织和个人都希望改进工业与社会团体中的群体关系，因此，他认为有必要进行很多研究。

勒温曾提出心理学的许多理论。他认为应该用“拓扑学”和“向量分析”的概念来阐明心理的现象。“拓扑学”可以帮助了解在一个特殊的生活空间之内可能发生的某些事件，或可能发生某些事件，而向量分析是进一步明确在一个特殊的个案之内，哪些事件有可能实现。

漂亮的优势——光环效应

尺有所短，寸有所长。

——屈 原

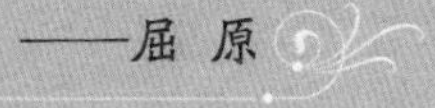

20世纪20年代，美国心理学家爱德华·桑戴克曾经做过这样一个实验：他请了四名演员来协助他们的研究，两男两女，其中一位男士英俊潇洒，另一位则比较普通，但并不难看。两位女士中，也是一位如花似玉，另一位长相一般。

在应聘之前，心理学家特意地把他们的学历背景、工作经验全都做得基本一样，还对他们进行了训练，使他们在面试时表现一致。在他们的安排下，每次都是长相普通的面试在先，然后是长相出色的。

女士面试的其中有一个是公司前台的接待员。长相一般的女士先面试的时候，面试者是位男士，他先问其打字速度，回答说每分钟50字，错误为零，面试者连声说不错不错。面试者告诉对方，本公司的作息时间是朝九晚五，中午一小时午餐时间，一点钟准时回公司上班。该类工作的薪水一年是35000美元左右。结束时面试者说，他对她的技能很佩服，下星期一会给她回话。

第二天，长相出众的女士去同一公司面试，着装、公文包与那位长相平平的女士完全一样。她坐下来没几分钟，面试者突然压低了声音，问她在别的地方还有没

有面试，她点头说还有几个，面试者就很严肃地问她能不能将其他的面试取消，因为他已决定将她录用。同时他告诉她公司的午餐时间为一小时，但又说，其实这个时间可以灵活掌握。同时他说，该工作的薪水每年是37000美元左右，希望她能答应上班。

接连几次实验下来，情况都相似。心理学家推测是不是因为面试者是男性，所以对女性的容貌特别敏感，于是他们为两位女士安排了主管是女性的应征工作。那位女主管也要招一名接待员，在面试长相出众的应聘者时，她说："我觉得你做接待员有点大材小用了，看你的外表，我觉得你做我的私人秘书会更合适。"私人秘书比接待员要高几级，没想到这位女主管更受容貌的影响！

而两位男士那边，他们去面试的工作中其中有一个是股票经纪人。那个长相普通的男士先去面试，面试者问了几个简单问题后，就说我觉得你还不错，下星期一等通知。然后便轮到长相英俊的男士面试。该男士在走廊里就碰到了面试者，面试者一看见他，就脱口而出："你长得就像一个股票经纪人！"几个简单的问答下来，面试者就对他说："你下周一可以来上班了，现在去人力资源部办手续。"

心理学家在实验结束后，邀请四位假定应聘者以及他们的面试者一起商讨关于容貌对就职的影响，结果只有那位面试前台接待员的男士和那位面试股票经纪人的女士来了。心理学家问那位前台接待员面试者，为什么录用了长相出众的应聘者，面试者矢口否认是看中了女演员的容貌而录取了她。

心理学家分析，这是所谓的"光环效应"——当我们看到一个长相出色、气质不凡的个体时，常常会情不自禁地将其他一些良好的质量加之于对方，比如容貌好的人嗓音也格外甜美，回答问题的水平也高过常人。

在日常生活中，我们常常会遇到这样一种现象，当一个人对另一个人的某些方面有了好的印象之后，就会认为这个人一切都好；反之，若先发现了某个人的某些缺点，就可能认为这个人什么都不好。总之，这个人某一方面的优点就像给他戴上了一个闪亮的光环，使得他的其他方面也变得更加完美了。这种现象在社会心理学中被称为"晕轮效应"或"光环效应"。

从心理学角度讲，光环效应仅仅抓住并根据事物的个别特征，而对事物的本质或全部特征下结论，是很片面的。因而，在人际交往中，我们应该注意告诫自己不要被别人的光环效应所影响，而陷入光环效应的误区。

孩子们受到的不公平待遇——过度理由效应

激励是一种策略，更是一种艺术。

——（美国）德西

在一个小乡村里，有位老人在那里休养。刚开始的一段时间里，这里非常安静，但不知道从哪一天开始，住在附近的几个孩子总爱到这里玩耍，整天在那里互相追逐打闹，吵得老人无法好好休息。于是，老人不时地出来阻止，却根本不管用。

有一天，老人想到了一个办法。他把孩子们都叫到一起，然后拿出一些零钱。并告诉他们，谁叫的声音越大，谁得到的报酬就越多。于是，10 多个孩子就在那里拼命地叫着。而老人也根据孩子们每次吵闹的情况，给予他们不同的奖励。

这种情况持续3周之后，来这里吵闹的孩子们习惯了这种获取奖励的方式。这时候，老人开始逐渐减少所给的奖励，立刻有几个孩子反对，他们觉得不应该减少自己的奖励。但无论他们怎么说，老人始终不妥协。孩子们没有办法，觉得奖励虽然少点，可也总比没有奖励要强得多了。结果，又过了1周左右，老人拒绝向他们支付奖励。而且无论孩子们怎么吵，老人一分钱也不再给了。

于是，孩子们全都认为这实在是太可气了，自己受到的待遇越来越不公正，觉得“不给钱了谁还给你叫，那样不是明摆着自己吃亏吗”。从此之后，孩子们再也不到老人所住的房子附近大声吵闹了，即便有时候路过老人住的地方，也全都静悄悄地离开了，他们认为，就应该这样回复老人对自己的不公正。

上述故事中的老人所利用的，就是社会心理学上所说的“过度理由效应”。老人提供了一个对孩子们有足够吸引力的理由，把这些孩子引进了一个心理学上的误区，使他们用外在理由（得到报酬）来解释自己的行为（吵闹），那么，一旦外在理由不再存在（没有报酬了），这种行为也将趋于终止。

过度理由效应是由一个叫作德西的心理学家提出的。1971年，德西和他的助手使用实验方法，很好地证明了过度理由效应的存在。他以学生为实验对象者，请他们分别单独解决诱人的测量智力的问题。

这一实验分三个阶段：

第一阶段，每个实验对象者自己解题，不给奖励；

第二阶段，实验对象者分为两组，实验组每解决一个问题就得到1美元的报酬；

第三阶段，自由休息时间，实验对象者可以自由活动。目的是考察实验对象者是否维持对解题的兴趣。

最终结果显示，与奖励组相比较，无奖励组休息时仍继续解题，而奖励组虽然在有报酬时解题十分努力，而在不能获得报酬的休息时间，明显失去了对解题的兴趣。

实验说明，过度理由将会在每个人的身上发生作用，人们为了使自己的行为看起来合理，总是喜欢为发生过的行为寻找原因，在这个过程中，还往往先找那些显而易见的。如果找到的理由足以对行为作出解释，人们也就不再往更深处追寻了。

其实，过度理由效应也给了我们两点启示，分别是：

1. 不要止步于任何外部理由，而要深入发掘外在理由背后的原因，哪怕这种理由看上去是一种无稽之谈。

2. 如果我们希望某种行为得以保持，就不要给它过于充分的外在理由。

飞机将推迟一小时着陆——留面子效应

两利相权取其重，两弊相权取其轻。

——谚 语

在一架由美国纽约飞往法国巴黎的航班上，坐满了来自各国的乘客。他们都是为即将开幕的巴黎服装节而去的。一路上，他们各自谈论着自己感兴趣的话题。眼看这次完美的旅途即将结束，飞机已经到达了巴黎上空，估计马上就要着陆了。乘客们都开始兴奋起来，有的乘客干脆开始整理自己的衣服了。于是，整个机舱里非常热闹，有的补妆，有的整理杂志、报纸……每个人都希望自己能以良好的形象进入巴黎。

此时，飞机上的乘务人员向大家报告道："由于机场拥挤，飞机暂时无法降落，着陆时间将推迟一小时。因此，给大家带来了不便，请各位见谅。"

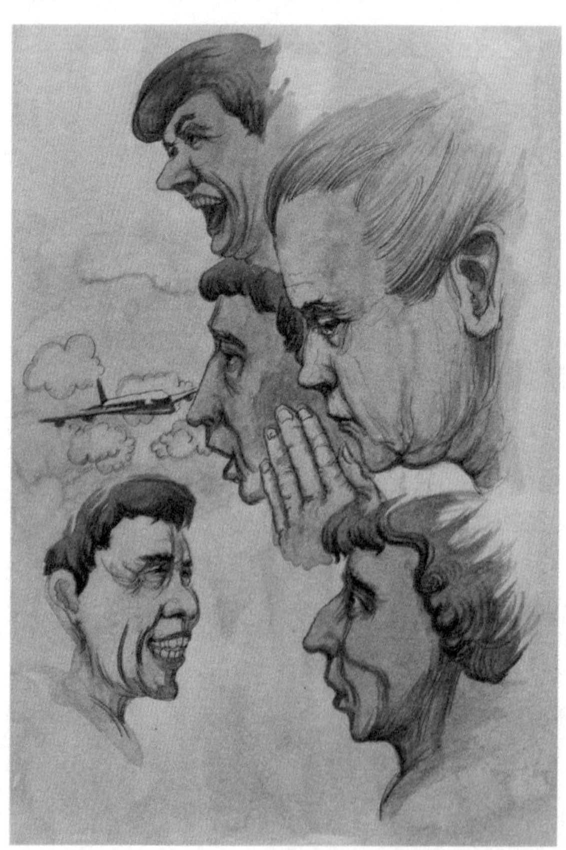

这个消息刚一发出，机舱里马上就响起了一片喧嚷抱怨之声。尽管如此，乘客们也不得不做好在空中等上一小时的思想准备。可是让人意外的是，没过几分钟之后，乘务人员又向乘客宣布："由于机场部门的积极调整，预计本班飞机的晚点时间将缩短到半个小时。"听完这个消息，所有的乘客都如释重负地松了口气，毕竟相较于等待一个小时来说，等待半个小时已经好太多了。

又过了几分钟，乘客们还没有从刚才的宣布中回过神来的时候，再次听到机上的广播说："告诉各位乘客一个好消息，最多再过10

分钟，本机就可以安全着陆了。”这下子，乘客们个个喜出望外。虽然飞机最终仍是晚点了，但是，乘客们反而感到非常庆幸和满意。

在上述的故事中，就是“留面子”效应发挥了作用。留面子指的是在向别人提出自己真正要求之前，先向别人提出一个大要求，待别人拒绝之后，再提出自己真正的比较小的要求来，别人答应自己的可能性就会增加。

心理学家认为，留面子效应的产生主要是因为人们在拒绝别人的大要求时，感到自己没有能够帮助别人，损害了自己富有同情心、乐于助人的形象，辜负了别人对自己的良好愿望，会感到一点内疚。这时，为了恢复在别人心目中的良好形象，也达到自己心理的平衡，便欣然接受了第二个小一点的要求。

在销售、募捐以及生活中的诸多方面，都可以使用留面子效应，但这也不是放之四海而皆准的。它是否会发生作用，关键在于双方关系的亲密程度以及你的需求的合理程度。如果既无责任，又无义务，双方素昧平生，却想别人答应一些有损对方利益的事情，这时候“先大后小”也是没有用的。

“被精神分裂”的心理学家——刻板印象

> 信念的固定性不仅可能反映思维的一贯性，而且还可能反映思想的惰性。
>
> ——（俄国）克留切夫斯基

某日，一个衣着整洁、文质彬彬的中年人来到美国东海岸一家著名的精神病院，要求到门诊就医。

他告诉给他接诊的精神病医生，说自己很多天以来一直幻听，这些声音时隐时现、时大时小，但“就我所能分辨的是，它们好像在说‘真的’‘假的’和‘咚咚’”。精神病医生初步判断他患了精神分裂症，并且立即批准他住院。

这个中年人住院后，没有再提及那些声音，而且行为都十分正常，但医院的医生仍然认为他是精神病患者，护士们还在他的病历卡上面记录了这样一句：“病人有写作行为。”

奇怪的是和这个中年人同室的几个病人一开始就不认为这个中年人是精神病人，其中的一位甚至说：“你看上去根本不像一个疯子，你可能是个记者，或者是个大学教授。你是来医院体验生活的吧？”

事实上，这个中年人真的是一位大学教授，而且是一位心理学教授。这位病人说对了，而精神病医生却在自己的专业上犯了错误。

原来，这是美国某大学心理研究所进行的一项心理学实验，这项实验的主要目的是研究精神病医患之间的相互影响。当时，参加实验的人员除了一位心理学教授之外，还有 7 名年轻的心理学工作者。他们分别来到东海岸和西海岸的 12 家医院，全部声称自己幻听，结果无一例外地被当作精神病人给关进了医院。

住进医院之后，无论是言谈还是举止，他们立即表现得像个正常人。然而，就像那位心理学教授一样，这些人在医生的眼里是标准的“病人”，有的甚至被视为最危险的“病人”，因为他不吵不闹，还不停地写作、记笔记；在病人的眼里，他们则都是正常人，是有学问的人。

正是由于这种特殊身份，他们得以公开地观察医生对病人的态度和行为。他们观察的情况令人震惊：精神病院的医生和护士一旦认为某个病人患有精神分裂症，对于该病人日常生活中的一切举动，就一律视为反常行为：写作被视为写作行为，与人交谈被视为交谈行为，按时作息被视为嗜睡行为，发脾气被视为癫狂行为，要

求出院被视为妄想行为，等等。结果，他们出院时费了很大的周折，从要求出院并一直做出正常表现平均 20 天，才得以离开医院。

上述故事中这种匪夷所思的情况其实就是我们社会生活和人际交往中常见的一种心理效应，即刻板印象。刻板印象指的是人们对某一类人或事物产生的比较固定、概括而笼统的看法，并且把这种看法推而广之，认为这个事物或者整体都具有该特征，而忽视个体差异。刻板印象广泛存在，并对人们的生活产生着一定的影响。比如美国极端的种族主义者认为黑人都是懒惰和邪恶的，我们还常听人说的“意大利人比较浪漫”“女人比较善变”等，实际上都是给同一人群“贴标签”，也就是对这个群体的“刻板印象”。

刻板印象的形成，主要是由于我们在人际交往过程中，没有时间和精力去和某个群体中的每一个成员都进行深入的交往，而只能与其中的一部分成员交往，因此，我们只能“由部分推知全部”，由我们所接触到的部分，去推知这个群体的“全体”。

“物以类聚，人以群分”，居住在同一个地区、从事同一种职业、属于同一个种族的人总会有一些共同的特征，因此，刻板印象一般说来都还是有一定道理的。刻板印象毕竟只是一种概括而笼统的看法，并不能代替活生生的个体，因而“以偏概全”的错误总是在所难免。如果不明白这一点，在与人交往时，就会像削足适履的郑人，宁可相信作为“尺寸”的刻板印象，也不相信自己的切身经验，就会出现错误，导致人际交往的失败。

震惊全美的凶杀案——责任分散效应

> 动手的人和袖手旁观的人比较，袖手旁观的人更坏些。
>
> ——（法国）雨果

1964 年 3 月 13 日晚上，在美国纽约郊外一个公园附近的某公寓前，发生了一起震惊全美的谋杀案。

一位叫朱诺的年轻的酒吧女经理，在凌晨 3 点结束工作回家的路上，被一不相识的男性杀人狂杀死。这名男子作案时间长达半个小时，而且，她当时也绝望地叫喊、呼救：“有人要杀人啦！救命！救命！”

她的呼救声，惊扰了附近大部分住户。这时候，好多屋子全都亮起了灯，有的甚至还打开了窗户，向外窥探到底发生了什么事情。

由于有很多人家都往这里看，心虚的凶手被吓跑了。住户们看了半天，没发现歹徒，就又关上窗户、电灯，进入梦乡。

当这一切恢复平静之后，凶手返回作案现场，朱诺又开始大喊大叫。接着，附近的住户又打开了电灯、窗户，凶手又被吓跑了。

就在所有人，甚至连朱诺自己都认为，一切都已经过去，自己也已经安全了的时候，凶手竟然又一次出现在她面前。尽管她再一次地大声呼救，她的邻居中至少有 40 多位到窗前观看，但没有一人前来救她，甚至没有一人打电话报警。于是，她就这样被杀死在自家门前的楼梯上。

这件事引起纽约社会的轰动，也引起了社会心理学工作者的重视和思考。人们把这种现象称为“责任分散效应”。

对于责任分散效应形成的原因，心理学家进行了大量的实验和调查，结果发现，这种现象不能仅仅说是众人冷酷无情，或道德日益沦丧的表现。因为在不同的场合，人们的援助行为确实是不同的。如果有许多人在场的话，帮助求助者的责任就由大家来分担，造成责任分散，每个人分担的责任很小，旁观者甚至可能连他自己的那一份责任也意识不到，从而产生一种“我不去救，有别人去救”的心理，造成“集体冷漠”的局面。

是什么杀死了那个年轻人——群体冷漠

人情冷漠是最大的文明杀手。

——谚 语

有位精神分裂症患者从医院逃回家之后，家人都极力打算把他再次送入疯人院。结果，患者恼怒之下爬上9楼的屋顶准备自杀。他的行为引来近2000人的围观，而那些消防、警察们也都展开了营救行动。但是，由于患者的情绪非常激动，任何一丁点儿的忽视就会导致非常严重的后果。就这样，双方逐渐进入对峙状态。

时间在一分一秒地流逝着，将近3个小时过去了，警察仍无法采取有效措施。这时候，围观的人们有些不耐烦了，不断有人大声嘲笑，起哄的人数也越来越多，其中，有一多半中青年在那里大喊：“跳啊，跳啊！”“跳完了我们还要回去工作呢！”“不敢跳的话就赶快滚下来。”

人群中叫喊声此起彼伏，却没有一人对患者加以劝说和开导，反而都催促他快点跳下来。这时候，患者从心理上已经开始绝望了，他气愤地抓起一块砖头，使劲地向楼下起哄的人们砸去。然而，这一砸，不仅没有砸醒那些对生命的冷漠、麻木人们的良知，反而使他们变本加厉地叫骂起来。现场一小部分有良知的人们和警察都很气愤，但又不能对起哄者做出处理，只能厉声制止。

此时，患者已经丧失了赖以维系其情绪和心理平衡的外在支持，觉得自己陷入了一个无法忍受的情境中，感到痛苦不堪，不能自持，彻底地绝望了，终于在一片起哄和催促声中纵身跳下，随着一声闷响，当着众人的面，重重地摔在了冷冰冰的水泥地上，经抢救无效身亡。

这时候，人群中居然传来了喝彩声：“好！敢作敢为。”这件事给患者的父亲造成了很大刺激，事隔多年后，每每提及，他都会对众人的冷漠愤慨万分，嘴里不停地念叨着：“是他们‘杀’了我的儿子。”

上述的悲剧，说到底是从众心理和冷漠行为造成的。众多的围观者对于人命关天的事，怀着看热闹取笑的心态，只是想看他是怎么跳楼的、怎么摔死的。很多人只是因为从来就没有目睹过自杀这一惊心动魄的场面，也为给自己平淡的生活平添一些茶余饭后的“见闻”，而采取了那种态度。由此可见，其人情冷漠程度。

这些迫使那个患者最终自杀的起哄者到底是抱持着怎样的心态呢？这里我们就来简单分析一下。

1. 从众心理下的从众行为。社会心理学认为，从众行为是由于在群体一致性压力下，个体放弃自己的道德原则，改变了原有的态度，采取与大多数人一致的行为。这是个体寻求一种试图解除自身与群体之间的冲突，增强安全感的一种手段。因为人云亦云总是安全、不担风险的，所以在现实生活中不少人喜欢采取从众行为，以求得心理平衡，减少内心冲突。

2. 责任分散，意思是当很多人共同面对一个任务或者一件事情的时候，人越多个人需要承担的责任就越小，个人隐藏在群体中，往往出现偷懒或者冷漠等消极的心理状态。单独的个体往往更具有道德责任感，并更有可能做出利他行为，可以毫不犹豫地付出代价，有时甚至是生命。

3. 群体冷漠行为，这是最关键的。在紧急、危险的情况下，个人明知他人受到生命和财产的威胁而需要得到自己的帮助时，却持坐视不管、袖手旁观的态度。这样的冷漠行为，直接导致了人们选择了从众以及不愿承担责任。

给总统送书——名人效应

> 崇拜往往是朦胧的，距离恰好产生朦胧感。
>
> ——郑渊洁

一位出版商手里压有一批滞销书，过了很久都不能脱手。万分着急的时候，他忽然想出了绝妙的主意——“给总统送去一本书”。

第二天他便把书送了过去，然后三番五次地去征求意见。可整天忙于政务的总统根本就没有时间看他送来的书，所以，不愿与他有过多的纠缠，便随口回了一句：“这本书不错。”

出版商听了之后，非常高兴，回去之后便大做广告："现有总统喜爱的书出售。"于是这些书立刻被一抢而空。

可没过多久，这位出版商又有书卖不出去了，于是，他又送了一本书给总统。总统上了一回当，想奚落他，就说："这本书糟透了。"出版商听了之后，脑子一转，又立刻跑回去做了这样一则广告："现有总统讨厌的书出售。"又有不少人出于好奇争相购买，结果，所有的滞销书被一抢而空。

第三次，出版商又将书送给总统，总统接受了前两次教训，便不作任何答复。出版商却又大做广告："现有令总统难以断定的书，欲购从速。"居然又被一抢而空。搞得总统哭笑不得，而商人却赚了大钱。

上述故事讲述的是受到名人的暗示，从而产生的信服和盲从现象，也就是名人效应。名人效应，是指名人的出现所达成的引人注意、强化事物、扩大影响的效应，或人们模仿名人的心理现象的统称。名人效应已经在生活中的方方面面产生深远影响，比如名人代言广告能够刺激消费、名人出席慈善活动能够带动社会关怀弱者等。

名人效应的产生依赖名人的权威和知名度，名人之所以成为名人，在他们那一领域必然有其过人之处。名人知名度高，为世人所熟悉、喜爱，所以名人更能引起人们的好感、关注、议论和记忆。由于名人是人们心目中的偶像，人们都有羡慕名人、模仿名人的心理，所以由名人作出的示范作用效果会非常显著。

偷车贼的心理——破窗效应

亡羊而补牢，未为迟也。

——刘 向

1969年，美国斯坦福大学心理学家菲利普·辛巴杜曾做过这样一项有趣的“偷车实验”：他找来了两辆无论是款式还是别的，全都是一模一样的汽车，然后，他就叫人把其中的一辆汽车停在比较贫穷、杂乱的底层人群聚集的街区，而另外一辆则停在中产阶级的小区里。

然后，他又派人去底层人群聚集的街区，把停在那里的汽车的车牌摘掉，顶棚打开。然后安排人手在那里监视，但对任何事情都不加干涉。结果一天之内汽车就被人偷走了。

停放在中产阶级小区的那辆汽车，则过了一个星期也安然无恙地停放在那里。但是，当菲利普·辛巴杜教授再次让人用锤子在这辆汽车的玻璃窗上敲了个大洞之

后，仅仅过了几个小时，汽车就被小偷给偷走了。

以这项实验为基础，政治学家威尔逊和犯罪学家凯琳提出了一个“破窗效应”理论，认为，如果有人打坏窗户玻璃，而窗户得不到及时的维修，别人就可能去打烂更多的窗户。久而久之，这些破窗户就给人造成一种无序的感觉。在这种公众麻木不仁的氛围中，犯罪就会滋生、繁荣。

角度不同，道理相似，“破窗理论”不仅仅在社会学领域中有所应用，而且现在也被广泛应用于现代企业管理和教育管理等诸多领域中。环境具有强烈的暗示性和诱导性，必须修好“第一扇被打碎的玻璃窗户”。如果说“偷车实验”和“破窗理论”更多的是从犯罪心理学角度去思考问题，那么，推而广之，从人与环境的关系这个角度去看，我们周围的生活中所发生的许多事情，不正是环境“暗示”和作用的结果吗？比如，在窗明几净、环境幽雅的场所，可曾见过有谁大声喧哗，甚至“噗”地飞出一口痰来？相反，如果环境脏乱不堪，倒是时常可见吐痰、打闹、相骂之举。又比如，在公车站，如果大家都井然有序地排队上车，又有多少人会不顾众人的文明举动和鄙夷眼光而贸然插队？相反，车辆尚未停稳，猴急的人们你推我拥，争相往前挤，后来者如果想排队上车，恐怕也难有耐心了。

总而言之，破窗理论告诉我们这样一个道理：任何一种不良现象都将传递一种信息，这种信息会导致不良现象的无限扩展，必须高度警觉那些看起来是偶然的、个别的、轻微的“过错”。如果对这种行为不闻不问、熟视无睹、反应迟钝或纠正不力，就会纵容更多的人“去打烂更多的玻璃窗户”，就极有可能演变成“千里之堤，溃于蚁穴”的恶果。因此，我们一定要记住，亡羊补牢，犹未晚也，当发现一扇“破窗”时，一定要及时补救，换上新的，否则会有更多的“窗户”遭到破坏。

曾参杀人——从众效应

在激流中能够屹立的人，未必能坚挺于人海中。

——谚 语

春秋时期，在孔子的学生曾参的家乡费邑，有一个与他同名同姓也叫曾参的人。一天他在外乡杀了人。消息传出不久，一股“曾参杀了人”的风闻便席卷了曾参的家乡。

第一个向曾参的母亲报告情况的是曾家的一个邻人，那人没有亲眼看见杀人凶手。他是在案发以后，从一个目击者那里得知凶手名叫曾参的。

当那个邻人把“曾参杀了人”的消息告诉曾参的母亲时，并没有引起预想的那种反应。

曾参的母亲一向引以为骄傲的正是这个儿子。他是儒家圣人孔子的好学生，怎么会干伤天害理的事呢？曾母听了邻人的话，不惊不忧。她一边安之若素、有条不紊地织着布，一边斩钉截铁地对那个邻人说：“不可能，我的儿子是个乖孩子，他是不会去杀人的。”

没隔多久，又有一个人跑到曾参的母亲面前说：“伯母，曾参真的在外面杀了人。”曾母依旧说：“不可能，我的儿子是个乖孩子，他是不会去杀人的。”然后就不去理会他了，还是坐在那里不慌不忙地穿梭引线，照常织着自己的布。

又过了一会儿，第三个报信的人跑来对曾母说：“现在外面议论纷纷，大家都说曾参的确杀了人，现在已经被官兵抓起来了。”

曾母听到这里，心里骤然紧张起来。她开始相信这件事情是真的了，她害怕这种人命关天的事情要株连亲眷。她难过地哭了起来：“参儿呀！我相信你是一个好孩子，可是大家都说你杀了人，这些人跟你无冤无仇的，他们为什么要骗我呢？参儿啊！你真的杀了人吗？你是不是真的被官兵抓起来了？”

这时候，大家全都劝说曾母赶快逃跑，免得被官兵一起抓起来，曾参的母亲擦干眼泪说：“不行，如果我逃走了，那谁来照顾全家大小呢？”这时候，曾参回来了，大家都吓了一跳："曾参，你不是杀了人，已经被官兵抓起来了吗？"

曾参说："那个曾参不是我，是一个和我同名同姓的人！"

这时候，曾参的母亲才放心地笑起来："我真是的，因为大家都说曾参杀了人，让我也怀疑自己的乖儿子杀了人。"

以曾参良好的品德和慈母对儿子的了解、信任而论，"曾参杀了人"的说法曾参的母亲是不应该相信的。然而，即使是一些不确实的说法，如果说的人很多，也会动摇一个慈母对自己贤德儿子的信任。由此可以看出，缺乏事实根据的流言是可怕的。

这个故事讲述的就是人们都有一种从众心理。生活中由于从众心理而产生的效应，称为"从众效应"。当个体受到群体的影响（引导或施加的压力），会怀疑并改变自己的观点、判断和行为，朝着与群体大多数人一致的方向变化。这也就是通常人们所说的"随大流"。

在生活中，每个人都有不同程度的从众倾向，总是倾向于跟随大多数人的想法或态度，以证明自己并不孤立。研究发现，持某种意见的人数多少是影响从众的一个最重要因素，人多本身就是说服力的一个明证，很少有人能够在众口一词的情况下还坚持自己的不同意见。

第三章

人格的魅力与困惑——人格心理学

青蛙和蝎子——人格稳定性

人格像一棵树，而名声就像树影。

——（美国）林肯

在遇到分歧的时候，我们似乎总能听到这样的对白：“你怎么总是这样！”“我就是这样，怎么着吧！”……正所谓“江山易改，本性难移”，每个人都有自己长时间形成、很难改变的“本性”，即我们的“人格”。

人格是一个心理学术语，类似于我们平常说的个性，是指一个人与社会环境相互作用表现出的一种独特的行为模式、思维模式和情绪反应的特征，也是一个人区别于他人的特征之一。因此人格就表现在思维能力、认识能力、行为能力、情绪反应、人际关系、态度、信仰、道德价值观念等方面。人格的形成与生物遗传因素有关，但人格是在一定的社会文化背景下产生的，所以也是社会文化的产物。

从心理学角度讲，人格包括两部分，即性格与气质。性格是人稳定个性的心理特征，表现在人对现实的态度和相应的行为方式上。从好的方面讲，人对现实的态度包括热爱生活、对荣誉的追求、对友谊和爱情的忠诚、对他人的礼让关怀和帮助、对邪恶的仇恨等；人对现实的行为方式比如举止端庄、态度温和、情感豪放、谈吐幽默等。人们对现实的态度和行为模式的结合就构成了一个人区别于他人的独特的性格。性格从本质上表现了人的特征，而气质就好像是给人格打上了一个标记。气质是指人的心理活动和行为模式方面的特点，赋予性格光泽。同样是热爱劳动的人，可是气质不同的人其表现就不同：有的人表现为动作迅速，但粗糙一些，这可能是胆汁质的人；有的人很细致，但动作缓慢，可能是黏液质的人。气质和性格就这样构成了人格。

人格很复杂，它是由身心的多方面特征综合组成的。人格就像一个多面的立方体，每一方面均为人格的一部分，但又不各自独立。此外，人格还具有持久性。通常情况下，人格特质的构成是一个相互联系的、稳定的有机系统。张三无论何时何地都表现出他是张三，李四无论何时何地也都表现出他是李四。一个人不可能今天是张三，明天又变成李四。

从前，有一个地方住着一只蝎子和一只青蛙。一天，蝎子想过一条大河，但不会游泳，于是它就央求青蛙道：“亲爱的青蛙先生，你能载我过河吗？”

“当然可以，”青蛙回答道，“但是，我怕你会在途中蜇我，所以，我拒绝载你过河。”

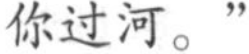

“不会的，”蝎子说，“我为什么要蜇你呢？蜇你对我没有任何好处，你死了我也会被淹死。”

虽然青蛙知道蝎子有蜇人的习惯，但又觉得它的话有道理，它想：也许这一次它不会蜇我。于是，青蛙答应载蝎子过河。青蛙将蝎子驮到背上，开始横渡大河。就在青蛙游到大河中央的时候，蝎子实在忍不住了，突然弯起尾巴蜇了青蛙一下。青蛙开始往下沉，它大声质问蝎子：“你为什么要蜇我呢？蜇我对你没有任何好处，我死了你也会沉到河底。”

“我知道，”蝎子一面下沉一面说，“但我是蝎子，蜇人是我的天性，所以我必须蜇你。”

说完，蝎子沉到了河底。

正如上面故事所表现出来的，人格具有稳定性。在行为中偶然发生的、一时性的心理特征，不能称为人格。例如，一位性格内向的大学生，在各种不同的场合都会表现出沉默寡言的特点，这种特点从入学到毕业不会有很大的变化。

人格的稳定性并不排除它会发展和变化，人格的稳定性并不意味着人格是一成不变的。人格变化有两种情况：第一，人格特征随着年龄的增长，其表现方式也有所不同。同是焦虑特质，在少年时代表现为对即将参加的考试或即将考入的学校心神不定，忧心忡忡；在成年时表现为对即将从事的新工作忧虑烦恼，缺乏信心；在老年时则表现为对死亡的极度恐惧。也就是说，人格特性以不同的行为方式表现出来的内在秉性的持续性是有其年龄特点的。第二，对个人有重大影响的环境因素和机体因素，例如移民异地、严重疾病等，都有可能造成人格的某些特征，如自我观念、价值观、信仰等的改变。

不过，需要注意，人格改变与行为改变是有区别的。行为改变往往是表面的变化，是由不同情境引起的，不一定都是人格改变的表现。人格的改变则是比行为更深层的内在特质的改变。所以，你如果想改变一个人，应该明白这种改变是有限的。

截然不同的双胞胎兄弟——气质

> 做一个杰出的人，光有一个合乎逻辑的头脑是不够的，还要有一种强烈的气质。
>
> ——（法国）司汤达

有一对双胞胎兄弟，哥哥非常乐观，弟弟却出奇的悲观。

某一天，他们的父亲对他们进行“性格改造”。于是，他把那个乐观的哥哥锁进了一间堆满马粪的房间里，把悲观的弟弟锁进了一间放满精美玩具的房间里。

过了一个小时以后，那位父亲走进悲观孩子的房间里，发现他坐在一个角落里，一把鼻涕一把眼泪地伤心哭泣着。父亲看到悲观的孩子泣不成声，觉得很奇怪，便问：“你哭什么啊？为什么不去玩那些玩具呢？”“我是很想玩的，可是我要是玩的话它们就会被我玩坏了。”孩子难过地说。

当父亲走进乐观孩子的房间时，发现孩子正在兴奋地用一把小铲子挖着马粪，

把散乱的马粪铲得干干净净。看到父亲来了，乐观的孩子高兴地叫道："看，这里有这么多马粪，附近肯定会有一匹漂亮的小马，我要为它清理出一块干净的地方来！这样我们兴许会成为很好的朋友，你说这是不是棒极了？"

一对双胞胎兄弟为什么会有这么大的差别呢？其实，那只是因为他们的气质不同。

我们通常所说的气质，就是指在情绪反应、活动水平、注意和情绪控制方面所表现出来的稳定的质与量方面的个体差异。这也就是我们平常所说的脾气、秉性。人的气质是先天形成的，当我们出生以后，最先表现出来的差异就是气质差异。气质是人的天性，它只给人们的言行涂上某种色彩，但不能决定人的社会价值，也不直接具有社会道德评价含义。气质不能决定一个人的成就，相同气质的人在不同的实践领域中，经过自己的努力既可能取得成就，也可能成为平庸无为的人。

被西方尊为"医学之父"的古希腊著名医生希波克拉底很早就观察到人有不同的气质，他提出"体液学说"，即认为人体内有 4 种体液：血液、黏液、黄胆汁和黑胆汁。希波克拉底根据人体内的这 4 种体液的不同配合比例，将人的气质划分为 4 种不同的类型：

（1）多血质：体液中血液占优势；

（2）黏液质：体液中黏液占优势；

（3）胆汁质：体液中黄胆汁占优势；

（4）抑郁质：体液中黑胆汁占优势。

为了让大家更为深刻地区分这4种气质，我们将以一个小故事形象地描述在同一情境中4种不同气质类型的人的不同表现。

4个不同气质类型的人去剧院看戏，但同时迟到了。检票员拦在门口，告诉他们不能进入，只有等到这一幕结束，幕间休息时才能进入。

多血质的人面对这样的情形，立刻明白，检票员是不会让他进去的，但他猜楼上应该有小门，就跑到楼上看看能不能从小门进去。

黏液质的人看到检票员不让他进入戏院，就想："第一场大概不精彩吧！我还是暂时到小卖部喝茶，等幕间休息再来吧！"

胆汁质的人与检票员吵了起来，企图进入剧院，他分辩说戏院的表走快了，他进去不会影响别人，并且企图推开检票员闯进剧院。

抑郁质的人则会想："我老是不走运，偶尔来一次戏院，就这么倒霉。"接着就回家去了。

通过上述的故事，我们很容易归纳出上述4种气质各具有哪些典型特征：

1. 多血质

灵活性高，易于适应环境变化，善于交际，在工作、学习中精力充沛而且效率高；对什么都感兴趣，但情感兴趣易于变化；有些投机取巧，易骄傲，受不了一成不变的生活。

2. 黏液质

反应比较缓慢，坚持而稳健地辛勤工作；动作缓慢而沉着，能克制冲动，严格恪守既定的工作制度和生活秩序；情绪不易激动，也不易流露感情；自制力强，不爱显露自己的才能；固定性有余而灵活性不足。

3. 胆汁质

情绪易激动，反应迅速，行动敏捷，暴躁而有力；性急，有一种强烈而迅速燃烧的热情，不能自制；在克服困难上有坚忍不拔的劲头，但不善于考虑能否做到，工作有明显的周期性，能以极大的热情投身于事业，也准备克服且正在克服通向目标的重重困难和障碍，但当精力消耗殆尽时，便失去信心，情绪顿时转为沮丧而一事无成。

4. 抑郁质

高度的情绪易感性，主观上把很弱的刺激当作强作用来感受，常为微不足道的原因动感情，且有力持久；行动表现上迟缓，有些孤僻；遇到困难时优柔寡断，面临危险时极度恐惧。

气质本身并没有好坏之分，因为任何一种气质类型都有其积极的一面和消极的一面。例如，多血质的人灵活、亲切，但是轻浮、情绪多变；黏液质的人沉着、冷静、坚毅，但是缺乏活力、冷淡；胆汁质的人积极、生气勃勃，但是暴躁、任性、感情用事；抑郁质的人情感深刻稳定，但是孤僻、羞怯。因而，我们要注意发扬气质中积极的方面，克服其消极的方面。

同处一室的不同性格者——性格

一样米养百种人。

——谚 语

性格是指表现在人对现实的态度和相应的行为方式中的比较稳定的、具有核心意义的个性心理特征，是一种与社会相关最密切的人格特征，在性格中包含有许多社会道德含义。性格表现了人们对现实和周围世界的态度，并表现在他们的行为举止中。性格主要体现在对自己、对别人、对事物的态度和所采取的言行上。性格是在后天社会环境中逐渐形成的，是人的核心的人格差异。

恩格斯说："刻画一个人物不仅应表现他做什么，而且应表现他怎样做。"做什么，说明一个人追求什么、拒绝什么，反映了人的活动动机或对现实的态度；怎样做，说明一个人如何去追求要得到的东西，如何去拒绝要避免的东西，反映了人的活动方式。

如果一个人对现实的一种态度，在类似的情境下不断出现，逐渐得到巩固，并且使相应的行动方式习惯化，那么这种较稳固的对现实的态度和习惯化了的行动方式所表现出的心理特征就是性格。例如，一个人在待人处事中总是表现出高度的原则性、热情奔放、坚毅果断、深谋远虑、见义勇为，那么这些特征就组成了这个人的性格。构成一个人的性格的态度和行动方式，总是比较稳固的，在类似的甚至不同的情境中都会表现出来。当我们对一个人的性格有了比较深切的了解，就可以预测这个人在一定的情境中将会做什么和怎样做。

例如，一个人比较自信、勇敢、有毅力，但又比较任性和粗暴；另一个人缺乏自信、不好外露、没有主见、易受暗示，但有一股韧劲。当要求他们去完成同样的任务时，对前者就要叮嘱其注意工作方法，密切联系群众；对后者则要给予更多的鼓励、更具体的帮助。

性格和能力都是个性心理特征，但性格和能力不同。能力是决定心理活动效率的基本因素，人的活动能否顺利进行，这与能力有关。性格则表现为人的活动指向什么、采取什么态度、怎样进行。例如，一个人识记比较差，反映的是这个人的能力特点。如果这个人不论识记什么材料，总是粗枝大叶、马马虎虎，这就反映了这个人对现实的特殊态度和某种习惯了的行动方式，而这就是这个人的一种性格特点。同样，某人思考一些问题总是很深刻、很有逻辑性，就表明了这个人的一种智能特点。如果这个人考虑问题总是很细心、很周到，处事很谨慎，行动很坚定，就在言行态度上反映了这个人的性格特点。

安娜和克丽丝是两个性情爱好完全不同的姑娘，但由于现实的一些原因，她们不得不同处一室，生活中的诸多摩擦令她们常常争论不休。

一天早晨，跑完步的安娜从外面回来，一进门便嚷着屋里太闷太热了，随手将门窗全部打开。克丽丝刚从被窝里爬起来，风从窗户吹进屋子里，她觉得浑身都冷，便责怪安娜不该只顾自己舒服就打开门窗。两个人互不相让，一个要开，一个要关，一个说闷，一个说冷，为一点小事闹了好半天，都认为只有自己才是对的。

还有一次，安娜从地摊上买了几件廉价的生活用品，回来后便告诉克丽丝地摊上的东西如何便宜实用，克丽丝不以为然，甚至责怪安娜没眼光，她认为地摊上的东西不好，而且质量很差，甚至是残次品，根本比不上专卖店、大商场里卖的。安娜则认为地摊上的东西便宜，能用就用，不能用就可以丢掉，而且即便丢掉也不会心疼。为此，两个人又争论得面红耳赤。

上述故事中的两个姑娘之所以常常为了一些小事争论，是因为性格不同。大千世界的人形形色色，没有任何两个人的性格会完全相同。比如在日常生活中我们常看到，有的人谦虚好学，有的人狂妄自大；有的人公而忘私，有的人自私自利；有的人喜怒形于外，有的人则遇事不动声色；有的人和蔼可亲，有的人蛮横无理。那么，性格不同是不是一定意味着矛盾和争执呢？

其实并非如此。既然理解了人和人本来就不同，就应该放开心胸，不必强求别人和自己一样。在一些非原则性的小事上强求别人，其实是在自寻烦恼。如果都像安娜和克丽丝那样，只从自身的角度出发看问题，固执己见、强人所难，我们的生活将不得安宁。所以，如果我们生活中遇到了性格跟自己不同甚至迥异的人时，一定要秉持求同存异的心理，不必刻意要求别人完全按照自己的性格标准，而要注重和睦相处，这样我们也就能快乐处世了。

马斯洛需求层次理论——需求

人类价值体系存在两类不同的需要，一类是沿生物谱系上升方向逐渐变弱的本能或冲动，称为低级需要和生理需要。一类是随生物进化而逐渐显现的潜能或需要，称为高级需要。

——（美国）亚伯拉罕·马斯洛

美国心理学家亚伯拉罕·马斯洛提出的著名的需求层次理论，在一定程度上反映了人类行为和心理活动的共同规律。他认为人类价值体系存在两类不同的需要：一类是沿生物谱系上升方向逐渐变弱的本能或冲动，称为低级需要和生理需要；一类是随生物进化而逐渐显现的潜能或需要，称为高级需要。此外，马斯洛从人的需要出发，探索人的激励和研究人的行为，抓住了问题的关键，指出人的需要是由低级向高级不断发展的，这一趋势基本上符合需要发展规律。

在马斯洛看来，人都潜藏着5种不同层次的需要，但在不同的时期表现出来的各种需要的迫切程度是不同的。人最迫切的需要才是激励人行动的主要原因和动力。人的需要是从外部得来的满足逐渐向内在得到的满足转化。

低层次的需要基本得到满足以后，它的激励作用就会降低，其优势地位将不再保持下去，高层次的需要会取代它成为推动行为的主要原因。有的需要一经满足，便不能成为激发人们行为的起因，于是被其他需要取而代之。

高层次的需要比低层次的需要具有更大的价值。热情是由高层次的需要激发的。人的最高需要即自我实现就是以最有效和最完整的方式表现他自己的潜力，因此才能使人得到高峰体验。

人的 5 种基本需要在一般人身上往往是无意识的。对于个体来说，无意识的动机比有意识的动机更重要。对于有丰富经验的人，通过适当的技巧可以把无意识的需要转变为有意识的需要。

马斯洛还认为，在人自我实现的创造性过程中，产生出一种所谓的“高峰体验”的情感，这个时候是人处于最激动人心的时刻，是人存在的最高、最完美、最和谐的状态，这时的人具有一种欣喜若狂、如醉如痴的感觉。

实验证明，当人待在漂亮的房间里面就显得比在简陋的房间里更富有生气、更活泼、更健康；一个善良、真诚、美好的人比其他人更能体会到存在于外界中的真善美。当人们在外界发现了最高价值时，就可能同时在自己的内心中产生或加强这种价值。总之，较好的人和处于较好环境的人更容易产生高峰体验。

各层次需要的基本含义如下：

（1）生理上的需要。这是人类维持自身生存的最基本要求，包括衣、食、住、行方面的要求。如果这些需要得不到满足，人类的生存就成了问题。从这个意义上说，生理需要是推动人们行动的最强大动力。马斯洛认为，只有这些最基本的需要满足到维持生存所必需的程度后，其他的需要才能成为新的激励因素，而此时，这些已相对满足的需要也就不再成为激励因素了。

（2）安全上的需要。这是人类要求保障自身安全、摆脱事业和丧失财产威胁、避免职业病的侵袭、接触严酷的监督等方面的需要。马斯洛认为，整个有机体是一个追求安全的机制，人的感受器官、效应器官、智能和其他能量主要是寻求安全的工具，甚至可以把科学和人生观都看成是满足安全需要的一部分。当然，当这种需要一旦相对满足后，也就不再成为激励因素了。

（3）感情上的需要。这一层次的需要包括两个方面的内容。一是友爱的需要。二是归属的需要。感情上的需要比生理上的需要来得细致，它和一个人的生理特性、经历、教育、宗教信仰都有关系。

（4）尊重的需要。人人都希望自己有稳定的社会地位，要求个人的能力和成就得到社会的承认。马斯洛认为，尊重需要得到满足能使人对自己充满信心，对社会满怀热情，体验到自己活着的价值。

（5）自我实现的需要。也就是说，人必须干称职的工作，这样才会使他们感到最大的快乐。马斯洛提出，为满足自我实现需要所采取的途径是因人而异的。自我实现的需要是在努力实现自己的潜力，使自己越来越成为自己所期望的人物。

马斯洛认为，这5种需要是从低到高的递升，不过次序却不是固定的。一般来说，某一层次的需要相对满足了，就会向高一层次发展，追求更高一层次的需要就成为驱使行为的动力。

另外，它又分为高低两级，其中生理上的需要、安全上的需要和感情上的需要都属于低一级的需要，这些需要通过外部条件就可以满足；而尊重的需要和自我实现的需要是高级需要，他们是通过内部因素才能满足的，而且一个人对尊重和自我实现的需要是无止境的。同一时期，一个人可能有几种需要，但每一时期总有一种需要占支配地位，对行为起决定作用。任何一种需要都不会因为更高层次需要的发展而消失。各层次的需要相互依赖和重叠，高层次的需要发展后，低层次的需要仍然存在，只是对行为影响的程度大大减小。

奥尔波特的人格特质论——特质

人格是个体内部决定其独特的顺应环境的那些心理生理系统中的动力组织。

——（美国）高尔顿·威拉德·奥尔波特

美国人格心理学家，“实验社会心理学之父”，高尔顿·威拉德·奥尔波特认为特质是人格的基础，是心理组织的基本建构单位，是每个人以其生理为基础而形成的一些稳定的性格特征。

奥尔波特是在他哥哥、著名社会心理学家高尔顿·弗劳德·奥尔波特的影响下考入哈佛大学学习心理学的。他曾在一个有著名心理学家在场的研讨会上介绍自己的人格特质论，但他发言后，全场一片沉默。他没有气馁，于1937年出版了《人格：一种心理学的解释》一书。两年后，他当选为美国心理学会主席。

奥尔波特的兴趣主要在于意识的部分，而非难以确定的深层潜意识。他经常谈到与弗洛伊德唯一的一次见面，因为这次见面对他产生了重大的影响。他在22岁参观访问维也纳时，写了一封信给弗洛伊德，说他这时就在城里，想与其会面，弗洛伊德大方地接待了他，但只是一声不响地坐着。奥尔波特试图找话题，提到来弗洛伊德办公室的途中，听到一个小孩告诉他母亲说，他想避开一些很脏的东西。这个小孩显露出对脏乱的恐惧，然而他母亲穿戴整齐、衣衫烫过、气质非凡，奥尔波特认为这与小孩畏惧脏乱之间并没有什么联系。

但是，弗洛伊德用那双仁慈的、治病救人的眼睛看着奥尔波特说："那小孩是你本人吗？"奥尔波特目瞪口呆，只好转换了话题。他后来回忆道："这次经验告诉我，深层心理学研究尽管有种种好处，但它容易钻牛角尖，而心理学家在深入潜意识的世界以前，能够把动机等事情说清楚，也同样可以获得认可。"

奥尔波特是人格心理学的先驱。他重视人格的个体性，他将人格特质区分为共同特质和个人特质。共同特质是属于同一文化形态下人们所具有的一般人格特质。它是在共同的生活方式下形成，并普遍地存在于每一个人身上的。从共同特质看，个体间的差异，只不过是指个人所具备这种特质的多寡或强弱不同而已。奥尔波特提出了人格的14种共同特质，如支配—顺从、外向—内向、自信—自卑、合群—孤独、理论兴趣高—理论兴趣低等。

个人特质是个人所特有的，代表着个人独特的行为倾向。奥尔波特特别重视个人特质。他指出："严格地说，只有个人特质是真实的特质。因为第一，特质是个人的而不是地区社会的；第二，特质是以个人经验独特方式发展起来的动力倾向，所以共同特质不是真正的特质。"在世界上没有两个人的个人特质是完全相同的，即使两个人在共同特质上是相似的，但他们行为上所表现的仍各具独特性。例如有两个人的攻击性特质（共同特质）可能相似，但两个人对人或对物做攻击表现时，仍有差异。所以个人特质不能在个人间彼此比较。

除此之外，奥尔波特将个人特质视为一种组织结构，每一种特质在这个人的人格结构中处于不同的地位，与其他的特质处于不同的关系之中。

他因而区分了3种不同的个人特质：

1. 首要特质是指最能代表一个人的特点的人格特质，它在个人特质结构中处于主导性的地位，影响着这个人行为的各个方面。

2. 中心特质是指能代表一个人性格的核心成分。

3. 次要特质是指一个人的某种具体的偏好或反应倾向，如偏好某种颜色的衣服，闲暇时喜欢收拾房间，等等。显然，某种特质是一个人的首要特质，但在另一个人身上却是中心特质，在第三个人身上可能只是次要特质。人们通常用中心特质来说明一个人的性格。

奥尔波特认为每个人的特质都是以一种层次结构集中在一起的：顶层是一个人的首要特征或关键特质；其下是一些中心特质，也就是一个人在日常生活中的凝聚焦点；最后在这一切之下的，是一大堆次要特质，每种次要特质都是由少数特殊的刺激引起的。

扼住命运的咽喉——自励

一经打击就灰心泄气的人，永远是个失败者。

——（英国）毛姆

自励，是一种自觉，一种在困难面前不卑不亢和不屈不挠支持下的自觉；自励不求人恩赐，不靠人同情，不怨天尤人。

贝多芬，一个生活在无声世界里的“乐圣”，用他的坚强意志与旷世才华，演奏出了人类音乐史上荡气回肠的华美乐章。他将生命中所有的苦难化作一个个起舞的音符，谱写成一曲最动人心弦的英雄悲歌。

贝多芬出生于德国波恩的一个平民家庭，家族是科隆选帝侯宫廷歌手世家，自幼跟从父亲学习音乐，很早就显露了音乐上的才华。8岁便开始登台演出。在他19岁那年，法国大革命爆发，他满怀激情地写了《谁是自由人》的合唱曲来表达自己对自由与民主的渴望。此后，他很快以自己的即兴钢琴迷住了维也纳人，其音乐旋律时而如溪水潺潺，时而如惊涛骇浪，时而如暴风骤雨。有人曾评论贝多芬的即兴曲“充满了生命和美妙”。贝多芬在26岁的时候，已经引起乐坛的重视。那时候的他风华正茂、踌躇满志，他那动人的音乐清晰明亮，宛若初春大地的一抹新绿，虽

然稚嫩，却生机无限地在乐坛上铺展开来。

然而，病魔却开始向贝多芬一天天逼近——在他的耳边总伴有一种“嗡嗡”的声音。这种无休止的嗡嗡声日夜缠绕着贝多芬，像一个魔鬼在光明的道路上洒满阴森的迷雾。贝多芬预感到一个寂寞无声的世界正在向他逼近，那将剥夺他生命中最宝贵的、不可缺少的财富——声音。

作为一个音乐家，贝多芬十分清楚失去听觉意味着什么。他无法听清楚朋友们轻松的谈笑，美妙的乐音也变得模糊不清。贝多芬悄悄地去看医生，尝试着用杏红油和香草油敷在耳中。他战栗着，把全部希望都寄托在医生身上，然而这一切都是徒劳的，医生已经对治愈他的耳疾表示无能为力。恐惧、痛苦、忧伤和愤怒充满了贝多芬那年轻的心灵。在苦难中，贝多芬用尽他的整个心灵，对上苍、对万古不语的星空，悲愤地呐喊：“哦，上帝，上帝呀，往下看看不幸的贝多芬吧……”

最初，贝多芬甚至想割断他与音乐的一切联系，他要在美丽的乡村里做一个农夫。可是，贝多芬怎么逃得了呢？他内在的音乐力量是那样的激越澎湃，像风暴中的大海，他怎能逃离它？在他 5 岁时，在他受到父亲严厉的教训而站在风琴前饮泣时，他的泪水、他幼嫩的手指、他那敏感的思想就已经同音乐永远地融在一起了。

终于，贝多芬决定向苦难发出挑战：“我不能再忍受了，我要同命运搏斗，我要扼住命运的咽喉！”贝多芬把退隐、逃避抛在了脑后。外来的灾难激发了贝多芬内在的力量——一种崭新而坚定的手法，深切而纯洁的景象，赶跑了失败的软弱。

在海利根斯塔特，贝多芬重新出没在寂静森林的浓荫处、乡村牧场的碧草间。在那里，贝多芬漫步、构思、创作，用音乐虔诚地歌颂着大自然的辉煌壮丽、万千气象。也就是在那里，他完成了著名的《第二交响乐》。

1803 年，贝多芬完成了他著名的《英雄交响乐》。这部交响曲的理想英雄主义是自傲的音乐和个人的经历，宛如一部自传。在贝多芬的音乐中，塑造的“英雄”是不怕痛苦，不怕死亡，敢于直面艰难险阻，去成就惊心动魄伟业的硬汉。这硬汉，也就是贝多芬自己。他将自己不屈的精神升华，证明自己胜利地通过了命运的考试。

从此之后，贝多芬所创作的一切重要乐曲，无一不是英雄同命运的抗争，无一不是他同世界进行搏击的惊天动地的音响记录。贝多芬奏出了那个时代的最强音，他留给人们的不仅是听不完的贝多芬音乐，更重要的是他留给了世人不朽的灵魂。

从心理学上讲，贝多芬之所以在极度艰苦的状况下，一再创作出辉煌无比的音乐篇章，这与他的自励人格有极大关系。自励人格的突出特点是能很快将生活中的压力转化为自我励志的动力，并在不断的奋斗中获得精神上的满足。自励人格的人还很善于升华个人的精神痛苦，他们会把每一次生活挫折都当成个人成长的契机，从而磨炼个人的意志。

贝多芬人格之高贵在于他每每生活失意时，都会在音乐创作中寻求内心的平衡，以及他的傲视达官显贵，不因自己出身卑贱就去刻意巴结他们。他在音乐创作当中也突出体现了他的傲骨。

贝多芬一生的遭遇告诉我们，人并不是生来被打败的。真正的强者不会畏惧在人生道路上袭来的暴风骤雨。我们的一生中一定会遇到各种困境，但是困难更能磨炼我们的意志，锻炼我们的品格，只要我们不断自励、不断进取，终有一天理想会丰满我们的羽翼，让我们飞得更高！

伯乐王旦——贝尔效应

世有伯乐，然后有千里马。千里马常有，而伯乐不常有。

——韩 愈

英国学者贝尔天赋极高，曾经不止一个人预计说，如果他毕业后进行晶体和生物化学的研究，一定会赢得多次诺贝尔奖。但他心甘情愿地走了另一条道路，把一个个开拓性的课题提出来，指引别人登上科学高峰。于是有人把他这种甘为人梯的行动称为贝尔效应。

宋朝的时候太尉王旦打算推荐寇准为宰相，因此，他多次向皇帝夸赞寇准的优点，希望皇帝能够重用他。然而寇准完全和王旦相反，他在皇帝面前不仅不替王旦说好话，反而多次指责王旦的缺点。

有一天，王旦又向皇帝推荐寇准的时候，皇帝很奇怪地对王旦说："你虽然经常夸赞寇准的优点，可难道你不知道他经常说你的坏话吗？你为什么要这样做？"

王旦说："其实，我觉得事情应该这样理解。我的宰相位子坐了这么久了，所以，在处理政事的时候，肯定会有很多失误。而寇准能不顾我的官位比他大，对陛下不隐瞒我的缺点，这就越发显示出他的忠诚，而我自己，也就是因为这点，才这么看重他的。"

有一次，王旦主持的中书省送寇准主持的枢密院一份档，违反了规定，结果，寇准马上将此事向皇帝汇报，使王旦因此受到皇帝的责备，而且连具体承办这项工

作的人也一并受到处分。

可事情过去还不到一个月的时间，枢密院有档送中书省也违背了规矩，办事人员很高兴地把这份文件送交王旦。不过，让人意外的是，王旦不但没有告发寇准，还把档退还给枢密院，请他们主动改正。

对于这件事，寇准十分惭愧，他再次见到王旦的时候，恭维王旦度量大，王旦默不作声。后来，寇准升任武胜军节度使同中书门下平章事，寇准感谢皇帝时说道："不是陛下了解我的话，我又如何能得到如此重用呢！"然而，皇帝对他说："这跟我没多大关系，主要是王旦推荐你的啊！"寇准更加敬服王旦。

王旦当大臣 18 年，其中当宰相 12 年，经他推荐的大臣十几个，其中未当上宰相的仅李及、凌策二人。

从王旦身上所反映的这种甘当伯乐的心理，就是心理学上所说的贝尔效应。

德国哲学家尼采在《查拉斯图拉如是说》中提出的著名的人梯学说认为：

（1）人类艰辛劳作的终极目的，是使最接近人类超越理想的完美个体诞生，因此，那些自愿被超越并且支撑超越者的个体是阶梯，而人类正是一个阶梯一个阶梯地向上进化的。

（2）作为阶梯的个体的价值，也是应当被肯定的。虽然他们距离终极理想远一些，但是他们作为人类个体，特别是作为阶梯使人类超越了自己，其意义更应肯定；从终极的角度讲，任何人类个体都注定要被超越，注定要成为超越者上升的阶梯，因此，如果不正面肯定人梯的价值，任何个体都只有被否定的意义。

总而言之，这一心理学效应要求我们每一个人都要有伯乐精神、人梯精神，尤其是领导者在人才培养方面，一定要以国家和民族的大业为重，以单位和集体为先，慧眼识才，放手用才，敢于提拔任用能力比自己强的人，积极为有才干的下属创造脱颖而出的机会。

“石引”治病——意志品质

> 困难对于有个性的人，特别有吸引力。一个有个性的人在面对困难的时候才会真正认识自己。
>
> ——（法国）戴高乐

明朝时，有一对恩爱夫妻，丈夫叫周小牛，妻子叫粉莲。一天，周小牛在外面受了点气跑回家，粉莲上前询问，却被周小牛顶撞回来。粉莲从小没有受过气，这一下无端受了丈夫的辱骂，越想越生气，越生气哭得越伤心。周小牛连忙赔礼，她也不听，一连几天茶饭不沾，滴水不进，躺在床上生了大病。周小牛请来了许多医生都没有治好，眼看病势越来越重，就远道去请名医傅青主。傅医生听周小牛说了病情，就在路旁捡了一块石头，递给小牛说：“这是做药引用的，你回去用文火煮软，煮的时候千万不能离人，烧干了再加水，等石头软了再来找我要药。”周小牛回家就按医

生的吩咐煮石头，水烧干了加水，加了水又开始煮。

就这样煮了七七四十九次，石头依旧坚硬。粉莲也看不过去了，问："是不是搞错了？"小牛说："肯定不会错！"又接着煮了一夜，石头仍然坚硬如故。粉莲过意不去，坚持要下床照看着火，让他去傅医生那儿问清楚。傅医生问了煮石头的经过后哈哈大笑道："你妻子的病已经好了，你放心回去吧！"周小牛回去一看，粉莲的病果然好了。

原来妻子看到周小牛如此诚心牵挂她，气消了，所以病也好了。

周小牛诚心为爱妻煮石头，反映了他坚忍的意志品质。坚韧是指一个人能长时间地保持充沛的精力，克服各种困难，向既定目标奋斗的品质。意志的坚忍和个人能克服各种主客观因素的干扰是分不开的。

意志力并非生来就有的，它是一种能够培养和发展的技能。下面几条有助于增强你的意志力，不妨一试。

1. 积极主动

不要把意志力与自我否定相混淆，当它应用于积极向上的目标时，将会变成一种巨大的力量。主动的意志力能让你克服惰性，把注意力集中于未来。在遇到阻力时，想象自己在克服它之后的快乐，积极投身于实现自己目标的具体实践中，你就能坚持到底。

2. 目标明确

没有明确的目标，不可能发生任何事情，也不可能采取任何步骤，意志力也就无从谈起。如果一个人没有目标，就只能在人生的旅途上徘徊。正如空气对于生命一样，目标对于意志力的培养也有绝对的必要。

3. 逐步培养

坚强的意志不是一夜间突然产生的，它是在逐渐积累的过程中一步步地形成的。中间还会不可避免地遇到挫折和失败，必须找出使自己意志不坚定的原因，才能有针对性地解决。

4. 乘胜前进

实践证明，每一次成功都会使意志力进一步增强。如果你用顽强的意志克服了一种不良习惯，那么就能获取与另一次挑战决斗并且获胜的信心。

每一次成功都能使自信心增加一分，给你在攀登悬崖的艰苦征途上提供一个坚实的"立足点"。或许面对的新任务更加艰难，但既然以前能成功，这一次以及今后也一定会胜利。

苏章判案——道德感

修养的本质如同人的性格，最终还是归结到道德情操这个问题上。

——（美国）爱默生

苏章是出了名的清官。他为官清正、公私分明，从来不因自己的个人利益而冤枉好人、放过坏人，深受百姓的爱戴。

有一年，苏章被委任为冀州刺史。上任伊始，苏章便认真地处理政事，办了几件颇为棘手的案子。可是有一天，却发生了一件令苏章头疼不已的事情。

苏章发现有几个账本记得含混不清，不由得起了疑心，就派人去调查。调查的人很快呈上了报告，说是清河太守贪污受贿，数额巨大。苏章大怒，决心马上将这个胆大妄为的清河太守逮捕法办。可是当他的目光停留在报告上清河太守的名字上时，不由得呆住了。原来这个清河太守就是他以前的同窗，也是他那时最要好的朋友。

那时两人总是一桌吃、一床睡，形影不离，无话不谈，简直情同手足。真是没有想到这个朋友竟会堕落到这种地步，苏章感到非常痛心。同时，想到自己正在处理这件案子，怎么能对老朋友下得了手呢？苏章又感到十分为难。

而那位清河太守知道自己东窗事发，惊恐万分。但是当他听说冀州刺史是自己的老朋友苏章时，又心存几分侥幸，希望苏章能念及旧情，网开一面；同时他对于苏章清廉的名声也有所耳闻，所以拿不准苏章究竟会怎样对待自己，因而感到惴惴不安，惶惶不可终日。这时，苏章派来了手下人请他去赴宴。

苏章一见老友，忙迎上去拉着他的手，领他到酒席上坐下。两个人相对饮酒说话，痛痛快快地叙着旧情。饮酒过程中，苏章绝口不提案子的事，还不停地给老友夹菜，气氛很是融洽。这时候，清河太守心里的一块石头终于落了地。他不禁得意地说道："苏兄呀，我这个人真是命好，别人顶多有一个老天爷的照应，而我却得到了两个老天爷的庇护，实在是幸运啊！"

听了这话，苏章推开碗筷，站直身子整了整衣冠，一脸正气地说："今晚我请你喝酒，是尽私人的情谊；明天升堂审案，我仍然会公事公办。公是公，私是私，绝对不能混淆！"他的朋友一听，不禁傻了眼。

第二天，苏章开堂审案，果然不徇私情，按照国法将罪大恶极的清河太守正法了。

苏章对好友不徇私情、秉公判决，体现了其高尚的道德感。从心理学角度讲，道德感是一种思维的知觉，主要的体现就是人们对事物的主观判断，是人对自己和别人的思想言论、行为举止是否符合社会道德标准而产生的情感体验。

现在许多年轻人整日沉迷于吃喝玩乐之中，一生就这样迷迷糊糊、浑浑噩噩地过下去，不懂得如何辨别是非善恶，整天谈论和奔波忙碌的就是钱财和名誉地位等，从不想从高僧大德圣贤们那里学习一些人类高尚的知识。

人同畜生的最大区别，乃是作为人，应具有高尚的品质和崇高的道德理想，而我们要想达到很高尚的道德境界，也非一日之功，而是需要长久不断地磨炼自己的心性，修正自己的行为，而这些高尚品质的修炼和提升之始乃是基于反省，如文学家高尔基所说："反省是一面莹澈的镜子，它可以照见心灵上的玷污。"因此我们应时时反省自己，通过反省，提高自我。

第四章

身体健康的人心也会生病——医学心理学

希特勒的变态心理——本我和超我冲突

"本我"过去在哪里，"自我"即应在哪里。

——（奥地利）弗洛伊德

第二次世界大战期间，当欧洲战场上的形势转为对同盟国有利后，美、英、苏三国便商定将在欧洲登陆作战，开辟第二战场。

对于登陆时间，罗斯福总统下令情报机构在最短的时间内做出一份有关希特勒性格分析的报告。一个月后，一份《希特勒性格特征及其分析报告》放在了总统的办公桌上。

报告指出，希特勒当权后，曾做了多次"鼻美容"手术。他的"理论"是，对于日耳曼人，有一个高挺的鼻子会给人一种真正男子汉的气概。然而，他对这种手术非常保密，绝对不让他的臣民们知道，他们的"至高无上的元首"居然会像一名爱漂亮的少女一样钟情于"美容"。当时在欧洲，人们普遍认为，整容是一种"破坏上帝赋予自己容貌"的爱虚荣的行为。于是，他就让医生一点一点地加高鼻子，以便让他的百姓们感觉不到他们"敬爱的元首"竟然会做"整鼻手术"。即便是德军在苏德战场上节节败退的时候，他的鼻子加高手术仍未停止。

希特勒 50 岁之后已经开始戴老花眼镜了。可是，他禁止任何人拍摄他戴眼镜

的照片。

此外，本身作为嗜血魔头的希特勒居然患有“晕血症”，有一次，他的情妇爱娃不小心扎破了手，他看到之后，竟然吓得哇哇大叫。对于犹太人的种族屠杀，让人们看到了希特勒的残忍和疯狂，可是，另一方面他却对动物充满了仁爱，有一只孔雀死了，他竟然伤心得掉泪。

希特勒一生没有驾驶过汽车。可是，他的爱好却是在每天深夜坐上车，要司机以时速超过100公里的速度飞驰。在当时，这是一个不可思议的“疯狂速度”，相当危险。后来，他的司机因为过度紧张而精神失常。但在公开场合，他却严格规定他的车子时速不准超过37公里。

希特勒对长桌情有独钟，他召开会议时总是用很长的会议桌，因此德国一些优秀的木匠常常被召去制造长桌。他拥有的一张最长的桌子将近15.25米。

美国的心理分析专家依据这些资料得出希特勒有严重心理问题的结论。

1. 心理脆弱

长桌上居于主席位置的人能给别人一种威严感，同时又同其他与会者离得远一些。对长桌的酷爱，显示出他对这种表面上的“威望”的渴求；同时又表明他对下属心存疑虑，甚至表明他对任何人都有一种恐惧感。这实际上是一种心理非常脆弱的表现。

2. 高度压抑

对于任何人来说，“午夜飞车”很可能是为求得心理压抑的解脱。但是，希特勒竟然到了不顾生命危险飞奔的地步。这不仅有力地证明他在一整天都处于心理压抑状态，而且说明这种压抑的程度已经相当严重了。

此外，以上的种种严重心理缺陷、矛盾、压抑和扭曲也都可以造成或归结为严重的心理障碍。

希特勒的种种怪诞行为的目的，就是为了调节弗洛伊德学说中，本我和超我之间的冲突，从而减轻心灵的痛苦。弗洛伊德说，无论一个人在现实生活环境中的人格形成是如何的矫揉造作，但其时刻受到本我的冲击，两者差距越大其人格的扭曲也越厉害。为了缓解和消除这种扭曲造成的痛苦，他必然会用某些特殊的行为来减轻这种痛苦。

盟军掌握了这些秘密，就不间断地炮击希特勒经过的道路，使其心理的压抑无处排解，这样就加速了其精神崩溃和人格分裂，导致他一系列决策的失误，从而为盟军取得战争的主动权创造了有利条件。

天才儿童的自闭症——自闭症

他们犹如天上的星星，一人一个世界，独自在天上闪着冰冷的光芒，只有我们的关爱才能温暖并唤回他们。

——公益名言

对自闭症的脑功能研究在美国是一项十分热门的课题，曾经有这样一篇关于自闭症的文章：

汤姆在8岁的时候，就成为一个人见人爱的孩子，他和家人一起住在美国加州。他从小就显得聪明出众，特别是在数学、自然科学等方面经常受到老师和同学的称赞。与此同时，他还是个痴迷于变形玩具的高手，他的手指非常灵巧，如果自己身上没带玩具，而自己又想玩的时候，他就会把自己当成玩具。比如，他可以把自己的手指一会儿变成火车，一会儿又变成了机器人。而且，还经常在大庭广众之下，为大家表演滑稽好玩的哑剧，这时候，总是会获得人们热烈的掌声和称赞。

即便这样，汤姆的妈妈却怎么也高兴不起来。因为前些日子，汤姆的老师和她进行了一次深谈。说发现汤姆很少直接看着别人的眼睛，即便是直视了，也会立刻躲开。

汤姆的妈妈这下开始担忧起来了，为了验证老师的话，妈妈让汤姆在讲话时直接看着别人的眼睛，然而，这个要求被汤姆当场拒绝。

妈妈回忆起汤姆3岁时的情景，虽然，当时他说话口若悬河，但是抓不住语法

要领，直到4岁才学会阅读，却仍然领会不了句子的大意。

直到现在，汤姆的父母才恍然大悟，他们看似聪明的儿子其实还有着非常严重的心理问题。

最后，他们不得不找心理学家咨询，而心理学家告诉他们：汤姆患有轻微的儿童自闭症，也就是阿斯伯格综合征。这个消息对这对夫妇来说，无疑是晴天霹雳。

因为就在两年前，汤姆的哥哥就被查出患有深度自闭症，他出生时看起来一切都正常，随后就陷入了自闭空间。他会把新买的玩具捣烂弄坏，从来都不敢和陌生人说话，不时地发出胆怯的呜呜声。先是汤姆的哥哥，现在又是汤姆，巴利特夫妇感到十分痛苦。

其实，为自闭症而痛苦的家庭并不仅仅是汤姆一家，在美国，每150个儿童中就有一个自闭症患者，若加上成人，自闭症患者就有上百万。儿童自闭症又称儿童孤独症，是一种严重的婴幼儿发育障碍，以社会相互作用、语言动作和行为交往三方面的异常为特征。孤独症患儿没有独立交往的能力，不会根据环境要求改变自己的行为方式来适应环境，这种障碍随着年龄的增大显得更为突出。伴有严重智力低下者，无任何言语功能，无法克制和难以治疗的尖叫、自伤等行为持续存在，直接威胁着生存，给教育和干预带来障碍。

孤独症对行为的影响，除了语言和社交困难外，还会在父母、家人面前表现得极为亢奋或沮丧。这种疾病一般在3岁以前就会表现出来，一直延续终生，是一种严重情绪错乱的疾病。孤独症无种族、社会、宗教之分，与家庭收入、生活方式、教育程度无关。

目前，我国约有50万孤独症患儿。虽然专家们已从遗传因素、神经生物学因素、社会心理因素方面做了大量研究，迄今为止，仍未能阐明儿童孤独症的病因和发病机制，但至少把它看成是多种生物学原因引起的广泛性发育障碍所致的异常行为综合征。

此外，自闭倾向也可能表现在成年人身上。如患者表现出的退缩、回避的心理机制和消极的认知偏差等。

他到底是谁——多重人格

"特殊的人格"的本质不是人的胡子、血液、肉体，而是人的社会特质。

——（德国）马克思

多重人格是由心理因素引起的人格障碍。一般说来，在任何特定的时间阶段，意识层都只有一种身份，称为主体人格。此时所有的情感、思想和言行都按照主体人格的方式活动，不显露另一身份的痕迹。不定期地，通常是在受到精神刺激之后，可突然转变为另一完全不同的身份，一切情感、思想和言行按照后继人格的方式行事。这时，个体对过去的身份完全遗忘，仿佛从心理上另换了一个人。从一种人格到另一种人格的转化通常是突然发生的，当后继的人格开始"执政"时，原先的主体人格是意识不到的，并忘却业已发生过的事情。

有关研究表明，多重人格的每一种人格都有不同的生理和心理反应。它们往往表现出不同的性别、年龄、种族、家庭特征，有不同的智商和视力，更甚者，有的对同一种药物竟也有不同的反应。而尤具戏剧性的是，有些人格还可相互交换意见，并合作进行各项活动。

据英国《泰晤士报》报道，帕梅拉·爱德华兹是英国人，他患有一种罕见的多重人格分裂病，除了"真我"帕梅拉外，他的身上还有着4个虚构的角色，分别是"安德鲁""桑德拉""苏珊"和"玛格丽特"，4个角色会轮流控制帕梅拉的行为，让他做出一些无法理解的古怪举动。

有时候，他是"安德鲁"，这是一个淘气的小男孩角色，当"安德鲁"的人格出现时，帕梅拉总是神经质地梳理头发，或者顽皮地恶作剧，弄坏家里的东西。有时候他忽然温柔而克己，这是"桑德拉"的角色正在控制他——是一位母亲。当"苏珊"的人格出现时，帕梅拉的表情会显得更加直率和自信——"苏珊"是一位成功的白领女性。据悉，帕梅拉的多重人格之间还会发生冲突，甚至互相争吵。

由于帕梅拉童年时曾是家庭暴力的受害者，直到5岁才被社会工作人员送进福利

院抚养。心理专家们认为，童年的虐待可能是帕梅拉发展出罕见的多重人格的主要原因。

心理学家普遍认为，多重人格的先导因素主要在于童年时期被父母、亲戚或密友进行身体虐待或性虐待，以及其他的情感创伤。他们可能被他们的亲人或所依赖的人鞭打或监禁，以至于他们无法反击或逃跑，于是他们通过解离分裂状态来做象征性的逃跑，借着创造坚强的内在角色，协助应付遭受创伤的情境，来保护脆弱的自我。他们会创造另外一个世界来取代真实的世界，做原始自我渴望做却不敢做的事。

一个人如果拥有多重人格的话，遇到压力或危急关头，该受哪一个人格支配呢？会不会出现好几个人格争夺对人的控制权，而出现严重混乱状态呢？就拿故事中的帕梅拉来说，怎么才能区分他到底是谁呢？其实，多重人格的各个亚人格都是各自独立、彼此分开的，一种人格出现，其他人格就自动退场，所以，任何时候，都有一个主要人格占优势，人的行为也就由占优势的人格“值班”、控制，不会出现好几个人格争夺控制权的混乱状态。究竟由哪种人格来支配，完全遵循“哪种人格最适应当时的环境和需要，就启动和出现哪种人格”的原则。这实际上就是“适者生存”法则的心理学翻版。如果我们用“变色龙”或者“变形虫”来理解多重人格，也许会更形象、更直观。比如，用比较自信的人格，去应付具有竞争性的环境；用脆弱、神经衰弱的人格去赢得同情、获取依赖；用画家和艺术家的人格和身份，去应付上层社会等。这样，我们就会发现，多重人格在本质上，就是一种通过频繁地变换人格，来适应环境的心理现象，是一种适应环境的心理努力。

甘受皮肉之苦的贝蒂——性虐待症

在人的潜意识里，人的性欲一直是处于压抑的状况，社会的道德法制等文明的规则使人的本能欲望时刻处于理性的控制之中。

——（奥地利）弗洛伊德

在美国一个小镇上，女儿贝蒂身上的累累伤痕无意中被母亲莉娜发现了，莉娜为此心疼不已。起初她还以为是女儿夫妇俩打架的“后遗症”，还准备向女婿兴师问罪。谁知经过再三追问，事情的真相令她惊得目瞪口呆，原来那些暴力行为是她

女儿在过夫妻生活时所乐于接受的，并认为只有这样做才“够刺激”“够味道”。

于是，莉娜便怀疑女儿有性心理方面的障碍，带着她一同去找心理医生。经过耐心的交谈，心理医生发现其原因在贝蒂的丈夫麦克身上。

麦克是一位计算机工程师，以前在纽约工作，虽然他个性内向孤僻，但技术是一流的，后来他来到这个小镇，开了一家自己的计算机公司。麦克凭着自己的工作条件和技术优势，加上闲暇时在网上纵情遨游，又热衷于“拳头加枕头、热血伴温柔”的场面，以致越看越上瘾，最终成了一个不折不扣的“网虫”！

在业务蒸蒸日上的同时，麦克的感情生活却相当不好，同居的女友与其分手后，结婚不足半年的妻子也坚决与他离婚。原来麦克在过性生活时常有对性对象恣意抽打的怪癖，越激烈越过瘾，因此很多女孩根本无法忍受。

但他后来认识了贝蒂，两个人由于“互补”的需要才使婚姻逐渐稳定下来。

像上述故事中麦克与贝蒂这两种情况，在医学心理学上分别被称为性施虐癖与性受虐癖，性施虐癖是指对异性对象施以精神或肉体上的折磨，从中获得性满足和变态心理的满足。性受虐癖正好相反，指的是在性交前或同时要求性对象对自己施加肉体上或精神上的痛苦，以获得性快感和引起性冲动。两者合称为“性虐待症”。

一些心理学家认为，性受虐癖的女患者是企图透过这种象征“惩罚”的行为方式，以克服或抵消本人在性方面的罪恶感情。尽管性施虐癖的病因还不大清楚，但在麦克身上，我们仍可以看到两点助长性施虐倾向的不良因素。其一是他的性格。专家认为：“典型的性施虐癖患者常常是怕羞的，被动的，是对妇女有极端偏见的人和痛恨妇女的人。”据贝蒂反映，麦克经常上黄色网站。专家们早已指出，暴露于淫秽物品下的观众，除产生原发性损害外，还可产生继发性的损害。有关研究也表明，应用淫秽物品时间越长，性变态持续时间也越长，淫秽物品应用还促进重复性犯罪。由此我们知道，及时纠正不良性格倾向，自觉抵制“黄色”传媒的不良影响，对于促进心理健康发展有着积极而深远的意义。

她是在装病吗——躯体化

对于装病，我认为我有能力写个专论。

——（英国）阿瑟·柯南·道尔

躯体化也叫作扮演病人，就是在遇到生活困境难以面对的时候，潜意识里会让心理压力转换成某种躯体症状，从而应付现实。

心理咨询大师艾维是美国当代著名的心理咨询大师，原就职于马萨诸塞州大学的阿默斯特学院。有一次，她的咨询室里来了一位风姿绰约的少妇，看上去身体健康。但是，当她在艾维教授面前坐定之后，讲述了让人意想不到的故事：“在我一个人的时候，我什么也不敢做，因为我觉得自己根本做不了，是的，做不了任何事情。真的，我觉得我有病，而且还是一种非常奇怪的病。好比我每次都不敢一个人出门一样，我担心自己出去后会晕倒。我30多岁，孩子也快6岁了，却得了这样奇怪的病。我也想过一定要战胜它，可是越想控制就越控制不了，我非常着急，但不知道该怎么办才好。就这样，我一直待在家里不能出去做事。

“也许你根本无法理解，如果让一个人整天待在家里，那种感觉有多么难熬。所以，我要请你们帮帮我，让我早日摆脱这些病魔。

“我得这个病的时候才22岁，还没有结婚呢。那时候，我头痛得厉害，整夜整夜地睡不好觉，最后，上班也坚持不下来了，就每天在家里养病。医生说我是神经衰弱，最后，我都不能单独出门了。有一次，妈妈陪我出去散步，刚刚走出没多远，我就浑身瘫软，脸色煞白，怎么都走不动了。

“以后，我就更不敢出去了。病情越来越重，吃了不少药，可是总不见好，人也越来越不成样子。

“后来，我们全都放弃了，也不怎么治疗了，这样反倒慢慢见好了。最后我还

结了婚，现在，只是当自己一个人出去的时候还是会想：我行吗？我不行。于是就怕一个人出门。您说这到底是怎么回事？”

职业的敏感使艾维意识到，她的病一定是由于生活难题而造成的心理压力。要想彻底解决，就要弄清真正的症结所在。于是，艾维让她回忆一下当年发病的前后是否遇到了什么生活的难题或困扰。

“好像没什么困扰啊！”少妇陷入回忆。

“那时别人正给我介绍对象，那个男孩长得不错，父母说挺好。我那时什么也不懂，也就听父母的。而我心里的感觉告诉我，他不合我意。不过，好像这事儿也没有多大的压力。就是在那段日子前后，我出现了神经衰弱，慢慢就病倒了。我就想：自己都病成这样了，拖着别人不好，家里就同意我退婚了。

“当时，我们全都作了最坏的打算，不过，没过多久，我的病竟然慢慢好了。之后，我就认识了现在的丈夫，当初见面我就非常满意。”

最后，艾维教授总结道：女孩第一次谈恋爱，却面对男友既不能接受又不能拒绝，内心的压力和冲突非常激烈，于是，就在潜意识中生病了，也就是潜意识扮演病人。

人们生活中的许多病症，都是这样的心理压力的躯体化。这是人在进行心理防卫，以免除内心的痛苦和焦虑。人的心理防卫机制都是建立在潜意识中的，是不知不觉中使用的。扮演病人是无意的，是潜意识的活动，装病是有意的，是思想意识里的活动。所以这不是装病，是扮演病人，是躯体化现象。

躯体化障碍其实是一种心理障碍，可反复出现，呈多种多样并时常变化的躯体症状，症状可涉及全身的任何系统和部位，病情常呈慢性波动，女性多见。这类人常用躯体的症状来处理应激或冲突，表现出过分担心自己的身体状况，反复就诊及要求作医学检查，虽检查结果呈阴性，经医生的合理解释仍不能打消其疑虑，常伴有明显的焦虑和抑郁情绪。

躯体化症状不仅可见于癔症，在其他障碍中，如抑郁症、焦虑障碍、心因性疾病、恐怖症及躯体性妄想的精神分裂症者中也常见，有时可由医源性因素造成，应特别警惕。不可因为有某些心理因素而忽视了真正躯体疾病，以致造成误诊或延误治疗。要进行各种检查，但要遵循舍繁就简的原则，过多的检查也是不必要的。有时仔细地收集病史与体格检查比各种检验更为重要。有些有躯体化倾向的患者，由于过多地接受检查，从而增强了暗示与自我暗示，反而会增强病者的躯体化症状。

弗洛伊德听来的案例——移情

我对一个感性对象的知觉直接地引起在我身上的要发生某种特殊心理活动的倾向，由于一种本能，这种知觉和这种心理活动共同形成一个不可分裂的活动。对这个关系的意识就是对一个对象所生的快感的意识，必以对其对象的知觉为先行条件。这就是移情作用。

——（德国）里普斯

“移情”一词来源于精神分析学说。移情是精神分析的一个用语，弗洛伊德说，人类总是把过去生活中对某些人的感知和体验安到新近相识的人身上。这就是移情。

在 1882 年，弗洛伊德就从朋友布洛伊尔那里听到了安娜的病例，布洛伊尔说，安娜一直很健康，成长期并无神经症迹象。她非常聪明，对事物有十分敏锐的直觉，智力极强，有很高的诗歌禀赋和想象力，但受到严厉的和带有批判性的抑制。她意志力坚强，有时显得固执，情绪上总是倾向于轻微的夸张，像是很高兴而又有些忧郁，因而有时易受心境支配，在性方面发育很差。布洛伊尔将她描绘成一位“洋溢着充沛智力”的女子。

安娜在 21 岁的时候，她父亲患了胸膜周围脓肿。安娜竭尽全力照顾父亲，不到一个月，她自己也出现了诸多症状，如虚弱、贫血、厌食、睡眠紊乱、内斜视等。

按布洛伊尔的说法，“那段时间安娜和她的母亲共同分担着护理父亲的责任”，症状迅速加重，发展为肢体的痉挛和麻木，并伴有交替出现的兴奋、抑郁和失神状态。

12 月 11 日，安娜卧床不起，直到次年的 4 月 1 日才起床。4 月 5 日，她父亲去世，她爆发出异乎寻常的兴奋，在这之后，持续两天的深度昏迷。接着她似乎平静了些，但仍有幻觉和失神、睡眠障碍和饮食障碍，出现过语言方面的错乱和强烈的自杀冲动。

随着治疗的推进，安娜的一些症状消失了，但这并不完全是催眠的作用，因为布洛伊尔当初就强调，安娜完全不受暗示的影响，她从不受一丁点儿断言的影响，而只是受争论的影响，所以对于安娜来说，症状的缓解不如说是自我暗示和宣泄的作用。

其中给弗洛伊德留下了深刻印象的是：安娜在治疗中说出她的某些幻觉——其实应当包含引发症状的诱因后，她的症状就会消失。

这类典型例子就是安娜曾看见一只狗从杯子里喝水。她可以在长达 6 个星期的时间里在干渴得无法忍受时，也不喝水。在催眠状态中，她讲述自己在童年时，如

何走进她不喜欢的女家庭教师的房间，看见女教师的狗从玻璃杯内喝水，引起了她的厌恶，但由于受尊敬师长的传统影响，只好默不作声。她在催眠中，恢复了对这件往事的回忆，尽量发泄了她的愤怒情绪，此后她不喝水的怪病才消失。

从安娜的病例可以看出，某种症状可以用交谈法治疗，这个交谈疗法要在催眠状态下实施；并且，要使之有效，需采用大声说出症状的原始起因的方式。也就是说，安娜在治疗中重新体验了以往的创伤性事件和相应的情感过程，症状由此而得以缓解。安娜自己称这种方法为“谈话疗法”或“扫烟囱”。

显然，这就是弗洛伊德开始对他的病人实施催眠时所用的“催眠宣泄”法。

其次，安娜的病案中最有意思的，就是布洛伊尔和弗洛伊德对其症状和治疗过程有不同的看法。表面看来，这只是学术上的分歧，但实际上它所涉及的是精神分析中的一个基本问题：移情和反移情。布洛伊尔在叙述安娜的病史时，说她在性方面的发育极不成熟。

弗洛伊德则认为，任何一个人，如果依照过去20多年来得到的知识来阅读布洛伊尔记录的安娜的病例史，将会立刻觉察到它的象征作用——蛇、坚硬的、臂膀瘫痪——以及在考虑到那位年轻女士在患病的父亲床边所发生的情境时，将很容易猜测对她的症状的真正解释；布洛伊尔关于性欲在她的心理活动中所起作用的意见，由此而和弗洛伊德的意见大相径庭。

按照精神分析的看法，布洛伊尔之所以在病史中对安娜的性发育如此强调，似乎与她要回避治疗中的某种尴尬、急于证明自己的清白有关。这就是反移情。

反移情是精神分析学说中的一个术语，它有两种不同的用法：

（1）指在治疗过程中，治疗者无意识地被激发的情感，指向了求助者，将求助者当成治疗者过去生活中的一个重要人物的代表。在这个意义上说，反移情只是说明了一种方向，问题仍然是移情，因为“移情”一词通常是指求助者流向治疗者的感情。此处的“反”意味着相反方向的感情流动。例如一个老年求助者使治疗师想起了自己的父亲，结果抑制了治疗者对面前的求助者进行指导。

（2）是指治疗者对求助者移情的反应。在此形式中，“反”表示治疗者对求助者向他身上移情时的刺激给予反应。例如，当求助者将他的仇恨感情移向治疗者时，治疗者没有查出这种感情的移情性起源，而感到自己成了求助者发怒的真正对象，从而自己也以愤怒回报。

由此，反移情提出了一个问题，在心理治疗中，治疗者能够具有现实主义的感知是十分重要的。因为这些情感问题几乎不可避免，并不像有些人认为是技术或者态度上的失败，而是要求治疗者继续加以注意。治疗者应该允许求助者的认同心理，同时通过内省、自我分析和现实检验来正确解决。

弗洛伊德与埃米夫人——自由联想法

催眠是一种深度的放松和高度体认的表现。

——（加拿大）亚历山大·格兰

自由联想法是精神分析学派创始人弗洛伊德进行精神分析的一个主要方面。让病人在一个比较安静与光线适当的房间内，躺在沙发床上随意进行联想。最终发掘病人压抑在潜意识内的致病情结或矛盾冲突，把他们带到意识领域，使病人对此有所领悟，并重新建立现实性的健康心理。

埃米·冯·N夫人37岁，生长在一个富有家庭，23岁结婚，丈夫是个地位显赫的实业家，比她大很多，婚后不久便死于中风。在这之后的14年中，埃米一直为各种病痛所折磨，频繁在各地旅游，接受过电疗、水疗等。她有两个孩子，分别为14岁和16岁，患有神经过敏。后来，埃米的病情加重，有抑郁、失眠、疼痛症状，被推荐到弗洛伊德处就诊。弗洛伊德建议她与孩子分开，住到疗养院去，以便可以天天去看她，埃米接受了。

弗洛伊德几乎是按照记日志的方法逐一记录埃米的治疗过程的，在讨论中，他把重点放在说明癔症的发病机制和各种症状的关联上。这里我们从治疗的角度做一点简单的说明。按弗洛伊德的说法，埃米是施行催眠术的一个很好的对象。因此，他一开始用的仍然是催眠暗示：

“我只要面对着她，握住她的一个手指，命令她入睡，她就陷于迷茫和糊涂的样子。我暗示她只要睡着，她的所有症状将会改善，等等。她闭着眼但清楚地集中注意听着这些话，她的面部逐渐放松，显得平静的样子。”

但在接下来的治疗中，弗洛伊德不再满足于单纯地让病人接受暗示，他开始在催眠状态下与埃米谈话，并引出了埃米的一连串童年经历。

“傍晚，在催眠状态下……我问她为何如此容易受惊，她答道：‘这与我很年幼时的记忆有关。’我问她什么时候，她又说：‘最初是我5岁时，我弟弟和妹妹经常向我扔死的动物，那是我最先有的晕倒和痉挛。但我姑妈说这是不光彩的事，

我不应当有那样的发作，因此我不再有那样的发作；当我7岁时，我出乎意料地看到了我妹妹躺在灵柩中；8岁时，我弟弟经常披着被单，扮成鬼来吓唬我；9岁时，我看见姑妈在灵柩里，她的下颌突然掉下来，我再一次地受到惊吓。’”

随后，弗洛伊德在治疗中，采用了大致相似的方法，对埃米实施催眠，叫她讲述她的每一个症状的起因。

他询问埃米，当事情发生的时候是什么引起她的恐惧、令她呕吐或者让她心烦意乱。埃米的应答唤起了一连串的记忆，通常还伴随有强烈的情感。

之所以这样，弗洛伊德说：“我的治疗旨在扫除这些画面，使其不能再展现在她眼前。”在传统催眠中，扫除这些画面主要靠治疗师的暗示，病人只是被动地接受暗示；而弗洛伊德在这里则是让病人进入催眠状态，与病人对话，让她谈出这些画面，即所谓宣泄，以此来达到清除的目的。

不难看出，弗洛伊德不仅仅是停留在对病人施行催眠上，他在探索这种方法的意义和可能达到的治疗效果上下了工夫。宣泄显然已经包含了压抑的意义：当患者处于正常心理状态时，这些经历完全不在他们的记忆中，或以非常扼要的形式存在于记忆中。只有在催眠状态下询问患者时，这些记忆才像最近的事件那样鲜明地呈现出来。

随着治疗的进行，埃米逐渐适应了与弗洛伊德的谈话方式，而且在清醒状态下也能谈出她既往的一些经历。这可以说是自由联想法的萌芽。

弗洛伊德一直在使用催眠，只是他所用的诱导方式不同，他称之为自由联想。弗洛伊德的治疗室设置，他那些奇特的、富于异国情调的摆设、墙纸的颜色和样式、他的声望、他本人在治疗中的表现，这些实际上都是一种暗示。

绵羊和猫的心理阴影——反向抑制

> 在艰苦中成长成功之人，往往由于心理的阴影，会导致变态的偏差。
>
> ——（苏联）苏霍姆林斯基

美国康奈尔大学的心理学家霍德华·利德尔是一位看上去心慈面善的小老头，但是，他做了一项在普通人看来非常疯狂的实验。

他在一只绵羊和一头豪猪身上不断进行电击，直到它们表现出一系列的精神病或某些与人类精神病相类似的症状。

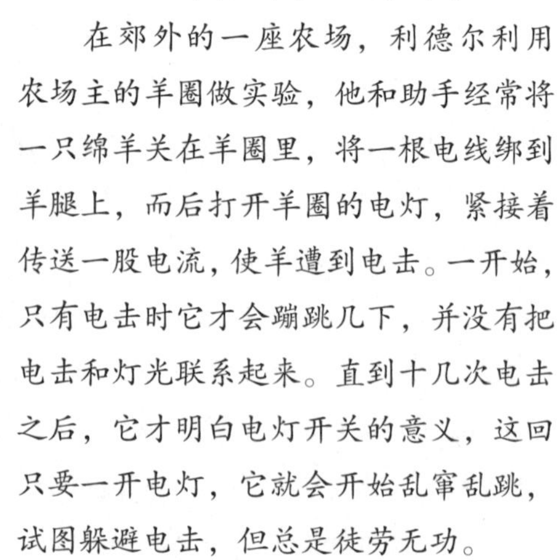

在郊外的一座农场，利德尔利用农场主的羊圈做实验，他和助手经常将一只绵羊关在羊圈里，将一根电线绑到羊腿上，而后打开羊圈的电灯，紧接着传送一股电流，使羊遭到电击。一开始，只有电击时它才会蹦跳几下，并没有把电击和灯光联系起来。直到十几次电击之后，它才明白电灯开关的意义，这回只要一开电灯，它就会开始乱窜乱跳，试图躲避电击，但总是徒劳无功。

就这样，经过大约1000次电击之后，这只羊只要一见到羊圈，就会拼命后退和挣扎，不愿走进羊圈。电灯一打开，它便两眼发直，浑身颤抖，口吐白沫，喘着粗气。这时候，即便是再把它带回草地上的羊群里，它也会行为异常，不愿合群，因为它已像人一样患上了忧郁性精神病。

接下来，利德尔进行的试验是打算将这一过程给扭转过来。他将这只精神创伤十分严重的绵羊仍旧腿上绑着电线关进羊圈，接着打开电灯，但不给它电击。刚开始，即便是没有电击，它仍然出现前面所说的精神状况，直到经过无数次没有电击的灯光照射后，它终于忘记了灯光信号的恐怖意义。最后，它彻底失去了条件反射。

这时候，约翰内斯堡一位名叫约瑟夫·沃尔普的人也在进行着一项实验，只不过，他实验的动物是猫。他把一些猫关在实验室的笼子里，给它们喂食时电击它们，使它们产生恐惧型精神病。经过一段时间的电击，这些猫即使饿得两眼昏花，也不愿意在笼子里进食。

后来，为了消除猫的条件反射，沃尔普让它们换一个房间进食。新的环境减轻了猫的焦虑感，它们很快学会在这间房子的笼子里进食。接着，沃尔普再将猫放进与实验室极为相似的房间，让它们在那里的笼子里进食。之后，猫也逐渐摆脱了这种心理阴影。

沃尔普称这个方法为“反向抑制”或“脱敏”。很快，沃尔普就尝试将这种方法应用于精神病人的治疗。由于进食在人类身上不会形成足够强烈的反应，且不可能在实验室里进行实际运用，于是，他开始寻找一种能够用于病人身上的特殊方法。

20世纪50年代早期，他将自己的研究成果公布于世并开始介绍自己的诊疗技巧。受沃尔普的启发，其他治疗师也开始进行脱敏和其他形式的行为治疗。到20世纪70年代，它已经成为主导性的治疗方法。

母亲的担心——认知疗法

> 除了一个知心挚友以外，没有任何一种药物可以治疗心病。
>
> ——（英国）培根

认知疗法，20世纪六七十年代诞生于美国，是根据人的认知过程影响其情绪和行为的理论假设，通过认知和行为技术来改变求治者的不良认知，从而矫正并适应不良行为的心理治疗方法。认知疗法是新近发展起来的一种心理治疗方法。它的主要着眼点在患者非功能性的认知问题上，意图通过改变患者对己、对人或对事的看法与态度来改变并改善所呈现的心理问题。

有一次，美国心理学家贝克的咨询室里来了一位太太。她非常压抑地对贝克说："我苦恼极了，你要想办法帮帮我。真的，她们全都不喜欢我，的确，没有人会喜欢我的，她们说我一点用都没有。那些年龄小的孩子也都不再喜欢跟我在一起做事了。"下面，我们来看看他们的谈话：

病人：我女儿再也不喜欢跟我一起去戏院或者去看电影了。她开始不喜欢我了。

贝克：哦？那你是怎么知道她不想跟你一起去的呢？

病人：现在这些十几岁的小孩，其实都不喜欢与父母一起去看电影的。

贝克：是吗？那请问你曾经非常真诚地邀请她与你一起去看电影了吗？

病人：哦，这，这倒没有。实际上，这样的事情，她倒是问过我几次，问我需不需要她带我去……但是，我觉得她虽然这样问，但并不是真的想带我去的。

贝克：是吗？那你能不能在今天或有空的时候，回到家里之后，试一试让她直接回答你的问题呢？

病人：教授，我是不会猜错的，她是不会和我一起去的。

贝克：哦！太太，问题的重点在这里，不是她跟不跟你去，是你是否在替她做决定，而不是让她自己直接告诉你。

病人：我想你是对的，但是，她看上去的确不太体贴人的。比如，她总不按时回家吃饭。

贝克：哦，那她总是这样不按时回家吃饭吗？

病人：也不是的，一共有几次吧……不过，现在想想这也算不上总是迟到。

贝克：她很晚回家吃饭是因为她不太体贴人吗？

病人：真要说起来，她的确说过那两天她工作得很晚。还有，她在其他一些方面还是很会疼人的。

后来，这位病人发现，她的女儿事实上是很愿意跟她一起去看电影的。

这就是贝克的认知疗法，它涉及的东西远不是仅仅指出病人的认知扭曲。贝克极重视给病人以温暖、同情和诚心的意义。他运用了很多认知及行为疗法技巧，其中有角色扮演、果断训练和行为预演。他还利用了"认知预演"。他会请一位很熟悉的压抑病人来实验，并与他一起讨论整个过程的每一步。这会排除掉病人的思想产生疑虑的倾向，并使他的能力不足感产生偏移。病人经常说，他们在完成了一个想象中的任务时会感觉好很多。如本例所示，贝克风格的认知疗法的关键是通过提问让病人说出一些与他的假设或者结论相反的情况，因此就纠正了这

些认知错误。

从医学心理学角度来说，认知疗法不同于传统的行为疗法，因为它不仅重视适应不良性行为的矫正，而且更重视改变病人的认知方式和认知—情感—行为三者的和谐。同时，认知疗法也不同于传统的内省疗法或精神分析，因为它重视目前病人的认知对其身心的影响，即重视意识中的事件而不是无意识。内省疗法则重视既往经历特别是童年经历对目前问题的影响，重视无意识而忽略意识中的事件。认知疗法的基本观点是：认知过程及其导致的错误观念是行为和情感的中介，适应不良行为和情感与适应不良性认知有关。医生的任务就是与病人共同找出这些适应不良性认知，并提供学习或训练方法矫正这些认知，使病人的认知更接近现实和实际。慢慢地，随着不良认知的矫正，病人的心理障碍会逐步得到好转，最终将可能完全消除。

〉第二篇

健康心理学：健康的生活来自阳光的心态

第一章

健康从“心”开始——阳光心态

国王与大臣——乐观

如果神灵对于我，对于必须发生于我的事情，都已经作出了决定，那么他们的决定便是恰当的。

——（古罗马）马可·奥勒留

人生不可避免地要经历很多不如意的事情，很多事情也并不是我们自己可以自由选择的。《沉思录》的作者马可·奥勒留认为：“如果神灵对于我，对于必须发生于我的事情，都已经作出了决定，那么他们的决定便是恰当的。”他劝自己要接受所有在他身上发生的事情，这在很多人看来可能是顺从命运的消极主义看法。但是，在很多时候，很多东西并不是我们可以预测的，未来也不是凭我们的意志就可以改变的。世界上没有绝对的事情，任何事情都有两面性，塞翁失马，焉知非福？任何事情都是变化无常的，好的事情也会变坏，有的时候坏的事情也会出现好的转机。要学会从乐观的角度来看待和接受所发生的事情。

从前，有一个国家，它的宰相总是觉得一切都是最好的安排，这让国王觉得可笑又有些讨厌。

有一天，国王准备外出，突然下起了大雨，这让国王非常扫兴。但是宰相说：“这是一件好事情，大雨过后的街道一定会被冲刷得很干净，国王您就可以享受清新的

空气了。”国王没说什么。

又一次，国王准备外出巡视时却遇到了酷热的天气，十分郁闷。这时宰相又对国王说：“这是一件好事情，在这么炎热的天气下出巡才能了解百姓的疾苦。”国王忍着一股无名火没有发作。后来，国王在检查猎器时，不小心被猎器斩断了一截手指。宰相居然也认为这是上天最好的安排，是一件好事情。国王听后终于忍无可忍，立即把他打入大牢，并以一种幸灾乐祸的嘲讽口吻问宰相：“你认为这是一件好事情吗？你认为这也是最好的安排吗？”没想到宰相居然说是，国王更加生气地告诉他：“好，既然你认为好，那你就继续在这里待着吧！”

过了两天，国王去打猎，不小心误入森林深处，被食人族捉住了。当晚，食人族准备了柴火，支起了大锅，准备烹饪国王。但是，当食人族清洗国王身体的时候却发现国王少了根手指头，这在族内是大忌，因为他们认为不完整的动物是不祥之物。于是他们用特有的仪式把国王送出离他们很远的森林之外。

劫后余生的国王回国后做的第一件事情就是去牢里拜见宰相，他激动地说：“断了指头果真是一件好事情。”过了一会儿他突然想起了什么，他问宰相：“难道我把你关在牢里这么多天也是好事情吗？”宰相说：“当然是好事情了，陛下您想，如果我不在牢里而是像以往那样陪同您去打猎的话，我们都会被食人族捉住。您会因为那个断指而保全性命，但我必死无疑，因为我很完整啊！”

国王终于开悟：任何事情都有两面性，你所接受的都是最好的安排。

就像老子所说：“祸兮福之所倚，福兮祸之所伏。”坏事可以引出好的结果，好事也可以引出坏的结果。当你的事业遇到瓶颈的时候千万不要灰心丧气，要接受现实并想办法进行突破，因为这刚好就是你百尺竿头更进一步的大好机会；当你在工作中遭遇重大失败的时候千万不要情绪低迷，这是一件好事情，因为经验教训是一笔宝贵的财富，你会避免今后再犯此类错误；当你与同事关系不好的时候，这也不是什么坏事情，因为这说明你该反省自己了，人只有不断反省才能不断成长进步。

总之，接受所有发生的事情吧，多点乐观精神，多把事情往好处想，不要让失意的事情来影响你的情绪，这样你会更加容易快乐，更加容易跨越所有阻碍与困难。

只需一根柱子——自信

自信是成功的第一秘诀。

——（美国）爱默生

300多年前，名不见经传的年轻设计师克里斯托·莱伊恩参加了英国温泽市政府大厅的设计工作。他运用工程力学的知识，巧妙地设计只用一根柱子支撑的大厅天花板。一年以后，市政府权威人士进行工程验收时，说只用一根柱子支撑天花板太危险，要求莱伊恩再多加几根柱子。莱伊恩坚持一根柱子足以保证大厅安全，他的“固执”惹恼了市政官员，险些被送上法庭。后来为了应付当局，他在大厅里又增加了4根柱子。

300多年的时间里，市政官员换了一批又一批，市政府大厅坚固如初。直到20世纪后期，市政府准备修缮大厅的天顶时，人们惊奇地发现，支撑大厅天花板的依然是一根柱子，而其他4根柱子并没有与天花板接触，只是摆设。

消息传出，世界各国的建筑师和游客慕名前来，观赏这几根神奇的柱子，并把这个市政大厅称作“嘲笑无知的建筑”。最让人们称奇的，是这位建筑师当年刻在中央圆柱顶端的一行字：自信和真理只需要一根支柱。

人们在资料中发现他当时讲过的一句话：我很自信，自信至少在100年后，当你们面对这根柱子时，只能哑口无言，甚至瞠目结舌，你们看到的不是什么奇迹，而是我对自信心的一点点坚持。

故事中主人公的自信是我们每一个人要学习的地方。自信是发自内心的自我肯定与相信。自信无论在人际交往，事业工作上都非常重要。自信是一根柱子，它不仅可以撑起高楼大厦，也可以撑起我们的人生。

一个人要想增强自信，可从以下几点做起：

（1）积极自我暗示，相信自己能行。每天早晨起床后、临睡前各默念几次：“我是最好的，我是最棒的。”这样，就会通过自我积极的暗示机制，鼓舞自己的斗志，增加心理力量，使自己逐渐树立起自信心。

（2）注意仪表，保持精神风貌。漂亮的仪表能够得到别人的夸奖和好评，提高人的精神风貌和自信心。所以，自卑的人特别要注意学会从头到脚扮靓自己，保持发型美观，衣着整洁、大方。当你的仪表得到别人的夸赞时，你的自信心一定会油然而生。

（3）挺起胸膛，让步履轻松稳健。心理学家告诉我们，步态的调整，可以改变心理状态。自信的人走起路来则是胸膛直挺，步子稳健轻松。挺起胸膛，你的自信心就会慢慢增长。

（4）挑前面的位子坐，敢于引人注目。有意识地练习坐在前面，能够引起别人的关注，拉近你与领导、师长的心理距离，赢得他们的赏识，激发自信心，集中注意力。

（5）练习正视别人，提高自我胆识。一个人的眼神可以透露出许多有关他的信息。不敢正视别人是胆怯、心虚的表现。而大大方方地正视别人，等于告诉他人：“我是诚实的，而且光明正大，毫不心虚。”因此，在学习和工作中要经常提醒自己要面带微笑，正视别人，用温和的目光与别人打招呼，用点头表示问候，用聚精会神、专心致志的听讲表示对他人的理解与支持。

丘吉尔的幽默——幽默

幽默是生活波涛中的救生圈。

——（德国）布拉

他是二战时反法西斯阵营的三巨头之一，他曾连续两次担任英国首相，直到今天，人们仍将他列为20世纪最重要的政治领袖之一，他就是温斯顿·丘吉尔。除此之外，他还是演说家、作家、记者、历史学家和画家。

一个具有幽默感的人，一定会具有强大的人格魅力，因为他总能强烈地感受到自己力量的存在，所以能够从容地应对各种尴尬困苦的窘境。丘吉尔不仅是一位声名卓著的政治家、军事家，还是一位机敏睿智的幽默大师。他思维敏捷、语言机智，常常用幽默的语言化被动为主动，捍卫自己和国家的尊严。

有一次，萧伯纳为庆贺自己的新剧本演出，特发电报邀请丘吉尔看戏："今特为阁下预留戏票数张，敬请光临指教。并欢迎你带友人来——如果你还有朋友的话。"丘吉尔看到后立即复电："本人因故不能参加首场公演，拟参加第二场公演——如果你的剧本能公演两场的话。"丘吉尔善用幽默的特点由此可见一斑。

不仅在生活中如此，即便是在政治上，丘吉尔也能够将这种智慧应用自如。丘吉尔有一个习惯，一天之中无论什么时候，只要一停止工作就爬进热气腾腾的浴缸中去洗澡，然后裸着身体在浴室里来回踱步，以事休息。

二战期间，一次，丘吉尔来到白宫，要求美国给予军事援助。当他正在白宫的浴室里光着身子踱步时，有人敲浴室的门。

“进来吧，进来吧。”他大声喊道。门一打开，出现在门口的是罗斯福。他看到丘吉尔一丝不挂，便转身想退出去。

“进来吧，总统先生，”丘吉尔伸出双臂，大声呼喊，“大不列颠的首相是没有什么东西需要对美国总统隐瞒的。”看到此景的罗斯福会心一笑，当场就被丘吉尔的机智幽默所折服。

就是通过这样直白坦率而又幽默的方式，丘吉尔最终赢得了美国总统的信任，让美国和英国结成了同盟，从而帮助自己的国家走出了困境。丘吉尔的幽默是一种智慧，更是一种胸襟和力量。

通过上述的故事我们知道，幽默让丘吉尔获得了成功。幽默的力量是无穷的，它可以吸引众人的注意力，可以在微笑间缩短彼此的距离。可以在各种紧张、尴尬的场合中，发挥出非凡的作用，使所有令人不快的气氛一下子变得愉悦而轻松，使对立冲突、一触即发的态势转为和谐与融洽，还能使对方心悦诚服地理解、接纳你的观点。

生活中的你，是整天一副严肃的表情，还是常能于妙趣横生中化干戈为玉帛呢？

要知道，幽默并不仅仅是一种单纯说笑，它还是一种智慧的迸发、善良的表达，是交往的润滑剂，更是一种胸怀和境界。

幽默不仅能增加你和朋友之间的友谊，更能使一些误解得到消除。幽默就像阳光一样，可以使这个世界变得温暖明媚。因此，我们一定要培养自己的幽默感，多参加社会交往，多接触形形色色的人，增强社会交往能力，使自己的幽默感增强。多参加专门的幽默训练，从自我心理修养和锻炼出发来提高自己，比如拓宽自己的知识面，知识积累得多了，与各种人在各种场合接触就会胸有成竹、从容自如。

不食嗟来之食——自尊

人类有许多高尚的品格，但有一种高尚的品格是人性的顶峰，这就是个人的自尊心。

——（苏联）苏霍姆林斯基

战国时期，各诸侯国互相征战，老百姓不得太平，如果再加上天灾，老百姓就没法活了。这一年，齐国大旱，一连3个月没下雨，田地干裂，庄稼全死了，穷人吃完了树叶吃树皮，吃完了草苗吃草根，眼看着一个个都要被饿死了。可是富人家

里的粮仓堆得满满的，他们照旧吃香的喝辣的。

有一个富人名叫黔敖，看着穷人一个个饿得东倒西歪，他反而幸灾乐祸。他想拿出点粮食给灾民们吃，但又摆出一副救世主的架子，他把做好的窝窝头摆在路边，施舍给过往的饥民们。每当过来一个饥民，黔敖便丢过去一个窝窝头，并且傲慢地叫着："叫花子，给你吃吧！"有时候，过来一群人，黔敖便丢出去好几个窝头让饥民们互相争抢，黔敖在一旁嘲笑地看着他们，十分开心，觉得自己真是大恩大德的活菩萨。

这时，有一个瘦骨嶙峋的饥民走过来，只见他满头乱蓬蓬的头发，衣衫褴褛，将一双破烂不堪的鞋子用草绳绑在脚上，他一边用破旧的衣袖遮住面孔，一边摇摇晃晃地迈着步，由于几天没吃东西了，他已经支撑不住自己的身体，走起路来有些东倒西歪。黔敖看见这个饥民的模样，便特意拿了两个窝窝头，还盛了一碗汤，对着这个饥民大声吆喝着："喂，过来吃！"饥民像没听见似的，没有理他。黔熬又叫道："喂，听到没有？给你吃的！"只见那饥民突然精神振作起来，瞪大双眼看着黔敖说："收起你的东西吧，我宁愿饿死也不愿吃这样的嗟来之食！"最后那个人饥饿而死。

古往今来，有许多自尊自强的人。陶渊明不为五斗米折腰，李白高吟"安能摧眉折腰事权贵，使我不得开心颜”……他们都没有因一时的困窘而忘了自己的尊严。

自尊即自我尊重。在心理学上，自尊感可以是个体对自我形象的主观感觉，可以是过分的或不合理的。一般来说，心理健康的人自尊感比较高，认为自己是一个有价值的人，并感到自己值得别人尊重，也较能够接受个人不足之处。形成自尊感的要素有安全感、归属感、成就感等，这些因素都与个体的外在环境有关。自尊的心理品质，不是天生的，而是在生活、学习和工作中逐步培养起来的。要培养正确的自尊心，需要做到以下几点：一、寻找个人自尊的支点，即自己突出的优点和长处；二、要有正确的方向，即培养个人的自尊，并懂得把个人的自尊上升为集体、国家的自尊。

跌跤的福特总统——豁达

一个宽宏大量的人，他的爱心往往多于怨恨，他乐观愉快、豁达、忍让而不悲伤、消沉、焦躁、恼怒。

——（科威特）穆尼尔·纳素夫

曾任美国总统的福特在大学里是一名橄榄球运动员，体质非常好，所以在62岁入主白宫时，他仍然非常挺拔结实。当了总统以后，他仍继续滑雪、打高尔夫球和网球，而且擅长这几项运动。

在1975年5月，他到奥地利访问，当飞机抵达萨尔茨堡，他走下舷梯时，他的皮鞋碰到一个隆起的地方，脚一滑就跌倒在跑道上。他站起来，没有受伤，但使他惊奇的是，记者们竟把他这次跌倒当成一项大新闻，大肆渲染起来。在同一天里，他又在丽希丹宫被雨淋滑了的长梯上滑倒了两次，险些跌下来。随即一个说法散播开了：福特总统笨手笨脚，行动不灵敏。自此以后，福特每次跌跤或者撞伤头部或者跌倒在雪地上，记者们总是添油加醋地把消息向全世界报道。后来，竟然反过来，他不跌跤也变成新闻了。哥伦比亚广播公司曾这样报道说："我一直在等待着总统撞伤头部，或者扭伤胫骨，或者受点轻伤之类的来吸引读者。"记者们如此的渲染似乎想给人形成一种印象：福特总统是个行动笨拙的人。电视节目主持人还在电视中和福特总统开玩笑，喜剧演员切维·蔡斯甚至在《星期六现场直播》节目里模仿总统滑倒和跌跤的动作。

福特的新闻秘书朗·聂森对此提出抗议，他对记者们说："总统是健康而且优雅的，他可以说是我们能记得起的总统中身体最为健壮的一位。""我是一个活动家，"福特抗议道，"活动家比任何人都容易跌跤。"他对别人的玩笑总是一笑了之。

1976年3月，他还在华盛顿广播电视记者协会年会上和切维·蔡斯同台表演过。节目开始，蔡斯先出场。当乐队奏起"向总统致敬"的乐曲时，他"绊"了一脚，跌倒在歌舞厅的地板上，从一端滑到另一端，头部撞到讲台上。此时，每个到场的人都捧腹大笑，福特也跟着笑了。轮到福特出场时，蔡斯站了起来，佯装被餐桌布缠住了，弄得碟子和银餐具纷纷落地。蔡斯装出要把演讲稿放在乐队指挥台上，可一不留心，稿纸掉了，撒得满地都是。众人哄堂大笑，福特却满不在乎地说道："蔡斯先生，你是个非常、非常滑稽的演员。"

生活是需要睿智的。如果你不够睿智，那至少可以豁达。以乐观、豁达、体谅的心态看问题，就会看到事物美好的一面；以悲观、狭隘、苛刻的心态去看问题，你会觉得世界一片灰暗。两个被关在同一间牢房里的人，透过铁窗看外面的世界，一个看到的是美丽神秘的星空，一个看到的是地上的垃圾和烂泥，这就是区别。

面对嘲笑，最忌讳的做法是勃然大怒、大骂一通，其结果只会让嘲笑之声越来越盛。要让嘲笑自然平息，最好的办法是一笑了之。一个有目标的人，不会去考虑别人多余的想法，而是有风度、有气概地接受一切非难与嘲笑。伟大的心灵多是海底之下的暗流，唯有小丑式的人物才会像一只烦人的青蛙一样，整天聒噪不休！

那么，我们该怎么做才能让自己拥有豁达的胸襟呢？方法很简单，尝试做到以下几点即可：

（1）平时凡是小事，不要太过和人计较，要经常原谅别人的过失，但是大事也不要糊涂，要有是非观念。

（2）不为不如意事所累。不如意事来临时，能泰然处之，不为所累，器量自可养大。

（3）受人讥讽恶骂，要自我检讨，不要反击对方，器量自然日夜增长。

（4）学习吃亏，便宜先给别人，久而久之，从吃亏中就会增加自己的器量。

（5）见人一善，要忘其百非。只看见别人的缺点而不见别人的优点，无法养成豁达的胸襟。

法师与小沙弥——平常心

> 得而不喜，失而不忧。
>
> ——庄 子

寺院里收留了一个十几岁的流浪儿，这个流浪儿头脑非常灵活，给人一种脚勤嘴快的感觉。灰头土脸的流浪儿在寺里剃发沐浴之后，就变成了一个干净利落的小沙弥。

法师一边关照他的生活起居，一边苦口婆心、因势利导地教给他为僧做人的一些基本常识。看他接受和领会问题比较快，又开始引导他习字念书、诵读经文。也就在这个时候，法师发现了这个小沙弥的致命弱点——心浮气躁、喜欢张扬、骄傲自满。例如，他刚学会几个字，就拿着毛笔满院子写、满院子画；再如，他一旦领悟了某个禅理，就一遍遍地向法师和其他僧侣们炫耀；更可笑的是，当法师为了鼓励他，刚刚夸奖他几句，他马上就在众僧面前显摆，甚至不把其他人放在眼里，大有不可一世之势。

为了改变和遏制他的不良行为和作风，法师想了一个启发、点化他的非常智慧的办法。这一天，法师把一盆含苞待放的夜来香送给这个小沙弥，让他在值更的时候，注意观察一下花卉的生长状况。

第二天一早，还没等法师找他，他就欣喜

若狂地抱着那盆花一路招摇地主动找上门来，当着众僧的面大声对法师说："您送给我的这盆花太奇妙了！它晚上开放，清香四溢，美不胜收。可是，一到早晨，它又收敛了它的香花芳蕊……"

法师就用一种特别温和的语气问小沙弥："它晚上开花的时候，吵你了吗？"

"没有，"小沙弥高高兴兴地说，"它的开放和闭合都是静悄悄的，哪能吵我呢。"

"哦，原来是这样啊，"法师以一种特别的口吻说，"老衲还以为花开的时候得吵闹着炫耀一番呢。"

小沙弥愣怔一阵之后，脸唰地一下就红了，喏喏地对法师说："弟子领教了，弟子一定改过！"

爱叫的鸟儿没虫吃。那些喜欢四处炫耀自己一点点成就的人，就像一个瓶子，很容易摔碎。山深愈幽，水深愈静。真正有学问有道行的人、真正成功和芬芳的人生，不需要张扬、炫耀。

不管你比别人多拥有了多少智慧、美貌、财富，如果不保持谦恭的态度、谨慎的作风，最后都可能只是暂时拥有。

因此，我们在生活中一定要戒骄戒躁，保持一颗平常心。即使一时取得了优异的成绩，也要学会像花儿那样静静地开放。

"先生，你掉了钱"——善良

善良既是历史中稀有的珍珠，善良的人便几乎优于伟大的人。

——（法国）雨果

法国的一座小城市，很少能有外地的剧团或乐队来演出。一天，这座城市来了一个马戏团，7个孩子穿着干净的衣裳，手牵着手排队在父母的身后等候买票。他们兴高采烈地谈论着上演的节目，好像自己就要骑着大象在舞台上表演似的。

终于轮到他们了，父亲走到窗口期待地跟售票员道："请给我7个小孩、2个大人的票。"

售票员说出了价格。一旁的母亲的心颤了一下，她扭过头，眼垂得很低。父亲轻声地问了一遍："你刚才说要多少钱？"售票员重复了一次价格。父亲的眼里透着痛楚，他实在不忍心告诉他身旁兴致勃勃的孩子：我们的钱不够！

一位排队买票的男士目睹了这一切，他悄悄地把手伸进口袋，把一张50元的钞票拉出来，让它掉到地上，然后拍拍那个父亲的肩膀，指着地上说：“先生，你掉了钱。”

父亲回过头，瞬间就明白了。他的眼圈红红的，随后，他弯下腰捡起了地上的钞票，然后又紧紧握住了男士的手：“谢谢先生，这对我和我的家庭意义重大。”

故事中的男士是一个具有善良个性品质的人，他故意掉下钱，在顾及别人感受的情况下，帮助别人，这种善良、伟大的举动值得我们每一个人学习。

心存善良，就会以他人之乐为乐，乐于扶贫帮困，心中就常有欣慰之感；心存善良，就会与人为善，乐于友好相处，心中就常有愉悦之感；心存善良，就会光明磊落，乐于对人敞开心扉，心中就常有轻松之感。总之，心存善良的人，会始终保持泰然自若的心理状态，这种心理状态能把血液的流量和神经细胞的兴奋度调至最佳状态，从而提高了机体的抗病能力。所以，善良是心理养生不可缺少的高级营养素。

第二章

跨越畸变的心理障碍——心理障碍

史蒂芬的苦恼——回避型人格障碍

即使遵循正确的原则，也未必能事事顺利；如果这样，请不要退缩，不要气馁，不可失望。

——（古罗马）马可·奥勒留

史蒂芬在一家电脑公司做销售员。说起这份工作，史蒂芬非常感慨，他说本来自己想从事广告业，但因为高考落榜，他没得选择，只能从事这个工作。史蒂芬的工作虽然辛苦，但收入很高。史蒂芬的工作也很出色，业绩好，多次受到老总的嘉奖，并担任了营销主管。一年后，公司招进了3名大学本科生，其中一人做了史蒂芬的助手。

有一名大学生做助手，本来可以使事业如虎添翼，然而史蒂芬却陷入了自身的泥沼，变成了另外一个人：情绪低落，不爱讲话；工作劲头大打折扣。4个月后，老总看到业务成绩下降，免除了史蒂芬的营销主管职务，并让其助手来接替他。这以后，史蒂芬的情况日益恶化，不与任何人说话，看到人总是低着头，当他人主动与其接近时总是有意回避。

公司举办客户联欢会，原则上所有的人都要参加，但史蒂芬没有报名。公司领导动员其参加，史蒂芬就和大家一起参加排练，但正式演出时他就不知跑哪儿去了。

事后史蒂芬说他心底总有一种痛，因为他的人生并不顺利。没有考上大学，这个结在他心底早就有了，当他习惯性遗忘时，他会忽略；而一旦受到刺激时，他就会想起来，使他非常不安。他想回避所有的人和事，甚至想回避这个世界。史蒂芬说：“我甚至连电话都不愿意接。我觉得自己是世界上最卑微的人，没有人关爱我，包括我的恋人。我只能回避一切。”

史蒂芬患的是回避型人格障碍，患有这种人格障碍的人的最大特点是行为退缩、心理自卑，面对挑战多采取回避态度或无能应付。其具体表现为：容易因为他人的批评或不赞同而受到伤害；除非确信受欢迎，一般总是不愿卷入他人的事务之中；做那些普通的但不在自己常规之中的事时，总是夸大潜在的困难、危险或可能的冒险；心理自卑，在社交场合总是缄默无语，害怕惹人笑话或者回答不出问题；敏感羞涩，害怕在别人面前露出窘态；行为退缩，对需要人际交往的社交活动或工作总是尽量逃避；很少有或者没有好朋友或知心朋友。

如果你日常的行为中有符合上述状态中的4项，那么你就很有可能患有回避型人格障碍。其实，患有轻微回避型人格障碍患者不必过于担心，通过下面几方面的尝试，情况会有所好转：

1. 正确认识自己，提高自我评价。

2. 正确认识自卑感的利与弊，提高克服自卑感的自信心。

3. 进行积极的自我暗示，自我鼓励，相信事在人为。

当然，如果情况严重，就要考虑找心理医生帮忙了。

生性顽劣是谁的错——反社会型人格障碍

一人作恶，千人遭殃。

——谚 语

20 多岁的李德一直没有正式工作，也没有固定女朋友。他从小就十分顽皮，常常和家人争吵，哭闹或者摔打东西，有一次吵架时用剪刀刺伤自己的哥哥。入学以后，李德的成绩一直很差，老师多次家访，其母百般袒护。小学没毕业李德就不愿上学了，终日浪迹于火车站，夜不归宿，与一伙不良青年鬼混，致使一女青年怀孕后自杀。后来，李德因为盗窃行为入少管所 3 年。18 岁那年，李德因为报复行凶，致人重伤而被判处 6 年有期徒刑。

李德在监狱中表现为不守监规、偷盗仓库，与其他犯人斗殴，辱骂管理人员，

劳动时不遵守操作规程，致使一台牛头刨床严重损坏，造成停产。某日在挖土时又与另一犯人发生口角，用镢头连击该犯人的面部、腰部，造成其当场昏倒、颧骨骨折。当晚李德自觉问题严重，即自备方便面、鸡蛋、白糖等向被打伤的犯人赔礼道歉，企图息事宁人。审讯过程中李德否认有意伤害对方，到第三次提审时破口辱骂办案人员，并威胁说："咱走着瞧，就是这次加了刑，出去还有见面的时候！"次日绝食、缄默、裸体、头击铁门，有时又偷吃东西，要同监犯人证明管教干部打了他，给家中母亲写遗书，扬言要自杀，被送去作精神鉴定。

李德的父亲是一位汽车司机，嗜酒，性情暴躁，与同事关系不睦，对子女冷淡，常用木棍、砖块殴打子女。李德的母亲性格刁泼，常与邻居吵架。李德的哥哥自幼患癫痫，性情怪僻，有偷窃习惯，对家人凶狠。后经检查，李德神经系统无异常，脑电图正常，无精神障碍。在药物催眠状态下小声说话，长吁短叹，感到冤枉，说被打的犯人是他平素最尊敬的，不是有意去伤害他，是他自己跌伤的，却反咬一口怪他打的，否认自己再次犯罪，否认有精神病。

李德是典型的反社会型人格障碍患者。反社会型人格也称精神病态或社会病态、悖德性人格等。

心理学家认为，产生反社会型人格的主要原因有：早年丧父丧母或双亲离异、养子、先天体质异常、恶劣的社会环境、家庭环境和不合理的社会制度的影响，以及中枢神经系统发育不成熟等。一般认为，家庭破裂、儿童被父母抛弃和受到忽视、从小缺乏父母亲在生活上和情感上的照顾和爱护，是反社会型人格形成和发展的主要社会因素。

现实生活中，具有反社会型人格障碍倾向的人不在少数。他们为了自己的私欲，有的营私舞弊、贪污诈骗，有的杀人放火、拐卖儿童，有的卖淫嫖娼、走私贩毒，给社会、家庭带来极大危害。

反社会型人格障碍者在儿童、少年期一般都有品行障碍。若忽视了对他们的品行教育，就容易酿就后来的极端人格。

因此，采取有效措施，预防和矫正儿童、少年的品行障碍是非常重要的。

首先，要注意进行道德情感的教育，尤其要进行责任感和义务感的教育，让儿童知道自己作为一个人，不能光享受，还应履行义务和责任。

父母要注重自身的修养，为孩子树立良好的道德榜样，给他们创造一个健康的生活环境和学习环境。对儿童、少年的不良行为倾向，要及时进行教育、批评，将其消灭在萌芽状态，切不可掉以轻心，甚至包庇纵容，以免酿成恶果。

都是划痕惹的祸——偏执型人格障碍

任性和偏执就是自己个人主观的意见和意向，是一种自由，但这种自由还停留在奴隶的处境之内。

——（德国）黑格尔

青年郑启和女友马捷相爱了一年后，便告别马捷出去打工了。没过多久，郑启怀疑马捷要甩掉自己，便从打工的地方回来，还不断给她写恐吓信。在不得已的情况下，马捷决定与其分手。郑启知道消息后，对马捷说："你就是跑到天涯海角，我也要找到你，到时你没有好下场的。"

一天，马捷吃过早饭去了亲戚家。她刚走不久，郑启就挎一个帆布包来到她家，看到她的父亲便飞快地从帆布包中抽出一把明晃晃的西瓜刀，猛然向其头部连砍数刀。眼看马父躺下去，他又操刀直袭已吓呆了的马母。住在隔壁的大儿媳熊某听到响声，端着饭碗急急赶过来看个究竟。见公公和婆婆躺在地，郑启手中提着血淋淋的刀子，知道大事不好，忙喊："郑启，你怎么如此狠毒！把刀放下！"郑启说："我要报仇！"说完，提刀扑向熊某。大儿子听到妻子的喊声，急忙放下饭碗，情急之中操一木棒赶出门来，正见郑启持刀追赶妻子，情急之中，他手起棒落，一棒将郑启打翻在地。只见郑启一连几个翻滚，从帆布包中拿出一个炸药包，嘶声喊道："再过来，我们同归于尽！"此时，二儿子和媳妇听到声响也赶将出来，见郑启要点燃炸药包，忙对大哥喊："快，快用棒打掉！"大儿子飞步上前，两棒打掉炸药包……见炸药包被打掉，郑启又用刀

自砍颈部，直至昏迷。

后来郑启说，他为了得到马捷，“不得已”采取了恐吓和杀人等手段相威胁，以便迫使马捷嫁给他。后来见事情弄巧成拙，遂动了杀人恶念，并自制了炸药包，准备与马捷及家人同归于尽，令他“遗憾”的是马捷不在家。

故事中的郑启采取了极端的方式，不仅毁了自己，也毁了一个本应幸福的家庭，这都与他偏执的人格有着密不可分的联系。偏执型人格障碍是一种以猜疑和偏执为主要特点的人格障碍。这种人非常多疑敏感，时常怀疑别人不怀好意，或责难别人有不良动机。他们往往自我估计太高，固执己见，缺乏自知之明，忌妒心十足。他们常感孤独、忧郁、烦闷、死板，有不安全感，且经常处于一种紧张状态之中，并寻找偏见的依据。持这种人格的人在家不能和睦，在外不能与朋友、同事融洽相处，别人只好对他们敬而远之。

但是，并不是所有符合上述描述的人都患有偏执型人格障碍。一个人是否患有偏执型人格障碍，至少需符合下述项目中的 3 项：

1. 普遍性的猜疑常将他人无意的或友好的行为误解为敌意或轻蔑，或无根据地怀疑自己会被别人利用或伤害，过分警惕与防卫。

2. 有一种将周围发生的事件解释为“阴谋”的不符合现实的先占观念。

3. 容易产生病理的忌妒。

4. 过分自负，总认为自己正确而将挫折或失败的原因归咎于他人。

5. 记恨，对拒绝、侮辱和伤害不能宽容，耿耿于怀。

6. 脱离实际地好争辩与敌对，固执地追求个人的权利或利益。

7. 忽视或不相信反面证据，因而很难用说理或事实改变患者的想法或观念。

爱美的少年——体像障碍

苛求等于断送。

——（法国）雨果

男孩李刚是某高中二年级的学生。李刚自幼聪明英俊，从小就常被人夸赞“长得漂亮”。李刚性格内向、孤僻、少语而敏感，平常自制力较差，急躁，学习成绩优秀。

进入青春期后，在他初中三年级时，父母一次无意中讲“你没有以前长得漂亮了”，从此，李刚认为自己的脸庞变了，变丑了，每天无数次照小镜子，不敢用大镜子。

不久，李刚开始觉得自己的脸左右两部分不对称、左颊部骨头突出而感到难受，于是让父母带着到骨科就诊，但没有发现任何异常。但李刚仍感到自己的面容丑陋，并认为如果别人看了自己的丑相就不舒服，因此，他开始回避与人交往。考进重点高中后，学习压力增大，李刚觉得自己的症状更加严重。因此，他整天按摩患部，并用透明胶带紧拉患部，进行自我矫正。

上述故事中的男孩李刚患的是体像障碍。所谓体像障碍，是指人躯体外表并不存在明显的或实质性的缺陷，但其主观想象外表无比丑陋，从而导致内心极为痛苦的一种心理疾病。

在相貌上，每一个人都有与众不同的一面，也有不理想的地方，我们对此要坦然对待，避免患上体像障碍。这就需要我们做到：

1. 抛弃过分追求完美的心理，接纳自我

我是独特的人，我有自己的特点，也有自己的不足，有的不足是可以经过自己的努力去克服的，而有的则是不可克服的；要更多地看到自己的长处，充分肯定自己；也要向他人学习，取长补短，不盲目攀比，做事量力而行，保持愉快的心情。

2. 要学习说“不”

当自己力所不能及时，要坦然面对，不要为面子而硬撑着，最后受伤害的必然是自己。

漂亮女生的双重生活——循环型人格障碍

可以让思想左右你的情绪，但永远别让情绪左右你的思想。

——（法国）笛卡儿

李琴从小学到大学，一直是班里的佼佼者，学习成绩好，人又长得漂亮，同学羡慕她，在别人眼里她过的是女皇般的生活，但她这样形容自己：“我就像著名的海德博士一样，过着双重的生活。有时候我精神很振奋，和人说话嘻嘻哈哈，大喊大叫，爱开玩笑，也爱活动，如收拾床铺、打扫寝室、打球锻炼，生活很有节奏，充满了生命活力。

“可是，经过这一兴奋期以后，随之而来的必定是一个令人痛苦的低潮期，这时候，我又懒又馋，只是一味地往嘴里塞东西，而且越是味重的越好，有时，肚子已撑得不行，舌头也麻木，仍在往嘴里填。此外，还特别不爱动，不洗碗，不叠被，不起床，生活乱成一锅粥。这时候，我最不愿意，也最怕见人，常常是

拉上窗帘，谁也不理，自我感觉相当差，觉得自己是一个又丑又胖又愚蠢的40岁中年妇女。

“但很奇怪，只有在低潮期中，我才认真地思考问题，当然，结论是相当悲观的。不过，也不用十分担心，经过这样一段非人的生活之后，我会很平静地醒来，收拾残局，让自己重见天日，准备进入生命的高峰期。

“然而，我心里的那股无可奈何、孤独无助的凄凉感觉是令人难以忍受的。我希望这只是一般的身体失调，就像我原来患过失眠症一样，凭借旺盛的生命力去克服它。可是，我现在却觉得没有希望了，因为我一次又一次地挣扎，只是在原地循环。目前，我甚至感觉我的身体不属于我的灵魂，我的身体中充满了一种肮脏的、又不能控制的东西。我害怕我会毁在它的手里。”

后来，李琴去了医院，但仍不见好转。在老师的建议下，李琴又去看了心理医生。听完李琴的描述，心理医生告诉李琴，她患的是循环型人格障碍。

循环型人格障碍，又称情感型人格障碍，指生活中所见的情绪高涨与忧郁低下极端波动的人格类型，一般女性多于男性。

循环型人格障碍的主要表现是：

1. 情绪兴奋型

单纯以情绪兴奋高涨为主要表现，情绪忧郁不明显或持续期很短，在性格特征中不占主要地位。情感高涨，内心充满喜悦和信心，雄心勃勃，精神振奋，热情好交往，情绪乐观，较急躁，做事有始有终，经常做出大量的计划和设想，但并非都是经过深思熟虑的。

2. 情绪低落期

仅以情绪忧郁为主要表现，无兴奋表现或兴奋期不明显或为期短暂，情绪低沉，悲观，愁眉不展，自感精力不足，信心不强，寡言少语，遇事感到困难重重。

3. 情绪兴奋与情绪低落交替型

以心境良好和悲伤相交替为特征，这种转换并非外部因素引起。

有些外界因素容易引起情绪变化，因此循环型人格障碍患者在平常生活中，要尽可能地留心寻找引起情绪变化的外在因素，加以预防、控制和避免。一旦情绪发生变化，就能意识到自己所处的状态，时时提醒和劝导自己。但情绪变化不可抑制时，也不要过分压抑，要采取适当的形式进行发泄，但千万不要伤害自己和他人，同时请他人在自己情绪发泄时不要过多计较，一旦情绪恢复后，马上进行必要的解释。

问题儿童的由来——攻击型人格障碍

为谋权力而失去自由，或为谋求控制他人的权力而失去控制自己的能力，这是一种奇怪的欲望。

——（英国）培根

上小学四年级的张鹏鹏在学校经常与同学发生争执，而且时常动手，所以与同学关系紧张，很少参加团体性活动，显得不合群。不仅如此，他与老师很疏远，见到老师不主动打招呼，并且对老师的批评产生反感，会在课堂上与老师争执。回到家中，与父母的话很少，并且爱发脾气，不允许他人摸他的头，即使是亲戚们宠爱的表现，也会生气。因为经常怄气，所以上课注意力不集中，对不喜欢的老师更不愿听课。作业不会也不问老师或父母，也不愿意父母管他的功课。因此，学习成绩逐日下降。

张鹏鹏的父母为此很是苦恼，不知道为何儿子变成现在这样。为此，他们专门找了心理专家，经过一番询问，专家了解了情况。

张鹏鹏从小随父母生活，上幼儿园大班前基本上性格温顺，甚至比较胆小，很听父母的话。张鹏鹏的父母经常以息事宁人的方式教育孩子：要与小朋友团结，不可以打小朋友。如果有小朋友打你，你就躲开。甚至有时并不是孩子的错，只要有老师说今天张鹏鹏与某个小朋友“抢”玩具（实际上是后者抢前者的，老师也只是习惯性描述罢了），父母就会再次教导，下次别与小朋友抢，给他算了，你再去玩别的。那时候，张鹏鹏基本上是个听话的孩子。

上了大班后，一次一个小朋友拿绳子去勒张鹏鹏的脖子，想牵着他走。张鹏鹏想起妈妈说过：脖子是不可以被随便勒的，很危险！于是，他反抗了，而且劲很大，一下子抢过了绳子。那个小朋友被吓跑了。

自那以后，张鹏鹏像变了个人，开始不断“惹是生非”，直至上了小学后，逐渐变成了老师眼里的“问题儿童”。其实，应该说，比起同年龄的孩子，张鹏鹏还是让父母少操了很多心，尤其在学习上。基本上这 4 年来，都是他自己独立完成作业的，像整理书包之类别的孩子需要父母帮忙的事，他都能自己管好。而且可能是受家庭影响，父母都爱看书，所以张鹏鹏也非常爱看书，小小年纪，已经将《水浒传》《三国演义》等名著看过了。

三年级前，虽然爱打架，但功课还是中上偏优，只是到了四年级，换了个班主任，比较严格，经常把他叫到办公室，于是开始反感，不大听课，成绩下降了。而且前一周的某节班主任课（数学课）上，明明是他旁边的中队长叫他，他才说了一句话，但老师只批评了他，他感到愤愤不平，却并没告诉父母。现在，他脾气很大，情绪经常很激动，父母问他多了，他就会发火，大喊大叫，很难控制自己的行为。

很显然，故事中的张鹏鹏所患的是攻击型人格障碍。攻击型人格障碍是青少年期和中青年期常见的一种人格障碍。患者情绪高度不稳定，极易产生兴奋的冲动，办事处世鲁莽，缺乏自制自控能力，稍有不顺便大打出手，不计后果。患者心理发育不成熟，判断分析能力差，容易被人调唆怂恿，对他人和社会表现出敌意、攻击和破坏行为。

对攻击型人格障碍的调适和治疗，可以从以下几个方面着手：

1. 学习有关生理、心理方面的知识，正确认识自己生理的变化和心理的变化。此外，还应当经常反躬自问和独立反省，完善自我，把精力用到学习、工作中去。

2. 开展多种形式的业余活动，让体内的内在能量寻找到一个正常的释放渠道。另外，培养各种爱好和兴趣，陶冶情操，从而保持身心健康。

3. 多与人交流，正确对待挫折。人生在世会有这样或那样的挫折，要正视挫折，总结经验，找到受挫折的原因并加以分析，而不是一遇到挫折就采取攻击行为。通过各种手段培养自己的承受能力，并能对挫折采取积极的富有建设性的措施。

疯狂的赌徒——病理性赌博障碍

将人生投于赌博的赌徒，当他们胆敢妄为的时候，对自己的力量有充分的自信，并且认为大胆的冒险是唯一的形式。

——（奥地利）茨威格

有一年年底，当克里斯汀和两个刚刚蹒跚学步的孩子乘坐的飞机在美国拉斯维加斯机场降落时，她并没有看到调到这里的自己丈夫的身影。最终他还是乘出租车来到机场迎接他们母子，但已身无分文，对家人的到来毫无准备，他甚至没有钱租房子，钱包里没有信用卡。

这一切令克里斯汀感到意外：“他每年收入超过100万美元，但我们却总是没钱花。”最后，克里斯汀终于知道整件事情的来龙去脉了。她的丈夫艾伦经常沉迷于赌博，所以钱都送给了拉斯维加斯的赌场了。艾伦的赌瘾仿佛是个无底洞，克里斯汀无法忍受了，所以，他们的婚姻亮起了红灯。由于过于沉迷赌博，艾伦的事业也出现了危机，他的老板不愿意再雇用他了。

艾伦很痛苦，他想戒掉赌瘾，克里斯汀在网上看到加利福尼亚州的彭德莱顿兵营可以治疗赌瘾，于是把他送到那里接受治疗。

同90%有了赌瘾的人一样，艾伦接受首次治疗后复发，他驾车从医院去了拉斯维加斯，又赌掉了18万美元。而此时。克里斯汀已经绝望，打算和他离婚。于是，艾伦又赶快飞回家，可是，没过多长时间，他又背着妻子偷偷去了赌场。事后，他对妻子忏悔说："过去的9天，我都睡在大街上，我不知道该怎么办。"

艾伦是个典型的病理性赌博障碍患者。病理性赌博是指在个人生活中占据统治地位的、频繁发作的赌博行为，且行为对社会、职业、财产及家庭价值观念与义务都造成损害。现代的医学研究表明，赌瘾的形成不仅和心理有很大关系，而且，也带动着大脑生理上的改变。因此，赌瘾是仅次于毒瘾的心理疾病。

在心理学家们看来，好赌的根源在大脑。赌博能够刺激人的大脑产生一种名为多巴胺的神经介质。多巴胺会带给人快乐感受，很多人都会多次重复那种与兴奋快感相联系的行为。赌博恰恰触到了大脑中释放多巴胺的那根筋。

为了寻找赌博和神经介质释放之间关系的直接证据，瑞士科学家用猴子实验来模拟人类赌博行为。

科学家给猴子大脑装上电极。这些电极可以随时记录猴子大脑内特定神经细胞放电的情况。哪些神经细胞放电就说明这些细胞正在释放神经介质。在这项实验中，如果释放多巴胺的神经细胞放电猛增，就说明猴子已经找到了感觉。实验时，猴子面前设置的计算机屏幕上可以显示5种不同的图案。每当某种特定图案出现时，猴子就有机会得到奖励——一口果汁。

记录发现，如果一种图案让猴子根本猜不出下一步的图案是什么，以及能否得到果汁奖励时，它们分泌多巴胺的神经细胞放电活动最频繁，猴子也因此目不转睛地盯着计算机屏幕。相反，如果某一特定图案表示下面肯定有奖或肯定无奖时，它们的神经细胞就不会产生太强的兴奋。说明期待和猜测渴望得到的结果最能激发神经细胞兴奋，使多巴胺释放。

这项研究提示人们，赌徒之所以不断回头，主要源于对下注之后、结果未卜的刺激追求。赌博具有难以自制的成瘾性，使人为了一时的快乐丧失理智，甚至不惜倾家荡产，从这一点上，赌博和吸毒非常相似。

第三章

驱除坏情绪的困扰——不良情绪

博客成为避风港——压抑

受压抑的心，只要说出实话就会轻松。

——（德国）席勒

倪辰是一个大三学生，一向成绩不错，不知道什么原因，近来成绩一跌再跌，为此老师还多次找他谈话。

倪辰为此也很苦恼，这时，博客成了他的避风港，成为他痛苦和不快的倾诉地。他在博客里这样写道："近半年来，不知是怎么回事，我总不能安心学习，手中拿着书心里却老想着别的事，成绩一落千丈。我分析这可能是由家庭情况造成的。我在家里觉得自己从来没有快乐过，难以忍受母亲野蛮的态度，所以从我懂事后从未叫过母亲，也不知现在应如何对待母亲。以前和小叔叔家的关系还不错，半年前和他们的关系也搞得十分僵，由此影响了学习的情绪。

"我的家中有母亲和年长我 11 岁的哥哥。我从小与祖父和祖母生活在一起，父亲在我上大学第一学期时自杀了，我在奔丧期间未掉过一滴眼泪。

"父亲是家中的长子，尽管很聪明，但初中未毕业就早早担起家庭生活的重担。我的小叔叔是大学生，母亲是农村姑娘，很厉害，经常与我的叔叔、婶婶吵架，同时又时常迁怒于我的父亲。父亲为人很老实，从早到晚很少说话，只知道干活。我

7岁离开祖父回到了父亲身边。从那时起，母亲攻击的矛头转向了我，常因一点点小事就骂我，甚至于打我。在我不注意把大便纸扔在便池中没冲下去时，母亲竟让我用手拿起来放到书包中。

“我学习成绩好，经常看书到深夜，母亲就骂我是讨债鬼，一天到晚什么事情也不做。父亲为此很为难，但最后总是帮着母亲说话。

“上高三时，在家庭的压力下，我觉得我的精神快崩溃了，不想参加考试了。但在叔叔、婶婶的帮助下，我鼓起勇气参加了高考，总算获得了好成绩。因此我把叔叔婶婶当成了亲人。我与叔叔、婶婶家的关系很好，他们给予我真诚的帮助，但是大二寒假我在叔叔家时，叔叔因看不惯我抽烟、喝酒，和只顾自己不顾别人的行为而批评了我。我感到十分不满，与叔叔吵了起来，提前回校了。现在我觉得世界上一个亲人也没有了，即使是以前对我比较好的叔叔也疏远了我。从此，我的注意力不集中，学习成绩下降，心情感到十分压抑，性格逐渐变得孤僻。”

压抑心理是一种较为普遍的病态社会心理现象。它存在于社会各年龄阶段的人群中，它与个体的挫折、失意有关，继而产生自卑、沮丧、自我封闭、焦虑、孤僻等病态心理与行为。故事中的倪辰就属于这种心理。精神压抑可能导致个体人格畸变。

有压抑心理的人其表现的症状为：忧郁、厌倦、优柔寡断、社交障碍、躯体化焦虑、改向行为等。要想克服压抑心理，可以从以下几点着手：

1. 参加社交活动。许多沮丧的人放弃了他们的娱乐活动，这只会使事情更糟。为了扭转你目前的心情，不妨每天做些激烈的活动，多参加社交活动。

2. 回归大自然的怀抱。当你精神压抑时，可漫步于田间地头，跋涉于山水之间，看春华秋实，听蝉鸣鸟啼。置身于大自然的怀抱，你可以产生许多联想与灵感，悟出人生哲理，以调适自己的不适心态。

3. 坚持锻炼身体。英国教育家斯宾认为，健康的人格寓于健康的身体。有许多精神压抑者通过体育锻炼，出一身汗，精神就轻松多了。科学家认为，呼吸性的锻炼，例如散步、慢跑、游泳和骑车等，可使人信心倍增，精力充沛。因为这些活动让人的肌体彻底放松，从而消除紧张和焦虑的心情。

不肯远行的蜗牛——逃避

任何问题都有解决的办法，无法可想的事是没有的。

——（美国）爱迪生

在一棵干枯的桑树上住着一只蜗牛，这只蜗牛自出生以来，就一直住在这棵树上。

一天，风和日丽，蜗牛小心翼翼地伸出头来看了看，慢吞吞地爬到地面上，把一节身子从硬壳里伸到外面，懒洋洋地晒太阳。

这时，蚂蚁正在紧张地劳动，一队接着一队急速地从蜗牛身边走过。看见蚂蚁在阳光下来回走动的样子，蜗牛不觉有些羡慕起来，于是，它放开嗓门对蚂蚁说："喂，蚂蚁老弟，看见你们这样，我真羡慕你们啊！"

一只蚂蚁听到了，就停在蜗牛旁边，仰着头对蜗牛说："来，朋友，咱们一起干活吧！"

蜗牛听了，不由自主地把头往回缩了一下，有点惊慌地说："不，你们要到很远的地方去，我不能跟你们一起去。"

蚂蚁奇怪地问："为什么啊？走不动吗？"

蜗牛犹豫了半天，吞吞吐吐地说："离家远了，要是天热了怎么办呢？要是下雨了怎么办啊？"

蚂蚁听了，没好气地说："要是这样，那你就躲到你的那个硬壳里好好睡觉吧！"说完，匆匆追赶自己的大部队去了。

对蚂蚁的话，蜗牛倒也不怎么在乎。不过，蜗牛实在想到远处看看。经过深思熟虑之后，蜗牛终于大着胆子把自己的另一节身子也从硬壳里伸了出来。正在这时，几片树叶落在地上，

发出轻微的响声，蜗牛吓得像遭遇了雷击一样，一下子就把整个身子缩回硬壳里去了。

过了好久，蜗牛才小心翼翼地把头伸到外面，外面仍然像先前一样的晴朗和宁静，并没有发生什么事情。只是蚂蚁已经走得很远了，看不见了。

蜗牛悠悠叹了一口气说："唉！我真羡慕你们啊！可惜我不能和你们一起走。"说完，依旧懒洋洋地晒太阳。

蜗牛羡慕蚂蚁远行，可没有胆量和蚂蚁结伴同行，因为它担心路上会遇到种种困难，比如天气热了怎么办，要是下雨怎么办……对困难的畏惧使蜗牛始终蜷缩在自己的壳里，即使偶尔伸出头，也会被飘落下来的树叶吓到。最后，它只能对蚂蚁的离去表示羡慕。人们常常和蜗牛的心理差不多，对于挫折总是下意识地逃避，就好像手碰到火、触到电会缩回去一样。

逃避是一种怯懦的表现，从心理学角度来讲它是指不想去面对遇到的事情，而选择消极的方式来避开与事情的冲突。逃避根本不能解决事情，只是在表面上看来舒缓了问题。逃避者很可能是因为自卑，认为自己没有能力去解决，或者害怕去解决，所以采取这样一种方式。

俗话说："躲得了初一，躲不了十五。"既然躲不过，为何不在事情还没有发展到很严重的地步时勇敢地面对，让问题及早地解决呢？

生活中的事情没有尽善尽美的。每一天我们都面临着问题，如果总是采取逃避的方式，那么最终受害的是自己。所以我们要克服这种不良心理。具体方法可归纳为：

1. 要克服自己的怯懦心理。很多人逃避责任不是因为没有能力，而是因为他们内心存在怯懦心理。因此，要克服逃避心理，必须先克服自己的怯懦心理。

2. 告别懒惰。懒惰是逃避者的一大通病，任何懒惰的人都不会获得成功。

3. 切实负起责任。一个逃避的人必须培养和树立责任心，才能勇敢地承担责任，才能去做自己想做的事。不论遇到什么问题，哪怕是面临失败，也不要灰心丧气，要勇敢地正视它，以积极的态度寻找应变的方法。一旦问题解决了，自信心也会随之增加，逃避的行为就会消失了。

平衡与不平衡的差距——抱怨

最不善于利用时间的人最爱抱怨时光短暂。

——（法国）拉布吕耶尔 

故事一：

有两个人在大海上漂泊，想找一块生存的地方。他们首先到了一座无人的荒岛，岛上虫蛇遍地，处处都潜伏着危机，条件十分恶劣。其中一个人说："我就在这了。这地方虽然现在差一点，但将来会是个好地方。"而另一个人不满意，于是他继续漂泊，后来他终于找到一座鲜花烂漫的小岛，岛上已有人家，他们是18世纪海盗的后裔，几代人努力把小岛建成了一座花园。他便留在这里做了小工，生活不好不坏。

过了很多年，一个偶然的机会，他经过那座曾经放弃的荒岛，于是决定去拜访老友。岛上的一切使他怀疑走错了地方：高大的屋舍、整齐的田畴、健壮的青年、活泼的孩子……老友已因劳累、困顿而过早衰老，但精神仍然很好。尤其当说起变荒岛为乐园的经历时，更是神采奕奕。

最后老友指着整个岛说："这一切都是我双手干出来的，这是我的岛屿。"

那个曾经错过小岛的人此时不但没有愧疚，而且还抱怨说："为什么上天这么厚爱你，当时你要留我在这个岛上，也许会比现在更好。"

故事二：

有一天，素有森林之王之称的狮子，来到天神面前说："我很感谢你赐给我如此雄壮威武的体格，如此强大无比的力气，让我有足够的能力统治这整片森林。"

天神听了，微笑地问："但这不是你今天来找我的目的吧？看起来你似乎为了某事而困惑呢！"

狮子轻轻吼了一声，说："天神真是了解我啊！我今天来的确是有事相求。即使我的能力再好，每天鸡鸣的时候，也还是会被鸡鸣声给吓醒。神啊！祈求你，再赐给我一种力量，让我不再被鸡鸣声吓醒吧！"

天神笑道："你去找大象吧，它会给你一个满意的答复的。"

狮子兴冲冲地跑到湖边找大象，还没见到大象，就听到大象跺脚所发出的"砰砰"响声。狮子加速跑向大象，却看到大象正气呼呼地在跺脚。狮子问大象："你干吗发这么大的脾气？"大象拼命摇晃着大耳朵，吼着："有只讨厌的小蚊子，总想钻进我的耳朵里，害我都快痒死了。"

狮子离开了大象，心里暗自想着："原来体型这么巨大的大象，还会怕那么瘦小的蚊子，那我还有什么好抱怨的呢？毕竟鸡鸣也不过一天一次，而蚊子却是无时无刻地骚扰着大象。这样想来，我可比它幸运多了。"

在生活中，我们事事要求公平，要求按照自己的意愿发展。如果稍出差错就会心理不平衡，抱怨或牢骚就产生了。抱怨是一种心理不平衡的反应，是一种追求完美的心理和情绪化心态的外在表现。抱怨会加剧不良情绪，使人失去和困难作斗争的决心、信心和勇气。

作为一种不良情绪，抱怨会给人带来一系列不良后果，所以我们一定要想办法克服。心理学家认为，做到以下 4 点便能很好地缓解抱怨的情绪：

首先，要保持一颗平常心，不被生活中的琐事侵扰。有些朋友的抱怨常常来自生活中的琐碎之事，凡事过于较真，斤斤计较，常常搞得自己疲惫不堪。对于那些琐碎之事，我们还是置之不理为佳。

其次，要纠正自己错误的信念和观点。每个人都不能对别人有过分的要求，哪怕是对自己最亲近的人，他们也没有责任和义务来满足你的一切要求，生活的真谛不在于求得回报，别人不欠我们任何东西。因为别人不可能按照我们的意志、喜好来行事，我们不可能主宰环境和他人。所以我们必须对自己的情感、生活负责。一个人如果把自己的命运、情感交给环境、交给运气或交给他人，那么，他时时都可能受到伤害或产生怨恨。

再次，要学会自我消解，即通过自我劝慰、自我开导、自我调适，使自己冷静下来，把问题想通、想透，这是克服抱怨心理的最好办法。之所以会产生抱怨，固然与身边的不公正现象有关，但也与一个人的思想修养和认知方式有关。想一想自己对问题的看法是否只从个人意愿出发；想一想自己考虑问题是否全面，有没有偏激；想一想还有没有比抱怨更能解决问题的办法。

最后，要克服依赖心理。每个人的人生都由他自己负责，所以人生中的成功快乐也只能由他自己去寻找和经营。那么，要解除自身烦恼，不能怨天尤人，要充分认识到家庭、社会因素只是诱发烦恼的外因，而自身的心理弱点才是导致烦恼的内因，只有改善自己才能改善情绪。要逐步克服依赖思想，培养自尊、自爱、自强、自立、自主等品质，这是冲破传统观念的无形罗网，是扫除各种情绪障碍的最好突破口。

塔里兰的阴谋——愤怒

无论你怎样表示愤怒，都不要做出任何无法挽回的事来。

——（英国）培根

1809年1月，拿破仑从西班牙战事中抽出身来匆忙赶回巴黎。他的间谍告诉他："外交大臣塔里兰密谋造反。"一抵达巴黎，他就立刻召集所有大臣开会。拿破仑含沙射影地点明塔里兰的密谋，但塔里兰却没有丝毫反应，这时候，拿破仑无法控制自己的情绪，忽然逼近塔里兰说："有些大臣希望我死掉！"但塔里兰依然不动声色，只是满脸疑惑地看着他，拿破仑终于忍无可忍了。

他对着塔里兰粗鲁喊道："我赏赐你无数的财富，给你最高的荣誉，而你竟然如此伤害我，你这个忘恩负义的东西，你什么都不是，只不过是穿着丝袜的一只狗。"说完他转身离去了。其他大臣面面相觑，他们从来没有见过拿破仑如此失态。

塔里兰依然一副泰然自若的样子，他慢慢地站起来，转过身对其他大臣说："真遗憾，各位绅士，如此伟大的人物竟然这样没礼貌。"

拿破仑的失态和塔里兰的镇静自若像瘟疫一样在人们中间传播开来，拿破仑的威望降低了。伟大的拿破仑在压力下失去冷静，人们开始感觉到他已经走下坡路了，如同塔里兰事后的预言："这是结束的开端。"

塔里兰激起了拿破仑的怒气，让他的情绪失控，这正是塔里兰的目的。人人都知道拿破仑是一个容易发怒的人，他已经失去了作为一个领导的权威，这种负面效果影响了人民对他的支持。

面对大臣企图发动阴谋这样的事，焦躁和不安只能起到相反的作用，这说明他已经失去了主宰大局的绝对权力。

愤怒是指当某人在事与愿违时做出的一种惰性反应。它的表现形式有勃然大怒、敌意情绪、乱摔东西，甚至怒目而视、沉默不语。其起因往往是不切实际地期望任何事物都要与自己的意愿相吻合，当事与愿违时，便会怒不可遏。

愤怒使人情绪低沉，甚至破坏情感关系，阻碍情感交流。所以我们要抑制自己的愤怒。具体方法如下：

1. 承认自己的愤怒。把自己的情感公开地表达出来。试着这样说："我感到愤怒是因为……"

2. 记录自己产生愤怒的过程。把自己在什么处境下爆发的愤怒记录在日记中。记录下时间、地点以及刺激物是什么。确认可能导致愤怒爆发的因素。

3. 挑战呆板的思想。思想越呆板就越有可能出现勃然大怒。检查一下自己的"应当""必须""应该"以及"糟透了"的思想。

4. 学着换个角度审视问题。稍稍换个角度来看问题，并向自己多次重复已经演练许久的自我声明。在你感到受挫时，有意识地把这些声明移植进自己的思想中。

5. 实施一套保持冷静的方式。例如，建立一套自己能在感觉到愤怒之际使用的方式。如在说话前先深呼吸。

富商也有苦恼——紧张

成功的法则应该是放松而不是紧张。放弃你的责任感，放松你的紧张感，把你的命运交付于更高的力量，真正对命运的结果处之泰然。

——（美国）马克斯威尔·马尔兹

霍华德先生从事皮毛生意，最近几年行情较好，赚了几百万元，而且也存了相当多钱。

他在事业上虽然十分成功，但却一直未学会如何放松自己。他是位神经紧张的生意人，并且把生意场上的紧张气氛带回了家里。

霍华德先生下班回到家里在餐桌前坐下来，但心情烦躁不安。

这时候霍华德先生的妻子走了进来，在餐桌前坐下。他打声招呼，一面用手敲桌面，直到一名仆人把晚餐端上来为止。他很快地把东西吞下，他的两只手就像两把铲子，不断把眼前的晚餐一一铲进嘴中。

吃完晚餐后，霍华德先生立刻起身走进起居室去。起居室装饰得十分美丽，有一张长而漂亮的沙发，华丽的真皮椅子，地板上铺着高级地毯，墙上挂着名画。他把自己投进一张椅子中，几乎在同一时刻拿起一份报纸。他匆忙地翻了几页，急急瞄了一眼大字标题，然后，把报纸丢到地上，拿起一根香烟，点燃后吸了两口，便把它放到烟灰缸里。

霍华德先生不知道自己该怎么办。他突然跳了起来，走到电视机前，打开电视机。等到影像出现时，又很不耐烦地把它关掉。他大步走到客厅的衣架前，抓起他的帽子和外衣，走到屋外散步去了。

霍华德先生这样子已有好几百次了。他没有经济上的问题，他的家是室内装潢师的梦想，他拥有两辆汽车，事事都有人服侍他——但他就是无法放松心情。不仅如此，他甚至忘掉了自己是谁。他为了争取成功与地位，已经付出他的全部时间，然而可悲的是，在赚钱的过程中，他却迷失了自己。

霍华德先生的症结在于他的紧张情绪。紧张心理是现代人普遍存在的现象，它的产生主要与社会环境有关。心理学家普遍认为，生活环境、人际关系、生活习惯、

工作的改变，迫使人们去适应全新的生活和工作环境，这是造成紧张的重要根源。

紧张是难以避免的，但若过度持续下去，会给身心健康带来无法估量的损害，所以我们要力争克服这种心理。

1. 把烦恼说出来。当有什么事烦扰你的时候，应该说出来，不要存在心里。把你的烦恼向你值得信赖的、头脑冷静的人倾诉，如你的父亲或母亲、丈夫或妻子、挚友、老师、学校辅导员，等等。

2. 暂时避开。当事情不顺利时，你暂时避开一下，去看看电影或书，或做做游戏，或随便走走，这一切能使你感到松弛。强迫自己“保持原来的情况，忍受下去”，无非是在自我惩罚。当你的情绪趋于平静，而且当你和其他相关的人均处于良好的状态时，你再回来着手解决你的问题。

3. 改掉乱发脾气的习惯。当你感到想要骂某个人时，你应该尽量克制一会儿，把它拖到明天，同时用抑制下来的精力去做一些有意义的事情。例如做一些诸如园艺、清洁、木工等工作，或者是打一场球或散步，以平息自己的怒气。

4. 谦让。如果你觉得自己经常与人争吵，就要考虑自己是否过分主观或固执。要知道，这类争吵将对周围的亲人，特别会对孩子带来不良的影响。你可以坚持自己正确的东西，静静地去做，给自己留有余地，因为你也可能是错误的。即使你是绝对正确的，你也可按照自己的方式稍做谦让。你这样做了以后，通常会发觉别人也会这样做。

5. 尽量在舒适的情况下工作。记住，身体的紧张会导致精神疲劳。

人生有压力是不可避免的，谁还没有个烦琐难熬的事儿呢？既然明白了这一点，就要学会自我“减压”，举重若轻，化解紧张。

第四章
摆脱异常心理的毒害——异常心理

从佼佼者到名落孙山的女孩——忧郁症

假如生活欺骗了你，不要忧郁，也不要愤慨！不顺心的时候暂且容忍：相信吧，快乐的日子就会到来。

——（俄国）普希金

裴娜曾经患过忧郁症。她的忧郁症是怎样形成的呢？那还得从她少年时期讲起。她少年时是一个很爱学习的孩子，她酷爱文学，在班级里总是名列前茅，在家也是个听话的孩子，品学兼优，总是追求完美。

但考上重点高中后，由于班里的同学

都是其他学校的学习尖子，这样一来，她的成绩在班上就不能像往常一样每次可以第一名。有次考试她排名在第十，这给她的打击非常大，再加上她的姐姐是那所学校的英语老师，对她管教特别严格，一旦她没考好，总会不留情面地批评她。有一次，她姐姐甚至在办公室当着很多老师的面批评她，她觉得很没有面子。时间长了，她上课时精力也不集中，成绩就慢慢下滑，这样精神压力就更大了。这时候，她有了一个追求者，两人很快偷偷谈起恋爱，结果可想而知，当父母知道这件事时，都十分不悦，责怪她，甚至不给她好脸色看。在这样的情况下，她的情绪就更加恶化了，以至于最后真的患上了忧郁症，学习一落千丈，不但名落孙山没考上大学，最后还得长期接受心理治疗。

忧郁症，是患者抑郁发作时有忧郁特征的一类重型抑郁症，是一种涉及生理、心理、情绪和思想的疾病。

忧郁症的症状包括：感到悲伤和空虚；对各种活动不感兴趣；感觉没有价值或有罪恶感；没有食欲，体重减轻；失眠或嗜睡；容易疲劳；无法集中注意力；有死亡或自杀的念头。

忧郁症不仅影响正常的生活，也会影响人与人之间的感情和对事情的看法，所以我们可采取“自我及时强化法”摆脱它。“自我及时强化法”的具体实施如下：

1. 坚持正常活动

有的患者本来可以正常上班、可以正常做家务，却不去上班、甚至连家务都不做，这是很有害的。越这样，越会感到自己没用。实际上，患者有能力完成工作任务，有能力搞好家务。只要该干的坚持干，自己的情绪就不会日益低落。

2. 定计划留有余地

每天晚上睡觉以前，考虑下明天干什么。计划不能定得太高，也不要太低，应充分留有余地。这样，每天都可以顺利地完成计划。

3. 及时肯定自己

每天晚上睡觉以前，要充分肯定自己这即将过去的一天的成绩和进步，不讲消极的东西。能写日记最好，把好的体验、进步、成绩记到日记上。天天都这样记日记，会觉得生活越来越有意思。

4. 不向亲友谈消极的东西

亲友也不喜欢听患者的消极言谈。

这并不是不同情患者，主要是亲友听患者谈消极的东西，会强化他们好谈消极东西的想法。

禁不住诱惑的结果——恐怖症

没有比害怕本身更可害怕的了。

——（英国）培根

李楠是一家企业的副总经理，家庭观念极强的他一直洁身自好。

然而，数月前，因为要陪外商，在一名客户的极力怂恿下，李楠和一名刚认识不久的女性发生了性关系。没过多久，李楠发现自己的生殖器部位有些不舒服，去医院一检查，发现感染上了尖锐湿疣。经过治疗后，他的身体很快恢复了正常。

不过，事情不仅没有结束，反而成为噩梦的开始。一次，李楠在报纸上偶尔看到一段文字说“性病有可能会变成艾滋病”，心里一下子紧张起来。他一次又一次地去医院进行检查，每一次结果都证实是阴性，一个又一个的医生对他说，尽管他们不能百分百地保证，但他的尖锐湿疣转换成艾滋病的可能性近乎是零。然而，这一切检验结果都不能化解他的担忧，他的焦虑情绪越来越严重，先是不断做噩梦，接着整夜整夜失眠，最后出现了惊恐发作——恐惧到身体颤抖、出冷汗，甚至有濒临死亡的感觉。

故事中的李楠得的是恐怖症，具体来说是恐艾滋病症，即害怕自己患上艾滋病。

恐怖症是一种神经症。恐怖症者对某些特定的对象产生强烈和不必要的恐惧，伴有回避行为。恐惧的对象可能是单一的或多种的，如动物、广场、闭室、登高或社交活动等。患者明知其反应不合理，却难以控制而反复出现。青年期与老年期发病者居多，女性更多见。

要想克服恐怖症，可从以下 9 个方面着手：

1. 保持理性。请记住，恐惧感是正常的生理反应，而这经常被夸大。它们对你是无害的——不会有更糟糕的事情发生。

2. 维持原状。观察你体内正在发生的一切。放慢自己的速度，保持“冷静”——但是要继续朝前看。放松肌肉，双肩下垂，深呼吸。

3. 只考虑眼前的情况。不要去想可能会发生的一切。

4. 接受恐惧感，恐惧感很快就会消失。

5. 不逃避现实。如果你逃跑或逃避，下一次的困难可能会更大。

6. 慢慢地进行深呼吸，把精力集中于吐气上。

7. 分散自己的注意力，仔细研究你周围的一切。

8. 与别人交谈，对好朋友倾诉你的感受。

9. 认真反思。当恐惧感逐渐消失时，回过头来再想一想在恐惧感消失之前自己都做了些什么。

爱人要出轨——妄想症

> 我们可以把幻想当做旅伴，但必须请理智做向导。
>
> ——（英国）塞·约翰逊

强森是个工程师，自结婚以来，他一直怀疑妻子对自己不忠，每天想着妻子为自己戴“绿帽子”，这种想法让他非常痛苦。

强森以优异的成绩毕业于某大学的电机系，却因性格与人格格不入，所以没有什么朋友，更不要说和异性谈恋爱了。

年轻时代曾以手淫来排遣寂寞，但后来他认为这是幼稚的行为，而以举重来避免手淫的诱惑。

直到 30 岁时，强森才和现在的妻子结婚，但很快就在性方面遭遇困难。强森自己在性方面虽非毫无经验，不过新婚伊始，即有“力不从心”的感觉，认为妻子在床上表现得过分热情，让他颇感惶惑与焦虑，并因此而觉得妻子是一个性欲旺盛的女人，自己恐怕无法满足她。

不久，强森即对这样的婚姻生活感到失望，认为和这样的女人结婚太草率了。无奈木已成舟，也只好将就。

结婚10年后，强森的妻子对社会工作变得非常热心、活跃，不仅经常在白天外出，而且每周有一个晚上需要到会员家里开会，讨论他们的工作和活动，而强森则留在家里照顾小孩。

他对此虽然不太高兴，但也找不到什么反对的理由。

有一天晚上，强森打电话到妻子聚会的会员家里，电话却没人接，他越想越不对劲。而当天晚上，妻子又很晚才回家。强森不悦地兴师问罪，虽然妻子向他解释说是因为聚会的地点临时改变，才让他找不到人，而且晚归，但强森已是满腹疑云，他觉得妻子一定有什么事瞒着他，说不定是假借聚会的名义“红杏出墙”。

后来，强森服务的公司因为一项特殊计划而要求强森改在晚上上班。强森觉得这是一项阴谋，因为他的一位同事——和他妻子在搞什么社会工作而定期聚会的男人——却能照常下班。强森对妻子和这位同事间的可能关系早就疑云重重，现在更加怀疑他们之间“一定”有什么不可告人之事。也许是他的同事在搞阴谋，想和他的妻子能更安心地幽会，所以他才被调为上夜班。

妻子红杏出墙的想法痛苦地咬啮着强森的心灵，他开始想尽办法偷偷地跟踪他的妻子和同事，虽然一无发现，但被妻子背叛的念头却越来越强烈，心中的怒火也越来越炽热，竟开始怀疑妻子和那位同事正准备谋杀他。

有一天晚上，当妻子在饭后递给他一杯饮料，而她自己却没有时，强森压抑已久的念头和怒火终于爆发，他对妻子大声咆哮，说她想用这杯饮料毒死他，好和情夫双宿双飞。

满头雾水的妻子到现在才知道，近几个月来丈夫的怪异行为竟然是怀疑自己“红杏出墙”。

故事中的强森患的是妄想症。妄想是思维变态的一种主要表现。妄想是一种在病理基础上产生的歪曲的信念、病态的推理和判断。且病人对此坚信不疑，无法说服，也不能以亲身体验和经历加以纠正。

妄想有历时短暂的，也有持久不变的。妄想的内容连贯、结构紧凑者称为系统性妄想；内容支离、前后矛盾、缺乏逻辑性者称为非系统性妄想。

妄想症病人大都不会主动向医生寻求协助，即使肯求医，也很少会遵从医生的嘱咐进行治疗。此外，由于妄想症病人（尤其是病态忌妒病人）可能有自杀及杀人的动机，因此作为患者的亲朋好友，了解以下几点是有必要的：

1. 药物治疗

治疗妄想症主要依靠药物，但对不同类型的妄想症，应选用不同的治疗方式。抗精神病药是其中一类首选药物。如果病人不配合治疗，可考虑使用长效的肌肉注射剂。如果病人情绪波动较大，包括出现精神病后的抑郁，便可使用抗抑郁药物。

2. 心理社交治疗

主要通过给予病人支援来改变某些行为。此外，病人要避免过度的压力。认知行为疗法或许会改善病人的妄想，但也只是辅助性的。精神分析治疗法可能会加重刺激，有害无益。如果病人同意，应鼓励其家人一同参与治疗计划，对治疗进度将有帮助。

有些病人能够好转，但有些则较难治愈，甚至可持续终生。如若不予适当治疗，大部分病人仍可维持相对正常的生活，但也有病人不能自我照顾，情况严重。

约翰的可怕念头——强迫症

改造自己，总比禁止别人来得难。

——鲁 迅

在心理咨询室里，约翰在医生面前坐好之后，非常苦恼地对咨询师说道："我叫约翰，今年23岁，近来我发现自己的头脑中总是产生一种古怪的想法。每次走到楼上就想从上面跳下去。

"刚开始，我并没有在意，可后来呢？这种想法一直恶化，竟然发展到开车出去，走在桥上以及其他高出地面的建筑物上都有跳下去的冲动。我有时候站在地面上往上看的时候，一想到如果自己真的从上面跳下来了，生命真的就这样结束了，那时候我真的好怕。

"我还很年轻，当然不甘心就此结束生命。正因如此，我才不得不时时强迫自己放弃这种念头，可是，随着时间的推移，这种欲望却越来越强烈，越来越难以控制了。

"有一次，我乘公共汽车经过一条繁华大街时，实在控制不住自己，就从车窗跳下去了，那一刹那自己在想什么，什么感觉等事后竟然全都不记得了。

"那件事情没过几天，有个周末，我去郊游，我觉得这样也许会好一些。不过，我特意挑选了那些人比较多的地方，以防发生什么不测。

"然而，就在那天中午，我经过一个小湖的时候，脑海中却又闪过跳下去的念头，在我还没有来得及控制心神的时候，人已经不听大脑指挥，稀里糊涂地跳了下去。湖中的水并不深，但我依旧慌乱地在水里扑腾，内心充满了对死亡的恐惧。在我的呼救中，很多人都跑了过来，并报了警。他们把我拖上了岸。为了掩饰自己的尴尬，我假装自己喝醉了酒，没想到居然骗了过去。最后，他们给我的工厂打电话，让工厂派车来把我接了回去。

“第二天，全工厂都知道出了个疯子，老板则认为我可能是失恋了，想不开才跳湖自杀。其实，只有我自己心里清楚，我的脑子里有根弦搭错了地方，所以才做出这样丢人的事来。

“去年年底，我乘汽车回家休假，在倒车时，我看到有一座桥，就下车跑了过去，想跳下去，却发现下面的水流很急，心里害怕跳下去会淹死，正在这个时候，售票员喊要开车了，我就急忙跑了回来，避免了又一场闹剧的发生。但我坐在疾驶的车里，脑子里却一直有着跳下去的念头，不过，那天我坐的是空调车，车窗全都是密封的，要不然我也许真会控制不住自己而跳下去的。

“我的这些反常，使得女友跟我分手了，由于注意力不集中，前不久我被公司解雇了。

“我小时候也从高处摔下来过，一天和几个小伙伴一起捉迷藏，不知怎么的我就从阳台上摔下去了。幸好住二楼，一楼的晾衣绳又拦了我一下，所以摔得并不很重，只是右胳膊骨折，头也摔出了血。母亲见我这副样子，吓得抱住我大哭，父亲也是一副心疼的样子。他们带我去医院，又给我买了许多好吃的东西，母亲天天陪着我，尽管没什么疼爱的话，但在我的恳求下，母亲还是给我讲了故事。那段时光多好呀，我感到了被母亲宠爱的幸福。

“伤好之后，母亲又开始劳作了，又很难看到她那慈爱的眼神，很难再享受她无微不至的照顾了。后来渐渐长大了，更不敢奢望能像小时候那样让父母宠爱自己了，心里总是空荡荡的，好像失去了什么。摔伤的事深深留在了记忆中，有时苦闷极了，就想要是能再摔伤一次，再让父母疼爱一回该有多好啊！”

约翰患的是强迫性神经症，简称“强迫症”。强迫症是指以强迫症状为主要临床表现的神经症。强迫症状的特点是有意识的自我强迫与自我反强迫同时存在，两者的尖锐冲突使患者产生极度的焦虑，患者知道强迫症状是异常的，但无法控制、无法摆脱。这种心理疾病在临床上有很多种类，根据其表现，大体可将强迫症划分为强迫观念及强迫行为两类。

强迫观念表现为反复而持久的观念、思想、印象或冲动念头，力图摆脱，但又为摆脱不了而紧张烦恼、心烦意乱、焦虑不安。如：怀疑是否关好煤气，准备投寄的信是否已写好地址等等；强迫性地回忆已讲过的话的用词、语气是否恰当等；出现强迫意向，如过马路时，想到冲向正在驶过的汽车，等等。

强迫动作又称强迫行为。常见的有强迫洗手、洗衣；出门时反复检查门窗是否关好，寄信时反复检查信中的内容，看是否写错了字等等；见到电杆、台阶、汽车、牌照等物品时，不可克制地计数，如不计数，患者就会感到焦虑不安。

强迫症的形成机制比较复杂，通常认为有以下几方面的原因：

1. 遗传因素：从家世调查发现，患者的父母中有约5%～7%的人患有强迫症，远较普通人群高。

2. 心理社会因素：学习和工作紧张，家庭不和睦及夫妻生活不尽如人意等可使患者长期紧张不安，最后诱发强迫症的出现；意外事故、家人死亡及受到重大打击等也可使患者焦虑不安、紧张、恐惧，诱发强迫症的产生。

3. 条件反射：行为主义心理学认为，不但人类正常的行为方式是刺激—反射的结果，病态的行为反应也是通过条件反射而形成的，强迫症的产生可能就是如此。

正常的人是否也会出现强迫现象呢？正常的大多数人也曾出现过强迫观念，例如不自主地反复思考某一问题，或念叨某几句话，或唱一两句歌，反复如此，但不影响正常心理活动和行为，所以不能看作强迫症，可以采用心理学的方法加以纠正。

无病乱投医——疑病症

> 大胆产生勇气，多疑却产生恐惧。
>
> ——（英国）康拉德

凌童是一家科研单位的技术员，平时对身体健康较关注，一旦觉得什么地方不舒服，便要找医学书籍对照研究一番。有一天他在图书馆一本科普杂志中，看到一篇短文，叙述喉癌的早期症状，以帮助病人及早发现并治疗。当时他正好患感冒，嗓子有点发炎。他觉得自己的症状与书中所述很相似，便疑心自己得了喉癌，心里

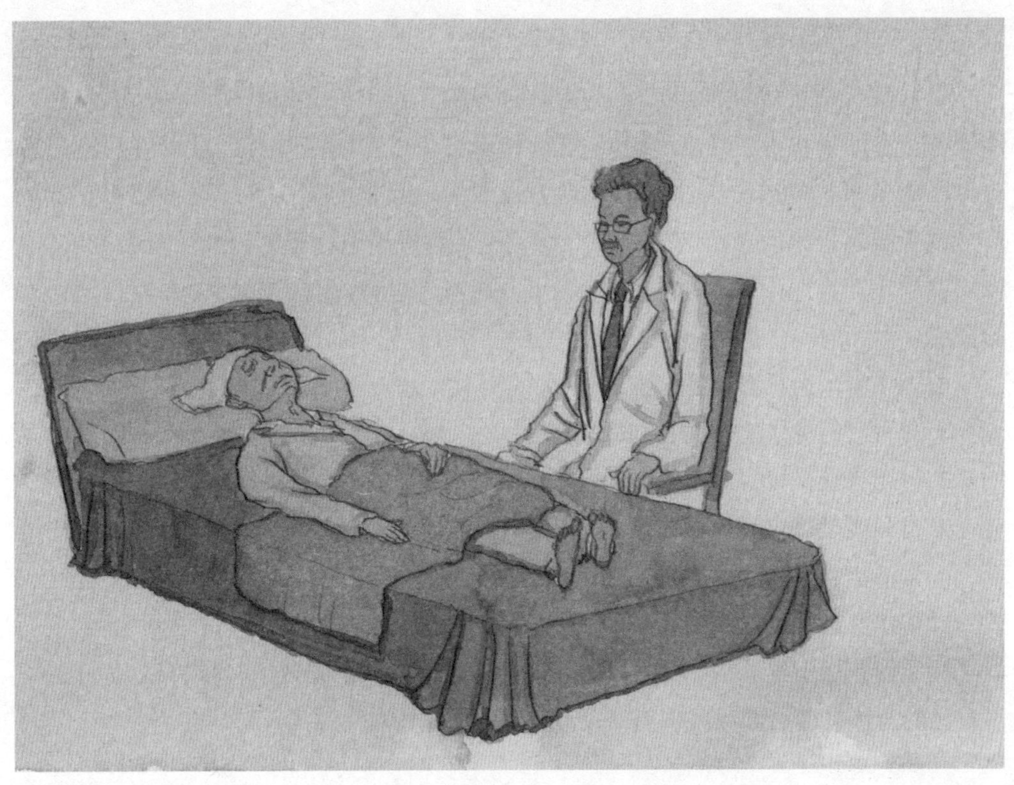

非常紧张。次日就到单位门诊部检查，医生诊断为风寒喉炎，并说吃点感冒药就会好转。凌童吃了几天药，嗓子炎症果然消失了，这才放下心来。可是时隔不久，他突然发现自己身上蚊咬处有些红肿，又非常紧张，认为这是一种不祥之兆，马上去医院检查，医生说这是虫咬皮炎，无须特殊处理。对这样的诊断凌童很不放心，又到书店翻阅有关皮肤科的医学书籍，查到这样几句话：痣，若发生色素沉着、皮损迅速增殖、脱毛、疼痛等现象时，说明有癌变的可能，应提高警惕。他看后很焦虑，越想越觉得自己的疙瘩已经癌变了，于是丢弃工作，到处求医。他去过的所有皮肤科医生均诊断为皮炎，但他都不相信。起初他常与医生争辩，后来渐渐改变了策略，为了得到更多的检查，他表面上装作恭恭敬敬，表示要听医生的话，却又用拐弯抹角的方式，一再请求医生给他做个小手术，把疙瘩取出来做病理化验，以解除其“疑虑”。没办法，医生只好按其要求做了，结果当然不是癌变，但他内心仍不放心，并认为红肿消失了，疙瘩没有了，可能是癌的转移和扩散。就这样，他疑神疑鬼，整日惶惶不安，简直闹到不能再活下去的地步。

后来，凌童在心理医生的开导下，讲述了自己小时候的挫折故事。原来他在成长过程中，总怕发生不幸，自己“画虎”吓自己，结果给心理平衡造成了危机。明白了疑病的症结，凌童才从疑病的苦海中解脱了出来。

疑病症又称疑病性神经症，是指对自身感觉作出患有不切实际的病态解释，致使整个身心被由此产生的疑虑、烦恼和恐惧所占据的一种神经症。疑病症患者对自己的健康状况过分关注（即表现为强烈的、夸张的关心），对一切不正常的信号过于敏感，深信自己已患某种疾病，经常诉说不适。患者因此反复四处求医，迫切要求治疗，医生对疾病的解释往往不能消除患者固有的成见，不能打消病人的疑虑。

心理学家认为具有以下个性特征的人容易患疑病症：

1. 对自己的身体比较注意和敏感的人。

2. 过度自爱自怜，容易感到委屈的人。

3. 自私或是以自我为中心、我行我素的人。

4. 爱清洁、讲秩序、刻板、固执、吝啬的人。

5. 偏执性、强迫性人格特征的人。

为了防止患上疑病症，我们要改变其错误的观念，解除或减轻精神因素的影响，对自己的身体情况与健康状态有一个相对正确的评估。

出走带来的后患——癔症

从某种意义上来说，我们每个人都有点歇斯底里。

——（奥地利）弗洛伊德

卢澧，男，30岁，因突然外出漫游一个多月，醒后不能回忆。

卢澧父母因儿子找不到媳妇发愁，一天，卢澧的父母为其选了女友并写信催其回家见面成亲，于是卢澧向领导请假，但因施工紧张，领导未能准假。

几天后，当卢澧再次向领导请假未准时，即觉愤怒、委屈，当即将家信撕毁，对班长讲：“有人害我，你帮帮我。”

第二天，卢澧给班长下跪说：“不借钱给我做路费，可能见不到父母面。”因当日是阴历年初三，当地风俗认为这天不应该讲这些不吉利的话，于是班长打了卢澧一个耳光。当晚11时，发现卢澧失踪。后领导与家人四处打听卢澧的信息，并发

布了寻人启事，终于在一个多月后，在南方某省的火车站找到了卢澧。当时卢澧满面污垢、衣服破烂、双下肢肿胀，当地公安工作人员将其带回家，但发现卢澧不与亲人打招呼，情感反应平淡。两天后卢澧突然清醒，对自己在家中感到莫名其妙，对离开单位前及出走情况不能回忆。

卢澧患的是癔症中的分离性癔症。癔症又称歇斯底里症，是神经官能症中的一种类型。它是因心理—社会刺激引起的。其典型的症状是患者自己认为失去身体某部分的功能，而且也确实表现出身体某一部分功能的丧失。如有的人认为自己失明、失听、失语、肢瘫了，确实就表现出失明、失听、失语、肢瘫的症状。但各种检查又表明根本没有相应器官的损伤或病变。其症状轻重、持续时间长短与暗示相关联。

对于癔症患者，心理学家建议可采取以下方法进行调节：

1. 建立良好的环境

除了心理治疗外，安排好生活，保证充分的睡眠，建立良好的人际关系和安静的生活环境，避免过分强烈的刺激，对癔症的治疗同样重要。

2. 通过自我暗示法加以调节

患者要选择一个安静的环境，进行自我暗示，暗示病症已痊愈等。在自我暗示的同时，最好自己能用双手按摩腿部或症状所在部位，注意力要高度集中，每天一次或数日一次，直至痊愈。

3. 通过心理咨询法加以调节

治疗过程中，首先应取得患者对医生的信任，建立良好的医患关系，耐心聆听患者的陈述和发泄。治疗者通过指导、解释和保护，使病人对所患疾病有一个正确认识，消除对疾病的误解和不必要的紧张、恐惧，树立战胜疾病的勇气和信心，积极配合治疗。

患者首先要端正对疾病的认识，使自己了解癔症是高级神经系统机能失调的表现，发作时的状态不过是大脑机能暂时的障碍，完全能够治好，而且不会留下后遗症。同时，要正确认识自己人格特征中的弱点，在医生的指导下，加强性格锻炼，努力改变自己个性上的弱点，提高应急能力。并且在情感突然爆发、癔症发作时可以求助于医生进行药物治疗。

他们的问题在哪里——神经衰弱症

尽量在舒适的情况下工作。记住，身体的紧张会制造肩痛和精神疲劳。

——（美国）戴尔·卡耐基

故事一：

一个 18 岁的大男孩，由于高三学习紧张，很疲劳，一度出现了头昏的情况，并且有时想呕吐，在学习上也不能继续了，头脑昏昏沉沉的，晚上也睡不着。因为这一年是复读，心理压力很大，家里也老是说他。他自己说心情好的时候很少，越来越忧郁。

故事二：

一个 26 岁的小伙子是某文化公司策划部门主管，长得英俊潇洒，深受女孩子喜爱。可是最近他老说自己工作紧张，而且头部特别容易出汗，汗量还很大，容易疲劳，情绪极不稳定，还经常掉头发。

上述两则故事中的主人公都患有神经衰弱症。神经衰弱是一种常见的神经病症，患者常感脑力和体力不足，容易疲劳，工作效率低下，常有头痛等躯体不适感和睡眠障碍，但无器质性病变存在。

神经衰弱症易发生在性格不开朗、心胸狭窄、敏感、多疑、急躁和过分主观的人中。

针对神经衰弱症患者的病症，心理医生提出了下述治疗方法：

1. 放松心情，面对压力要从容，要认识到症状是一种信号，应该先冷静地分析一下，这种情绪紧张和心理压力来自何方。

2. 不要为脑力下降而焦虑，必要时也需要降低自己的奋斗目标，要量力而行，要把目标确定在自己能充分发挥潜能，而又不至精神崩溃的限度。

3. 在情绪较差、精神萎靡不振的时候进行一些提高情绪的游戏或运动，如乒乓球、篮球、划船、跳绳、踢毽子等。

4. 很多神经衰弱症患者往往会给自己设置许多的心理障碍，不相信自己的能力和价值，常常在临阵退却、坐失良机后陷入深深的自责、责人的冲突之中。他们还认为自己必须服从某些条条框框，否则就会产生紧张、焦虑、自责等负面情绪。他们否定了生活的多变性、丰富性以及人们之间的差异性等基本事实，作茧自缚。因此，要解决问题，最好是在专业的心理咨询师或者治疗师的帮助下，认识自己内心的种种矛盾冲突，并且逐渐化解它们。

5. 还要注意合理安排生活，改变不良习惯，起居定时，生活有序，劳逸结合，加强体育锻炼和工作学习的计划性。做较长距离的散步，有助于调整大脑的兴奋和抑制过程，使精神振作、心情舒畅。

〉第三篇

社交心理学：交往的艺术，心理的维度

第一章

关系决定命运，人脉才是关键——人脉

两个人的不同结局——留有余地

凡事留余地，雅量能容人。

——曾国藩

为人处世时，不要将事情做绝了，给别人留余地实际上也是给自己留余地。将他人逼上“梁山”，自己必定不会有好果子吃。

一个人打算远远离开自己的小村庄，永不回来。当他走过绳索桥的时候，用随身携带的长刀，费了九牛二虎之力将绳子全部割断，小桥也因此沉入江底。他不想给别人留下与外界联系的小路，走了几步他才发现前方居然是悬崖，他想折回，但身后早已无路。

另一个背着行囊的人爬上了一座岔路很多

的山，他边走边用石头在路边留下记号，为别人也是为自己。后来，他的面前出现了一道悬崖，但他靠着自己留的路标，安全地返回原路。

同样是行路之人，为什么结果大相径庭？原因很简单——后者为他人更为自己留下了一条后路，而前者是自欺欺人，自食其果。其实，不管是行路还是干任何事、说任何话，都应该留有余地，给别人留有余地就是给自己留条后路。

我们都知道，由于每个人的智慧、经验、价值观、生活背景都不相同，因此与人相处有摩擦是难免的。

在我们周围，总有一些时时处处与他人争斗的人，在他们的不断攻击下，你可能会不由自主地陷入争斗的旋涡，并因此焦躁起来，一方面为了面子，一方面为了利益，一得了“理”便不饶人，非逼对方鸣金收兵或竖白旗投降不可。然而“得理不饶人”虽然让你暂时吹着胜利的号角，但这也很可能是下次争斗的前奏；“战败”的一方失去了面子和利益，当然要“讨”回来。在以后的工作或生活中他一定会加倍地反对你，与你为敌，这样下去的后果只能是两败俱伤。

其实，面对处处与你竞争的人，最好以容纳百川的胸怀对待对方的反对。虽然“得理不饶人”是你的权利，但何妨“得理且饶人”。放对方一条生路，让对方有个台阶可下，为其留点面子和立足之地，对自己则好处多多。

人与人之间总有见面的机会，事情做得留有余地也就为将来见面留有了余地。丘吉尔说过没有永远的朋友，也没有永远的敌人，无论竞争多么激烈的对手，竞争过后都会有联合的可能，因此，竞争总是存在，而“见面”的机会也总是存在的。生意场上有这么一句话“给人一活路，给己一财路”，做人应该把目光放远一些，人生之路才会越来越宽。

受委屈的邓肯——灵活应对

> 一句话把人说笑，一句话把人说跳。
>
> ——谚 语

人无论处在何种地位，也无论是在哪种情况下，都喜欢听好话，喜欢受到别人的赞扬，希望自己的努力得到他人和社会的承认。锋芒毕露的人有锋芒也有魄力，在特定的场合显示一下自己的锋芒，是很有必要的，但是如果太过，不仅会刺伤别人，也会损伤自己。

舞蹈家邓肯是19世纪最富传奇色彩的女性，热情浪漫外加叛逆的个性使她成为反对传统婚姻和传统舞蹈的前卫人物。她小时候更是纯真，常坦率得令人发窘。

一次圣诞节，学校举行庆祝大会，老师一边分糖果、蛋糕，一边说着："看啊，小朋友们，圣诞老公公给你们带来了什么礼物？"

邓肯马上站起来，严肃地说："世界上根本没有圣诞老公公。"

老师虽然很生气，但还是压住心中的怒火，改口说："相信圣诞老公公的乖女孩才能得到糖果。"

"我才不稀罕糖果。"邓肯回答。

老师勃然大怒，罚邓肯坐到前面的地板上。

为此，邓肯觉得自己很委屈，她想不通为什么她只是表达了一下自己的真实感受却受到如此的处罚。

邓肯的想法是真实的，但是不假思索地说出来必然会影响到他人的感受，让别人感到不快。与人打交道，我们都希望对方是真诚的，但真诚并不等于直接地将自己的感觉说出来，如果这样说出来的话可能不仅不能达到目的，反而会影响到与他人的交往，因为没有一个人喜欢对着一张黑脸包公。

中国有句古话叫"不看你说的什么，只看你怎么说的"。同样一个意思，不同的人有不同的说法，不同的说法有不同的效果。与人交流时，不要以为内心真诚便可以不拘言语，我们还要学会委婉地表达自己的想法。

罗斯福曾经说过这样一段话："假如我的邻居失火了，在四五百英尺以外，我有一截浇花园的水龙带，要是给邻居拿去接上水龙头，我就可能帮他把火灭掉，以免火势蔓延到我家里。这时，我怎么办呢？我总不能在救火之前对他说：'朋友，这条管子我花了15元，你要照价付钱。'这时候，邻居刚好没钱，那么我该怎么办呢？

我应当不要他 15 元钱，我要他在灭火之后还我水龙带。要是火灭了，水龙带还好好的，那他就会连声道谢，原物奉还。假如他把水龙带弄坏了，他答应照赔不误的话，现在我拿回来的是一条仍可用来浇花园的水管，那我也不吃亏。”的确，这样，一方面成全了自己的愿望，另一方面又不至于让别人心里觉得不舒服。很多时候，同样的事情，同样的意愿，但是不同的表达会导致不同的效果。

那么，我们究竟如何才能做到拒绝他人而又不失礼呢？

首先，可以运用风趣的语言表述自己的观点。

当你对别人的言谈举止很厌恶，并想力图摆脱时，但基于当时的气氛和情境或碍于对方的面子，不好表达时，最好采用风趣的方式。只要你运用得当，你所处的困境就会随之得到轻松解脱。而对方也不会受到伤害。

其次，可以妙用通俗比喻。

真诚并不等于不加修饰地说出自己的想法。也许在交流某事上，你的想法与旁人正好相反，而你又要将此种想法坚持到底，但只要你将这种想法表达出来就会伤害到这些与你持相反想法之人。这时，你千万别强硬地将你的想法直接表达出来，不妨采用通俗的比喻来委婉而曲折地表达。这样会取得更好的沟通和说服效果。

总之，千万不要以为人际交往中的真诚就等于双方直接简单、毫无保留地相互袒露。我们要本着善意和理性，把那些真正有益于双方的东西系上美丽的红丝带送给对方。

百越救楚——亲戚人脉

亲人帮亲人，无亲来帮愁煞人。

——谚 语

俗话说：“是亲三分向。”当人们遇到困难时，大概首先想到的就是找亲戚帮忙。作为亲戚，对方也大都会很热情地向你伸出救援之手。从根本上说，亲戚关系是一种不会改变的比较稳固的关系。这些关系在办事儿时能全力投入，不讲价钱，更能设身处地地站在你的角度考虑问题——如何采取最简便有效的手段，如何少花钱多办事儿。

公元前287年，楚国陷入了秦、赵、韩等国的围攻，眼看楚国都城郢就要被攻陷了，

楚王焦急万分，这时一个叫钟和的大臣建议道："大王何不派人去求助百越族呢？想当初大王不是嫁了一位女儿过去吗？"

楚王仔细想了想，由于嫁的女儿太多了，倒想不起来具体是哪一位女儿给嫁过去了。但是，目前有一支力量算一支，于是，他派钟和携礼到百越族去求助。

百越在当时是居住在今广东、福建沿海的少数民族，虽为数不多，但个个骁勇善战，是一个战斗力很强的民族。

百越族首领在听到这个消息后，欣然允诺相助，立即下令调遣各个部落的士兵组成一支两万人的军队前去楚国。

最后，在楚国与秦国的交界处，秦、赵、韩三国军队与楚、百越的军队进行了生死决战，结果，在百越族的大力支援下，楚国不仅保住了都城郢，还一举击溃了秦、赵、韩三国联军，取得了决定性的胜利。

可以这么说，要没有钟和的提醒，要没有百越这么一个亲戚，楚国就有可能要提前几十年灭亡。可见，在关键时刻，求助于亲戚是很明智的选择，亲情在很大程度上会不受当时社会那种人情资源炎凉冷暖的影响，求助的成功性是很高的。

由此可见，一个"沾"字是利用亲戚关系的一个很好方法，它需要的只是发挥充分的主观能动性，善于发现隐藏在人际关系网络中的可用之线，然后顺藤摸瓜，也许就会找出一大串“得道飞升”的亲戚，而他们所起的作用，往往也会回报你所付出的辛劳。但同时必须注意的是，亲戚关系又是一种比较复杂的关系，主要表现在亲戚之间存在着多种差异，比如经济的、地位的、地域的、性格的，等等。这些差异既可能成为彼此交往的原因，也可能成为产生矛盾的原因。在与亲戚交往中如果能掌握并遵循亲戚交往中的一些规律，彼此的关系才会越来越亲密。

第一，金钱往来要清楚，切忌糊里糊涂。

求助过程中，为了经济利益而得罪人，在亲戚之间是屡见不鲜的。比如亲戚之间的借钱、借物等是常有的事。有时是为了救急，有时是为帮助，有的就是赠送，情况不同，但都体现了亲戚之间的特殊关系，把这种财物往来当成表达自己心意和特殊感情的方式。

作为受益的一方在道义上对亲戚的慷慨行为给予由衷的感谢和赞扬是必要的。如果他们把这种支持和帮助看得理所应当，不做一点儿表示的话，对方就会感到不满意，而影响彼此的关系。

另一方面，对于属于需要归还的钱物，同样是不能含糊的。这是因为亲戚之间也有各自的利益，一般情况下应把感情与财物分清楚，不能混为一谈。只要不是对方明言赠送的，所借的钱物该还的要按时归还。有的人不注意这个问题，他们以为亲戚的钱物用了就用了，对方是不会计较的。如果等到亲戚提出来时，那就不好看了。

对于来自亲戚的帮助要注意给予回报，这既是加深友谊的需要，也是报答对方帮助的必要表示。如果忽视了这种回报，同样会得罪人。

第二，不要高高居上或强人所难。

亲戚之间虽有辈分的不同，但是，也应当相互尊重，平等对待。特别是在彼此之间有地位、职务差异的情况下，更应如此。常言说：“贫居闹市无人问，富在深山有远亲。”这就是说，就亲戚而言，财大的、地位高的人对于比不上他们的亲戚是很有吸引力的。地位低的人总是希望从地位高的一方那里得到一些帮助，同时在他们提出自己的请求时，又怀有极强的自尊心。在这种情况下，如果地位高的一方对来求助的亲戚表示出不欢迎的态度，那就很容易伤害对方的自尊。一般说来，地位低的人对于被小看是很敏感的，只要对方露出哪怕一点冷淡的表示都会计较、不满，造成不良的结局。

还有另一种情况，就是有些人求亲戚办事，特别是办一些有违原则的事，人家没办就心怀不满，说人家不讲情谊之类的话，这也是很使人伤心的。在有地位差异的亲戚之间最常见的矛盾是在求与被求之间，是在不能满足对方要求的情况下发生的。因此，如遇这些问题，一方应注意尽量地满足对方的需求；另一方则应考虑对方的难处，尽量不要给人家出难题，即使因客观原因不能满足自己的需求，也应给予谅解，不能过多地计较。

第三，要体谅亲戚，不要为所欲为。

亲戚之间由于彼此关系有远近之分，有密切程度上的差别，因此在相处时应把握火候，掌握分寸。“亲戚越走越亲”，是一般原则。但是，看你如何走法。过去走亲戚可以在亲戚家住上一年半载，现在就有很多的不便。大家都有工作，都有自己的生活习惯，住的时间过长很多矛盾就会暴露出来。

还有的人到亲戚家做客一点也不体谅对方，而是由着自己的性子来，这就给亲戚带来很多麻烦，也容易造成矛盾。比如，有的人有睡懒觉的习惯，每天要睡到太阳升起来才起床，他们到亲戚家也不改自己的毛病。亲戚要照顾他们，又要上班，时间长了就会影响亲戚的工作和生活的正常秩序，进而影响彼此的关系。

因此，在与亲戚交往中也有一个优化自己的行为方式的问题，如果方式不当就会得罪对方，这样在你需要帮助时对方便很难伸出手来帮助你了。血浓于水的亲情永远是我们心灵的寄托，是我们遇到困难时的救星。但是亲戚也是凡人，所以我们要在平时就多注意保持与亲戚们血浓于水的亲情，这样在你遇到困难的时候，才能借助亲人的力量成全自己。

靠老乡成功办厂——地缘人脉

远亲不如近邻。

——谚 语

在大学里经常可以见到有某地学生组织同乡会性质的“联谊会”，有人觉得这些人落后狭隘，后来发现有些教师也参加其活动，更感到不可思议。但后来的事实证明，他们那“抱成团”的宗旨确实给大多数同乡带去了实惠，解决了不少困难。再后来，这种同乡会性质的团体几乎到处都能见到。它的形式虽是松散的，但“亲不亲，故乡人”，这种同乡观念有一定的凝聚力，它对内互相提携，互相帮助，对外则团结一致，抵御困难。要成就事业就必须借助外力，而老乡就是一个助你事业成功的最重要的外部资源。在老乡的帮助下，你就能达到事半功倍的效果。我国著名的“实业大王”刘鸿生在创业的过程中就多次借助了老乡的关系才顺利达到自己的目的。

刘鸿生原籍上海，1888年出生。1906年，他因为不想当牧师，婉拒了圣约翰大学校长的安排后，被开除出校。后来，经他父亲的挚友周仰山（与朱葆三共同筹组上海宁波同乡会并担任同乡会首任会长）的介绍，进英商开平矿务局上海办事处当销售员，为他以后的创业奠定了良好的开端。

第一次世界大战以后，国内经济有了很大发展，各行各业也在大兴土木，水泥的需求日益增长，价格也随之上扬，每袋市价由5元飞涨至12元，但仍然还是供不应求。此时，刘鸿生敏锐地察觉到水泥工业有利可图，于是决定办一家水泥工厂。刘鸿生办工业前，总是事先考虑到供、产、销和国际竞争等方面的情况，经过周密考察后，然后再着手进行。他经过一个阶段的紧张筹备后，其他条件都具备了，但缺一个重要条件，就是需要一位地位高、名气大、资历深的大人物出面支撑局面。这是因为当时的水泥业在中国还是个新兴行业，涉及方方面面的麻烦事很多。虽然

说刘鸿生已稍有名气，但毕竟还是年轻资浅。为此，他就想到了老乡朱葆三，并登门造访。

在略叙了乡情并寒暄了一番后，刘鸿生就简明扼要地说明了造访的来意。朱葆三不动声色地问道："小老乡要办水泥厂，这个念头是怎么想出来的？"

刘鸿生回答道："这是形势所需。据晚辈近期考察市场行情，我国建筑方式逐日西方化，而水泥则是西式建筑的主要材料，不但道路、桥梁、堤坝等建筑，就是日后的民宅、公馆也需要大量的水泥。由此可见，我国建筑市场对水泥的需求定会日益增加，前景十分看好。"接着，刘鸿生向朱葆三汇报了当年中国的水泥厂家、产量、需求量和发展概况。

第一次世界大战前，我国所使用的水泥均为洋货，一半是来自西欧等国，一半是来自欧美附属国以及设在我国境内的几个厂家。直至欧洲战场战争发生，国外的水泥供应锐减，国内始得自产。

刘鸿生还说："据晚辈考察调查，目前国内自产水泥的仅 5 个厂家，其中 2 个还是日资的。就年产量而言，华资三厂为 100 万袋，日资两厂约 30 万袋，合计也只有130万袋左右，而目前国内年用量已经超过230万袋，远远不能满足市场需求。所以，晚辈与诸君好友萌发办水泥厂的念头，实为市场所需。"

之后朱葆三又询问了几个问题，刘鸿生的回答都颇得他心。

最后，刘鸿生说："现今已经万事俱备了，只凭朱老一言定乾坤了，这水泥厂您说是办还是不办？"

朱葆三捻须笑道："既然你筹谋得那么有方，胜券在握，我答应出面就是了。"

由于有朱葆三的出面主持，兴办水泥厂的一切手续，包括登记、注册，等等，都办得十分顺利。同时，由朱葆三出面让清末状元、南通大实业家张謇入股，补足了预备资金的不足。当时，还发生了一件事：刘鸿生兴办水泥厂的消息，震动了英商设在上海的怡和洋行。因该洋行近年来一直在上海几乎是独家销售设在香港水泥厂的"青州"牌水泥，获利甚厚。而现在刘鸿生也要办厂了，这必然会涉及对方的利益。怡和洋行对刘鸿生的水泥厂进行软硬兼施，但是都没有收到什么效果，最后看在朱葆三这块金字招牌的分上，英商也只好就此了事了。

刘鸿生能够顺利开办水泥厂，离不开老乡朱葆三的大力帮助，否则不但资金筹备不足无法开办，即便是工厂能够顺利生产，也会因为牵扯到的利益纠纷受到英商洋行的打击。

“化敌为友”的本茨与戴姆勒——对手资源

> 真正的对手会灌输给你大量的勇气。
>
> ——（奥地利）卡夫卡

拥有一个朋友还是树立一个敌人，这两种做法为个人带来的结果是截然不同的。当你面对一个敌人的时候，你所面临的将不只是一个敌人，你所感受到的威胁将十倍、百倍于他实际上给你的威胁。而当你用友情感动了一个敌人，使他成为你的朋友时，你所得到的也将不只是一个朋友，你所感受到的快乐也将十倍、百倍于他实际所给你的快乐。在由势不两立的敌人一变而为互相谅解的朋友之后，不但有一种如释重负的轻松，而且可以互通有无，共同成就事业。

本茨和戴姆勒几乎是同时发明了人类历史上的第一辆汽车，又在相差不久的时间内建立起各自的公司。所以从一开始，命运就将他们安排到了一起，他们从此就处于一种竞争状态中。

1896 年，戴姆勒设计出了第一辆马达载重车，而本茨抢在戴姆勒之前制造出了第一辆公共汽车。不甘示弱的戴姆勒在 1900 年成功地研制出一种高速新式轿车。奥匈帝国总领事埃米尔·耶利内克一口气订购了 36 辆这种新式轿车。

耶利内克在订购这批车时提了一个要求，那就是用他女儿的名字“梅赛德斯”作为汽车的新商标。于是从 1920 年起，“梅赛德斯”轿车开始风靡全世界，它给本茨汽车带来了巨大的压力。

就在本茨与戴姆勒两大汽车制造厂两虎相争之时，已经崛起的美国福特汽车厂已把目光瞄准了欧洲市场。采用流水线作业

的福特汽车价廉物美，不断涌进德国市场。当一辆辆福特 T 型车奔走在德国的大马路时，本茨与戴姆勒几乎同时惊呼：狼来了！

在商战如此激烈的情况下，本茨和戴姆勒两大汽车公司都处于危机之中。1926年 5 月的一天，本茨专程前往戴姆勒公司拜访戴姆勒，他此行的目的是要促成两家公司的合并。此时已经 92 岁的戴姆勒热情地接待了比他小 10 岁的本茨，双方开诚布公地就合并事宜进行了商谈。为了避免在竞争中自相残杀而导致两败俱伤，也为了共同对付国外汽车业的竞争和挑战，双方很快就达成了一致意见。

一个月后，本茨与戴姆勒将两家企业合并，联手成立了“戴姆勒—奔驰股份公司”。两位汽车业元老在新的公司分别担任董事长和总经理。合并后，两位经营怪才配合得异常默契，使得公司迅速成长和壮大起来了。

本茨与戴姆勒化敌为友，合作互助。在此后的半个多世纪中，几经颠簸，由于经济危机等多种原因，很多汽车厂都倒闭了，唯有奔驰公司岿然不动，稳中有升。本茨和戴姆勒的后继者，都为两大公司的合并而感到非常庆幸，是合并给了公司新的生机和不断发展和壮大的希望。奔驰公司的强大，在于化敌为友，搞合并。

以博大的胸襟对待自己的对手，不计前嫌，化敌为友，不但能够让昔日的对手甘愿为你效力，成为你坚实的依靠，更能够让周围的人看到你的闪光点，更加尊重你和敬佩你，从而树立你的威望，为你的成功打下坚实的基础。

那些处世水平高的人，很善于与难相处的各种人结成朋友。这样，他们不但可以提高自己的声誉，博得心胸宽广的美名；更重要的是，积累了别人难以得到的人脉资源，为自己事业的发展开拓了无限宽广的道路。

如何对待对手可以称得上是一门艺术，能否掌握这门艺术，并为己所用是人们应该认真思考和谨慎对待的问题。而“化敌为友”是对待对手的最佳态度和方法。“化敌为友”，除了自己要放下架子，心态平和外，技巧也是不可缺少的。

（1）化敌为友的关键就是抓住对方的性格特征，以求对症下药，比如《孙子兵法》中就提出了“怒而挠之”和“卑而骄之”等各种不同的出奇制胜之术。

“怒而挠之”就是指如果你的对手脾气暴躁，就故意挑逗、欺侮使之发怒，使之情绪受到波动，不能理智地分析问题，以致破绽百出，如此一来，要打败对手就容易多了。“卑而骄之”则是遇上了力量强大且自高自大、狂妄自负者，便可对症下药，用奉迎的言辞和有点价值的礼物麻痹对方，表示自己的唯唯诺诺，对对手的矫情推波助澜，等到其狂妄至极、忘乎所以、产生麻痹轻敌情绪时，再出其不意地给予有力反击，必胜无疑。

（2）充分表现你需要对方的帮助。这一点是很重要的，它能最大限度地调动起对方的积极性。

（3）对威胁性问题置之不理。有时，我们会听到别人恐吓的问题：“你以为你是谁？”“你们那所高级学校难道没教你什么东西吗？”“你从来没听过什么叫应急计划吗？”这些问题根本就不是询问什么信息，只是为了使你失去平和的心态。不要带着感情色彩去回答——干脆就不要回答。索性假装那些问题压根儿就没从对方的嘴里吐出来，你只管回到你的主题：你感受到了什么？你计划做什么？你希望怎样做？你预计多久能完成？这样，你不给对方向你破口大骂的机会，就有可能减少对方对这一类恐吓性问题的依赖。

（4）敢于承认错误。不要总害怕承认自己的错误，以为这样别人就会看不起自己。其实，真正有能力的人是勇于承认自己的不对之处的。所谓的“知耻近乎勇”，正是这个意思。

比尔·盖茨和他的合伙人——“中间人”

> 没有人富有得可以不要别人的帮助，也没有人穷得不能在某方面给他人帮助。
>
> ——谚 语

比尔·盖茨重要的合伙人——保罗·艾伦及史蒂夫·鲍尔默，不仅为微软贡献了他们的聪明才智，也贡献了他们的人脉资源。1973年，盖茨考进哈佛大学，与现在微软的CEO（首席执行官）史蒂夫·鲍尔默结为好朋友，并与保罗·艾伦合作为第一台微型计算机开发了BASIC编程语言的第一个版本。大三时，盖茨离开哈佛，和好友保罗·艾伦创建微软，开发个人计算机软件。合作伙伴的人脉资源使微软能够找到更多的技术精英和大客户。1998年7月，史蒂夫·鲍尔默

出任微软总裁，随即亲往美国硅谷约见自己熟知的10个公司的CEO，劝说他们与微软结成盟友。这一行动为微软扩大市场扫除了许多障碍。

看完了上述的故事，首先，请你认真思考这样一个问题：算算你现在一共有多少位朋友？回想这些朋友你都是通过何种渠道或方式认识的？思考后，你一定会发现，原来自己现在的很多朋友最初都是朋友的朋友。也就是说，我们通过一些朋友作为“中间人”又认识了很多朋友。其实，要想扩大人脉圈，就要善于发挥“中间人”的作用。其实，从上述的故事中我们可以看出来成就比尔·盖茨辉煌事业的，除了他的智慧、眼光和执着外，还有重要的一点是他借助“中间人”的帮助拥有了相当丰富的人脉资源。

谁都知道，没有特殊关系，一般人不会主动将自己的朋友介绍给别人，尤其是在大家非常忙的时候。所以，想认识谁就要主动找熟人，请他给予介绍。例如，当朋友与别人交谈时，你可以主动走上前去同朋友打声招呼，说几句客套话，一般情况下，你的朋友便会主动将他谈话的人介绍给你认识。如果他不介绍，你可随便问一句：“这位是……”他告诉你后，你可乘机与对方谈点什么，但不要聊太长时间，这样做不但会耽误朋友的事情，对方也会认为你是个不礼貌的人。简单地说两句之后，你应主动告辞，或者再加上一句：“回头我们再聊，你俩先聊着吧。”

如果你去的场合是某单位或某人举办的活动，你可以主动请东道主给你介绍几位朋友。如果人不太多，你甚至可以让东道主把你介绍给大家，然后你就可以与任何一位新朋友谈话了。

第二章

沟通从说话开始——沟通

卡耐基谨记的教训——避免争论

> 我们绝不可能对任何人——无论其智力的高低——用口头的争斗改变他的思想。
>
> ——（美国）戴尔·卡耐基

一个过于争强好胜的人得到的只是暂时的、表演式的、口头的胜利；有些人总是喜欢与人舌战不休，拍桌打椅，与人争得面红耳赤、嗓音嘶哑，而最后的结果只有一个：徒劳无益。因为即使他争赢了，但这种表面的胜利实无大益；而且会伤害对方的自尊，影响对方的情绪。若是争输了，当然自己也不会觉得光彩。所以，最好的策略就是避免与人争论。

赫赫有名的卡耐基，其实在人际关系上也是有过失误的。

第二次世界大战刚结束的某一天晚上，他在伦敦参加一场宴会。宴席中，坐在他右边的一位先生讲了一段幽默故事，并引用了一句话。那位健谈的先生说，他所引用的那句话出自《圣经》。

"他错了，"卡耐基回忆说，"我很肯定地知道出处。为了表现优越感，我很多事，很讨厌地纠正他。他立刻反唇相讥：'什么？出自莎士比亚？不可能！绝对不可能！那句话出自《圣经》。'"

"我的老朋友法兰克·格孟坐在我左边。他研究莎士比亚的著作已有多年，于

是我俩都同意向他请教。格孟听了，在桌下踢了我一下，然后说：‘你错了，这位先生是对的。这句话出自《圣经》。’

“那晚回家的路上，我对格孟说：‘法兰克，你明明知道那句话出自莎士比亚。’‘是的，当然，’他回答，‘《哈姆雷特》第五幕第二场。可是亲爱的，我们是宴会上的客人。为什么要证明他错了？那样会使他喜欢你吗？为什么不给他面子？他并没问你的意见啊。他不需要你的意见。为什么要跟他抬杠？永远避免跟人产生正面冲突。’”

“永远避免跟人产生正面冲突。”卡耐基谨记了这个教训，同时也告诉了我们一个成功说服的大前提。

卡耐基小时候是个积重难返的杠子头，他和哥哥曾为天底下任何事物而抬杠。进入大学，他又选修逻辑学和辩论术，也经常参加辩论比赛。他曾一度想写一本这方面的书，他听过、看过、参加过，也批评过数千次的争论。这一切的结果，使他得到一个结论：天底下只有一种能在争论中获胜的方式，就是避免争论，要像躲避响尾蛇和地震那样避免争论。

客观来讲，争论十之八九的结果，只会使双方比以前更相信自己的正确性。你赢不了争论。要是输了，当然你就输了；如果赢了，还是输了。为什么？因为对方即使口服，但心里并不服。

事实上，避免争论可以节省大量时间和精力，使你投入到完善你的观点和实践你的观点的工作中去。完全没有必要浪费太多的精力去干那种没有结果也毫无意义的事情。少了面红耳赤的争论，只会使双方相互尊重，从而增进友谊，有利于思想交流和意见的交换。

能言善辩的口才家优孟——实话巧说

用风趣的方式说出严肃的真理，比直截了当地提出更易让人接受。

——（法国）雷曼麦

人际交往中，每个人都有自己独特的个性、爱好和生活态度，在交谈的过程中难免会产生观念上的差异。如果我们能在不否定他人见解的前提下得体地表达自己的意思，常常就会取得交际上的成功。

委婉通常有3种类型：借用式、曲语式和讳饰式。借用式，是指借用某一事物或其他事物的特征来代替对事物本质问题直接回答的语言方法；曲语式，是指用曲折含蓄的语言和融洽的语气表达自己看法的语言方法；讳饰式，是指用委婉的词语表达不便明说或使人感到难堪的语言方法；此外，正话反说也是一种委婉说话的技巧，其特点就是字面意思与本意完全相反，让听者自觉去领悟，从而接受你的意见。

优孟是楚国的艺人，身高八尺，喜欢辩论，常常用诙谐的语言婉转地进行劝谏。楚庄王有一匹心爱的马，于是给它穿上锦绣做的衣服，让它住在华丽的房子里，用挂着帷帐的床给它做卧席，用蜜渍的枣干喂养它。结果马得肥胖病死了，于是楚庄王让臣子们给马治丧，要求用棺椁殡殓，按照安葬大夫的礼仪安葬它。群臣纷纷劝阻，认为不能这样做。楚庄王急了，下令说：“有谁敢因葬马的事谏诤的，立即处死。”

优孟听到这件事，走进宫门，仰天大哭。楚庄王吃了一惊，问他哭的原因。优孟说：“这马是大王所心爱的，堂堂的楚国，怎么能只按照大夫的礼仪安葬它？它会死不瞑目的，能不能请大王批准用安葬国君的礼仪安葬它？”

楚庄王问：“怎么葬？”

优孟回说：“大王何不用雕花的美玉做棺材，用漂亮的梓木做外椁，用楩、枫、豫樟各色上等木材做护棺，发动士兵给它挖掘墓穴，让年老体弱的人背土筑坟，请齐国、赵国的代表在前面陪祭，请韩国、魏国的代表在后头守卫，盖一所庙宇用牛羊猪祭供它，还要拨个万户的大县长年管祭祀之事呢。我想各国听到这件事，就都知道大王对人和对马的态度了。”

楚庄王说：“我的过错竟然到了这个地步？现在该怎么办呢？”

优孟说：“让我替大王用对待六畜的办法来安葬它：堆个土灶做外椁，用口铜锅

当棺材，调配好姜枣，再加点木兰，用稻米做祭品，用火光做衣服，把它安葬在人们的肚肠里不是更好吗？”楚庄王当即就派人把死马交给太官，以免天下人张扬这件事。

故事中的优孟采用的说服策略就是委婉地正话反说。优孟因侍从楚庄王多年，熟知楚庄王的性情，知道此时的忠言逆耳是行不通的。于是，他便从认同、礼颂楚庄王的“贵马”精神的后面，烘托出另一种相反的又正是劝谏的真意——讽刺楚庄王的腐败举动，从而使楚庄王改变自己的决定。在特定的情况下，采用正话反说的方法会收到出奇制胜的效果。

委婉的神奇效果有很多，具体来说包括以下几点：

（1）能够表达不便直接表达的意思。

（2）提升你的人气。

（3）给人台阶下，给自己面子。

（4）能够将一场“暴力”转化为温馨的相处。

所以，要想有个好的人缘，委婉的说法是必不可少的，有人以“心直口快”为美德，其实，“心直”固然可嘉，但“口快”却未必值得学习。如果我们加以区别各种情况，该真说的时候真说，该委婉的时候也别羞于委婉，那生活中的烦恼就会少很多，你也会在轻松愉快中拥有良好的人缘。

查尔斯·史考伯的经验之谈——赞美

赞扬，像黄金钻石，只因稀少而有价值。

——（英国）塞缪尔·约翰逊

赞美别人是一种有效的情感投资，而且投入少、回报大，是一种非常符合经济原则的行为方式。对同事加以赞美，能够联络感情，使彼此愉快地合作；对下属的赞美，能赢得下属的忠诚，换得他们的工作用心和创造精神；对商业伙伴的赞美，能赢得更多的合作机会；对妻子或丈夫的赞美，使夫妻更加甜蜜；对朋友的赞美，能赢得崇高的友谊。

钢铁大王安德鲁·卡内基对于赞美也曾这样提醒我们：说句好话轻而易举，只要几秒钟，便能满足人们内心的强烈需求，注意看看我们所遇见的每个人，寻觅他们值得赞美的地方，然后加以赞美吧！

查尔斯·史考伯是美国商界年薪最先超过100万美元的人之一，在他38岁时，便出任了由安德鲁·卡内基提拔新组的美国钢铁公司的第一任总裁。为什么钢铁大王安德鲁·卡内基要付给史考伯一年100万美元的薪资？

因为史考伯是一名奇才吗？不是。因为他对钢铁的制造知道得比其他人多吗？也不是。史考伯的手下有许多人，他们对钢铁的制造知道得比他还多。

然而，史考伯认为，他能得到这么多的薪金，主要是因为他与人相处的能耐。那么，他究竟是如何与人相处的呢？以下就是他的秘诀：“我认为，我那能够使员工鼓舞起来的能力是我所拥有的最大资产。而使一个人发挥最大能力的方法，是赞赏和鼓励。”

史考伯这样说道：“再也没有比上司的批评更能抹杀一个人的雄心。我从来不批评任何人。我赞成鼓励别人工作。因此我善于称赞，而讨厌挑错。如果我喜欢什么的话，就是我诚于嘉许，宽于称道。”

所以，赞美的话都应该说出来，让对方知道。如果你以为赞美的话只埋在心里就行了，那就大错特错了。适当的赞美能够令对方感到高兴，但有的人却不知道究竟该如何赞美对方，实际上只要你愿意并留心观察，对方处处都有值得赞美的地方，适时说出来，会产生意想不到的效果。

此外，如果别人都没注意到的地方，你注意到了，并恰如其分地将其欣赏表达出来，这怎能不让人怦然心动呢？因此，我们在对陌生人加以赞美时，如果能悉心挖掘那些鲜为人赞的地方，并适时地表达出来，对方会非常开心，就算对方是陌生人也会很快就变得熟络起来。

不过，虽然真诚的赞美很容易打动对方的心，但是，有时候直接的赞美却有可能引起对方的警觉，令其存有戒心，觉得你是因为有所企图才这样阿谀逢迎、溜须拍马。所以，“借”他人之口进行赞美的确是一种很好的方法。例如说：“别人都说你……故我今天特来请教。”意思就不是你一个人的评价了，而是大家的评价，无形之中扩大了被赞美者的声誉，效果更佳。另外，在赞美别人之前，我们还需要做一番调查，比如对方的优点和长处，还要熟悉对方的爱好、志趣、品格等，这样才能避免泛泛而谈或者无话可说。

善于倾听的安平侯——倾听

如果独自一人时自言自语是一种愚蠢，那么在别人面前倾听自己的声音更是双倍的不智。

——（西班牙）格拉西安

会说话的人都会倾听。学会倾听，不仅是对他人的尊重，还可以更好地注意到他人的言谈神色，判断出他人的心理活动，说话的时候就可以有的放矢。正所谓知己知彼，战无不胜。

汉高祖刘邦消灭项羽，平定了天下后，对群臣论功行赏。然而，群臣彼此争功，吵了一年都无法确定。刘邦认为萧何功劳最大，就封萧何为先锞侯，封地也最多。但是群臣心中不服，议论纷纷。在封赏勉强确定之后，对席位的高低先后又起了争议，大家都说平阳侯曹参身受创伤七十余处，而且攻城略地，功劳最大，应当排他第一。刘邦因为在封赏的时候已经委屈了一些功臣，多封了许多给萧何，所以在席位上难以再坚持，但心中还是想将萧何排在首位。

这时候关内侯鄂君已经揣摩出刘邦的意图，就挺身上前说道："群臣的决议都错了！曹参虽然有攻城略地的功劳，但这只是一时之功。皇上与楚霸王对抗五年，常常丢掉部队四处逃跑。而萧何却源源不断地从关中派兵员填补战线上的漏洞。楚、汉在荥阳对抗了好几年，军中缺粮，都靠萧何转运粮食补给关中，粮饷才不至于匮乏。再说皇上有好几次逃到山东，都是靠萧何保全关中，才能接济皇上，这才是万世之功。如今即使少了一百个曹参，对汉朝有什么影响？我们汉朝也不必靠他来保全！为什么你们认为一时之功高过万世之功呢？我主张萧何第一，曹参其次。"刘邦听了，当然说："好。"于是下令萧何排在第一，可以带剑入殿，上朝时也不必急行。

后来刘邦说："吾听说推荐贤人，应当给予最高的奖赏。萧何虽然功劳最高，但因听了鄂君的话，才得以更加明确。"刘邦没什么文化，在分封诸侯的时候，将一些从前跟着他出生入死、身经百战的功臣比喻为“功狗”，而将发号施令、筹谋划策的萧何比喻为“功人”，所以萧何的封赏最多。

明眼人一看就知道刘邦宠幸萧何，所以安排入朝的席位上，刘邦虽然表面上不再坚持萧何应排在第一，但鄂君早已揣摩出他的心意，于是顺水推舟，专拣好听的话讲，刘邦自然高兴。鄂君也因此多了一些封地，被改封为“安平侯”。

别人说出来的订单——忌表现欲

不肯留神去听人家说话，这是不受人欢迎的原因之一。一般的人，他们只注重自己应该怎样说下去，绝不管人家要怎样说。须知世界上多半是欢迎专听人说话的人，很少欢迎专说自己话的人。

——（美国）麦克逊

以前，美国最大的一家汽车工厂准备采购一年中所需要的坐垫布。3家有名的厂家已经做好样品，并接受了汽车公司高级职员的检验。然后，汽车公司给各厂发出通知，让各厂的代表作最后一次的竞争。

有一个厂家的代表基尔来到了汽车公司，他正患着严重的咽喉炎。“当我参加高级职员会议时，”基尔在卡耐基训练班中叙述他的经历说，“我嗓子哑得厉害，差不多不能发出声音。我被带进办公室，与纺织工程师、采购经理、推销主任及该公司的总经理面洽。我站起身来，想努力说话，但我只能发出尖锐的声音。

“大家都围桌而坐，所以我只好在本上写了几个字：‘诸位，很抱歉，我嗓子哑了，不能说话。’

“‘我替你说吧。’汽车公司总经理说。后来他真替我说话了。他陈列出我带来的样品，并称赞它们的优点，于是引起了在座其他人活跃的讨论。那位经理在讨论中一直替我说话，我在会上只是做出微笑点头及少数手势。令人惊喜的是，我得到了那笔合同，订了50万码的坐垫布，价值160万美元——这是我得到的最大的订单。

“我知道，要不是我实在无法说话，我很可能会失去那笔合同，因为我对于整个过程的考虑也是错误的。通过这次经历，我真的发现，让他人说话有时是多么有价值。”

现实生活中就是有那么些人常常会犯一个毛病：一旦他们打开话匣就难以止住。

其实，这种人得不偿失，因为他们自己话说多了，既费精力，给他人传递的信息又太多，还有可能伤害他人；另外，他们无法从他人身上吸取更多的东西，当然问题不在于别人太吝啬，而是他不给别人机会。看来，那些说个不停者确实该改改了，否则会吃大亏。

如果有几个朋友聚在一起谈话，当中只有一个人口若悬河，其他人只是呆呆听着，这就成为他的演讲会了，会让在场的其他人感到无可奈何和愤怒。每一个人都有着自己的发表欲。小学生对教师提出的问题，争先恐后地举起手来，希望教师让自己回答。即使他们对于这个问题还不是彻底地了解，只是一知半解地懂了一些皮毛，还是要举起手来的，也不在乎回答错误要被同学们耻笑，这就说明人的表现欲是天生的，因为小学生远不如成年人有那么多顾虑。成人们听着别人在讲述某一事件时，虽然他们并不像小学生那样争先恐后地举起手来，然而他们的喉头老是痒痒的，恨不得对方赶紧讲完了好让自己讲。

阻遏别人的发表欲，人家一定对你不高兴，你在此情况下很难得到别人的认同，为什么要做这样的事呢？你不但应该让别人有发表意见的机会，还得设法引起别人说话的欲望，使人家感觉到你是一位使人欢喜的朋友，这对一个人的好处是非常之大的。

美国著名记者麦克逊说：“不肯留神去听人家说话，这是不受人欢迎的原因之一。一般的人，他们只注重自己应该怎样说下去，绝不管人家要怎样说。须知世界上多半是欢迎专听人说话的人，很少欢迎专说自己话的人。”这几句话是确确实实的。因此，在与人交谈的过程中，我们与其自己唠唠叨叨地多说废话，还不如让别人去说话，反而会得到意想不到的成功。如果能够给别人说话的机会，你就会给人留下一个好印象，以后，别人就会更愿意与你交谈了。

第三章

我们的身体在“说话”——身体语言

皇后与妃子的不同命运——表情

一个人，他心灵的每一个活动都表现在他的脸上，刻画得非常清晰和明显。

——（法国）狄德罗

俗话说：“出门看天色，进门看脸色。”无论做什么事、对什么人，只有先察言观色一番，摸清对方的心思后，再付诸行动，才能做到万无一失。

中国民间就有这样的说法，老人总是告诫小孩子要学会“看眼色”，也就是从对方的神态表情和其他身体语言中探知对方的心，从而做出一些顺从对方的事情，或者避免做出一些让对方不满意的事情。

关于“看人脸色”，有一个关于康熙皇帝的故事。

据说康熙皇帝到了晚年，由于年纪大了，便有了一个怪脾气——忌讳人家说老。左右的臣子们都知道他这个心思，一般情况下都尽量避免说“老”。

有一次，康熙率领一群皇妃去垂钓，不一会儿，渔竿一动，他连忙举起钓竿，只见钩上钓着一只老鳖，心中好不喜欢。谁知刚刚拉出水面，只听“扑通”一声，鳖却脱钩掉到水里又跑掉了。康熙长吁短叹，连叫可惜，在康熙身旁陪同的皇后见状连忙安慰说：“看样子这是只老鳖，老得没牙了，所以衔不住钩子了。”

话音没落，旁边另一个年轻的妃子却忍不住大笑起来，而且一边笑一边不住地

看康熙。康熙见了不由得脸涨得通红，他认为皇后是言者无心，而那妃子则是笑者有意，是含沙射影，笑他没有牙齿，老而无用了，于是将那妃子打入冷宫。

为什么皇后在说话时明显说到“老”字，康熙并没有怪罪她，而妃子只是笑了笑，康熙却怪罪她呢？康熙不服老，忌讳别人说他老，一旦有人涉及这个话题，心理上就承受不了。但由于皇后与妃子同康熙的感情距离不同，他对二人的态度也不同。皇后说的话，仔细推敲一下，有显义和隐义两个意义，显义是字面上的意义，因为康熙与皇后的感情距离较近，他产生的是积极联想，所以他只是从字面上去理解，知道皇后是一片好心的安慰。妃子虽然没有说话，只是笑了一笑，但她是在皇后所说的话的基础上故意引申，是把那只逃掉了的老鳖比作皇上，是对皇上的不敬。

所以，同样的问题，同样的环境，由于不同的人物有不同的理解，便会有不同的结果。正所谓“说者无心，听者有意”，实际上究其原因，还是那个妃子没有用心去观察皇帝脸色的缘故。

那么，怎么看人的脸色呢？其实很简单，通过对方的表情，我们就可以得知对方的心理。根据心理学家评估，人的表情非常丰富，大约有 25 万种。所以，表情能全方位地表现人们的心情不足为奇。问题是，面对如此丰富的表情，要去辨别该从何着手？

1. 表情变化的时间

观察表情变化时间的长短是一种辨别情绪的方法。每个表情都有起始时间（表情开始时所花的时间）、表情停顿的时间和消逝时间（表情消失时所花的时间）。通常，表情的起始时间和消逝时间难以找到固定的标准，例如，一个惊讶的表情如果是真的，那么它完成的时间可能不到 1 秒钟。所以，判断一个表情持续的时间更容易一些。因为通常的自然表情，并不会那么短暂，有的甚至能持续 4 ~ 5 秒钟。不过，停顿的时间过长，表情就可能是假的。还有，超过了 10 秒钟的表情（除了那些感情极其强烈的情绪感受），就不一定是真实表现了，因为人类脸上的面部神经非常发达，即使是非常激动的情绪，也难以维持很久。于是，要判断一个人的情绪真假，从细微的表情中也能发现痕迹，只需要人们不断地进行细微的观察。

2. 变化的面部颜色

通常，人的面部颜色会随着内心的转变而变化，这样，表情就有不同的意义了。因为面部的肤色变化是由自主神经系统造成的，是难以控制和掩饰的。在生活中，面部颜色变化常见是变红或者变白。红色表示害羞或者尴尬，而通红则表示愤怒；如果是变白，就表示痛苦、压力、惊惧等。所以，上述故事中乾隆皇脸涨得通红是由于极度愤怒，那名妃子不知惹怒了他，被打入冷宫也就不足为奇了。

所以，我们在日常交际中也要仔细观察对方的脸色，千万不可触及雷区，否则很有可能导致交往失败。

一双“死鱼般”的手——握手

万人丛中一握手，使我衣袖三年香。

——龚自珍

在某公司的一次宴会上，经理对秘书说：“我不想和那个客户做生意，他是我见过的握手最无力的人，他的手冷冰冰的，我们之前握过几次手，可是他的手一次比一次冰冷，他让我觉得仿佛握着一条死鱼，我现在对他这个人充满怀疑，因为双手冰冷、握手软弱无力的人缺乏活力，缺乏真诚。接下来的宴会多注意他，不要让他给今天的客人带来不快。”秘书听后，立即找了几个人绊住了那位客人，一直到宴会结束他都没法脱身，更别说与现场其他人交流合作了。

事实上，用力握手是一门学问，握手愈用力愈可以给对方留下深刻的印象。反过来说，若是对方用力地握你的手，你就会下意识地用力握下去。握手，按字面理解为手与手的结合，也是一种心与心的沟通，即人们能够从中感到一种强烈的连带关系。握手可以表现出一个人是否饱含真诚。真诚的人握着你的手的时候是暖暖的，虽然他的手的实际温度或许并不高，但他的真诚通过两只手热情地传递出来，让人对他产生一种信赖和好感。

既然握手的学问如此之多又如此重要，那么在宴会上，我们行握手礼时应该注意哪些事项呢?

1. 握手要专心致志

当你和别人握手的时候，一定要认真地看着对方，面带笑容，必要时寒暄两句，切忌默默无语。

2. 握手停留的时间和力度

一般来说，两个人握手应该停留的时间在 3 ~ 5 秒，稍微握一握，再晃一晃，稍许用力，握力在两千克左右最佳。

3. 伸手的前后顺序

如果说介绍双方时，先介绍地位低的，地位高的人先伸手；男士和女士握手，女士先伸手；长辈和晚辈握手，长辈先伸手；上级和下级握手，上级先伸手。实际上这主要是表示前者对后者的接纳。

如果客人和主人握手，客人到来时，一般主人先伸手，表示欢迎，而客人离开的时候，一般是客人先伸手，意为让主人留步。

4. 握手的 6 个避讳

（1）忌目光游移。握手时精神不集中，四处顾盼，心不在焉。

（2）忌交叉握手。当两人正握手时，跑上去与正握手的人相握，是失礼的。

（3）忌敷衍了事。握手时漫不经心地应付对方。

（4）忌该先伸手不伸手。

（5）忌出手时慢慢吞吞。对方伸出手后，我们自己也应迅速伸出手相握，不应慢慢吞吞。

（6）忌握手时戴着手套或不戴手套与人握手后用手巾擦手，那会让别人误以为你觉得对方的手脏，是很失礼的。

熊抱过后——拥抱

人就像藤萝，他的生存靠别的东西支持，他拥抱别人，就从拥抱中得到了力量。
——（英国）蒲柏

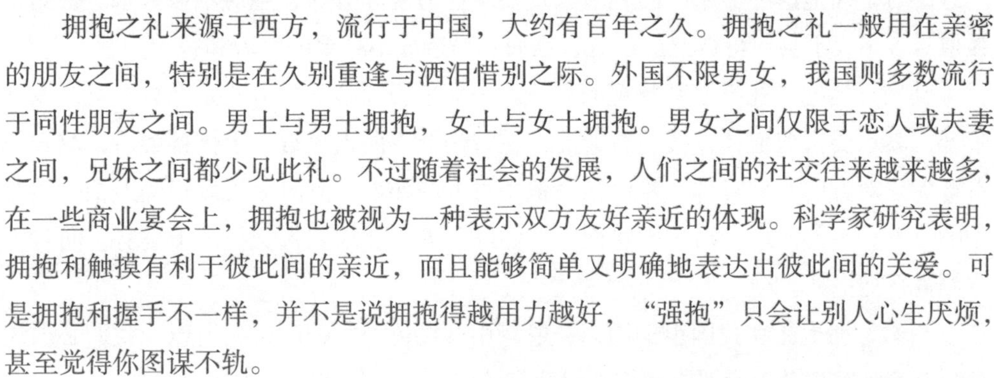

拥抱之礼来源于西方，流行于中国，大约有百年之久。拥抱之礼一般用在亲密的朋友之间，特别是在久别重逢与洒泪惜别之际。外国不限男女，我国则多数流行于同性朋友之间。男士与男士拥抱，女士与女士拥抱。男女之间仅限于恋人或夫妻之间，兄妹之间都少见此礼。不过随着社会的发展，人们之间的社交往来越来越多，在一些商业宴会上，拥抱也被视为一种表示双方友好亲近的体现。科学家研究表明，拥抱和触摸有利于彼此间的亲近，而且能够简单又明确地表达出彼此间的关爱。可是拥抱和握手不一样，并不是说拥抱得越用力越好，“强抱”只会让别人心生厌烦，甚至觉得你图谋不轨。

庄熊真是人如其名，长得虎背熊腰，留学回来办了个玻璃制品厂，生意不错。为了感谢镇领导的鼎力支持，也为了迎接新的镇长，庄熊在镇上最好的饭馆摆了一桌酒席，请几个领导前来赴宴。领导们都来了，庄熊发现新来的镇长是自己的中学同学，心中一阵激动，上去一个熊抱，嘴里不住地说：“丁文，是你啊，我是庄熊啊，记得不？没想到你当镇长啦！咱们好多年没见了……”庄熊一个劲地“怀旧”，完全不顾及昔日的老同学、如今的镇长瘦弱的体格吃不消他的过度“热情”，已经快窒息了。只听见镇长勉强从庄熊的胸口发出微弱的声音："庄熊，我记得你，你放开说话，这样太难看了。"庄熊这才松开了手，接着他发现旁边那个女士是自己小学同桌，又想熊抱过去。只见那位女士微微一闪身，伸出手说："没错，我是你的小学同桌，不过你那套外国人的礼仪不要用在我的身上，我受不住这个。"庄熊这才醒悟过来，挠挠脑袋，傻笑两声，伸出了自己的手："别误会，我可绝对没有图谋不轨的意思啊！"

虽然老朋友久别重逢时，拥抱可以热烈一些，但也不必太过热情，以至于达到强抱的地步。庄熊的表现大概是受留学的影响，我们在给予理解的同时，自己也要注意，对于拥抱这种舶来品的礼节一定要掌握力度和分寸，绝对不可强求。否则，强抱对方不仅不会使得彼此更亲近，反而容易造成不必要的误解和尴尬。

其实，拥抱之礼有着其特定的方式。一般来说拥抱礼的方式是双方相对，双臂张开，表示要行拥抱礼，接着右臂高，左臂稍低，两人靠近，上体接触后，双方用右臂拥住对方的左肩背部，左手稍微抱持对方的腰部，有时手可以轻轻地拍一拍对方的背部，头部向左，口称"欢迎""你好"等，然后二人交换一下姿势，向对方右侧再行拥抱礼。

当然，拥抱礼在我国很少用，一般只用在接待外宾的时候，所以，我们必须注意只有当外宾主动表示要行拥抱礼时我们才响应，一般不应采取主动。

颤腿的小伙子——站姿

坏习惯是在不知不觉中形成的。

——（古罗马）奥维德

姿势一般反映的是个人对自己和他人的看法，站姿也是如此。如果仔细揣摩你就会发现，即使是站立这种简单的动作，也能成为观察一个人的肢体语言。

今天是张强父亲新公司开业的日子，张强代表父亲在饭店大门口接待宾客。20岁的张强打扮得很精神，一身黑色的西服搭配一条银灰色的领带，俨然就是个小绅士。可是张强有个习惯：一紧张腿就抖个不停。从开始迎宾，他的腿就一直在哆嗦，甚至还随着迎宾曲打拍子，节奏感十足，好不惬意的样子。前来的每一个宾客都会不由自主地看他两眼。这时张强的外婆由舅舅搀扶着进来了，尽管老人家一把年纪了，可是眼里揉不得沙子。

外婆说："张强啊，今天是你爸新公司开业的重要日子，除了咱们家里的人，来的大多是你爸生意上的朋友，你的接待工作可是相当重要啊！"

张强拉着外婆的手说："外婆，您就放心吧，我一定做好接待的工作。"

外婆点点头，接着说："今天你是挺精神的，不过就是有个小毛病需要注意一下。"

张强从头到脚仔细打量了自己一番，说："哪有什么小毛病啊，我觉得很好啊。"

"是啊，今天你这身衣服很得体，可是你那条腿为什么一直抖个不停呢！你冷啊？"

张强不好意思地说："呵呵，习惯了，没注意。"

"别抖了，抖得我的心都跟着你抖了，这么多客人进进出出，你往这一站，腿抖个不停，多难看啊，尽招人家笑话！"外婆严肃地说，"看看你自己，你爸拿你装门面呢，你倒好，迫不及待地显示自己的没教养，别人看了，会笑话你爸没把你教好。儿子都没教好，别人还会相信你爸能把手下的人教好，能把公司管理好吗？"听了外婆的训斥，张强面红耳赤，改掉了抖腿的毛病。

在人际交往中，抖腿给人不稳重的感觉，别人会认为你缺乏教养。喜欢抖腿是下意识的一种表现，它不是病也不需要医药来治疗，但是在社交场合一定要避免出现抖腿现象，因为抖腿不仅影响了人的站姿，还使得整个人的形象轻浮。那么，怎么站才是标准的站姿呢？心理学家认为，每个人不同的站姿对其精神和心态都有集中体现。但标准的站姿应该是这样的：两脚并拢，自然站立，不表达任何去留的倾向，但多展现服从的情绪。例如，学校的学生们在跟老师说话时，公司的下级跟上级汇报工作时，常采用这个姿势。

当然，如果你觉得这样的站姿不能足够表达你的自信，还可采取下述的站姿：站立时，挺胸、抬头、两腿分开直立，像一棵松树般挺拔。一般具有这样站姿的人都自信且有魄力，做事雷厉风行，并且往往很有正直感、责任感。

总而言之，站姿很重要，千万不能让一些不好的习惯影响了你的站姿，并进一步影响你的社交活动。

被看出心理的客人——坐姿

> 习惯支配着那些不善于思考的人们。
>
> ——（英国）华兹华斯

身体语言学家指出，人的身体是一个奇妙的信号发射台，每一个动作都将构成丰富多彩的身体语言。而坐姿也是人类身体与外界沟通的一种途径，它反映出一个人的心理动向。

一天，张民应邀参加一场宴会，到达现场的时候，已经来了不少客人。张民入座后，发现同桌的客人都在听一位客人在讲述什么。原来，这位客人是个心理咨询师，正在向大家讲一些心理学方面的趣事，还教大家怎么去看人。

张民也很感兴趣，不过由于来得晚，感觉自己贸然插话显得很不礼貌。于是，他只是坐在那里津津有味地听着。

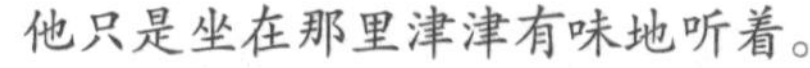

这时，那位心理咨询师发现了他沉默却又渴望的眼神，然后，笑着说："这位先生，你好，欢迎你加入我们。"张民意识到对方是在跟他说话时，很是惊讶，不过他还是稍稍摇了摇头拒绝了。

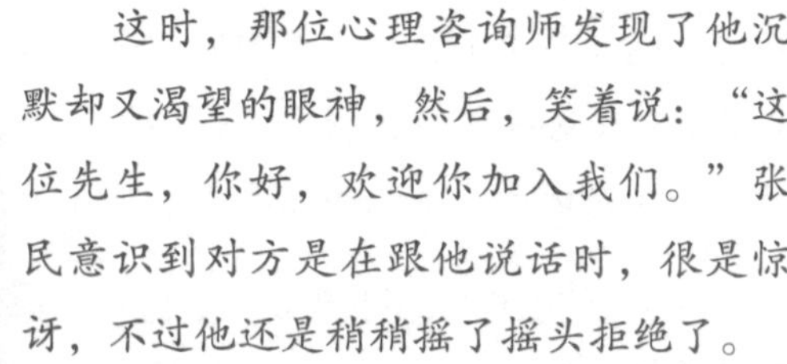

那位心理咨询师看出了张民拘束，没再对他说话，又和其他人聊了起来。饭后休息时，他走过来对张民说："大家都很友好，都是宴会主人的朋友，不需要太拘束啊。"张民说："是啊，我知道，我就是这样的性格。"心理咨询师又说："我是个直接的人，说了什么还请不要介意啊。你好像是不太擅长社会交际啊，我能感觉到你刚刚明明是想加入我们的，可是你最终还是选择了放弃。是不好意思吗？”被人看出自己的害羞，张民很压抑，其实，他人高马大，一点都不像个害羞的人，以往别人都会觉得他的不善交际是性格傲慢，从没人将他的态度与害羞联系起来。“你是怎么看出来的呢？”张民很好奇。“你的坐姿告诉我的啊，你看，你从一进来入座就保持两膝盖并在一起，小腿随着脚跟分开呈八字形，两手相对，夹在膝盖中间的坐姿，饭后休息了，又恢复到这个坐姿，可见你是个比较腼腆的人。呵呵，不要介意啊，我的职业病。”

“没关系，你说得很对，我性格比较腼腆一些。”张民说。

后来，那位心理咨询师又给张民分析了几种坐姿，张民听了觉得受益很多。

上述故事中的心理咨询师就是通过张民的坐姿看出其性格的。坐姿通过有意识或无意识的变化，向外界发送思想、情感信息，从而反映出一个人的心态、个性以及一些观念。

大学毕业前的最后一顿饭——手势

手应该像脸一样富有表情。

——（法国）德拉克洛瓦

为了沟通、交流，更好地表达自己的意思，人们常常会利用手来做辅助。因为很多时候仅依靠嘴来进行交流显得力不从心，所以社会交往中，手势已经成为其中重要的一部分。同时，这些手势除了表面的含义外，还隐含了更多的意思。

行为学家曾形象地比喻说：“手势是人的第二张唇舌。”人们的种种心理通过千姿百态的手势体现出来，有时手势甚至比言语更能传达说话者的心思。

很快就要大学毕业了，毕业后，大家就各奔东西、各奔前程。面对即将离别的现实，虽然大家都很感伤，在饭桌上却没有表现出来。这时班长站了起来，只见他左手端着酒杯，右手食指一个一个指着在座的同学诉说着四年来的点点滴滴。

正当班长说到兴头上时，一位平常不怎么说话的同学站了起来。他说：“班长，四年了，你对大家一直照顾有加，大家不会忘记你的。希望在不久的将来你能事业有成。”

班长指着他说：“谢谢啊，承你贵言啊！这四年来，大大小小的会从没见你发过言，这回竟然主动发言，真是不容易啊！”

那位同学说：“既然班长这么说，那我今天就多说两句。班长，这几年我一直想找你说点事，这样吧，今天是咱们的散伙饭，我给大家讲个故事，缓和一下离别在即的伤感情绪。我不会说话，说得不好的地方还请大家见谅。话说苏东坡某日去拜访好友佛印，问佛印看他像什么，佛印说像一尊佛。苏东坡又问：‘你可知我看你像什么？’佛印不知。苏东坡说：‘我看你像一堆屎！’说罢哈哈大笑。回家后苏东坡得意地向苏小妹提起此事，以为自己占了很大的便宜，苏小妹说：‘哥哥你错了。佛家说，佛心自现，你看别人是什么，就表明你看自己是什么。’故事并不算长，但是寓意是一目了然的。他人是我们的另一面镜子，让我们可以反观自我，时时处处检验自己的言行举止。善良的人看到的是别人的善良和优点，心胸狭窄的人看到的是别人的小肚鸡肠，宽容的人看到的是广博的世界。佛心自现，他人是另一个自我。记住，当你用手指着别人时，有 3 个手指是指向自己的。这就是我要给大家讲的故事，希望这个故事对大家以后的生活有所帮助。”

这位同学坐下后，班长明白了他在故事中隐含了一直想对自己说的话，于是将酒杯换到右手上，放下了自己的左手。

现实生活中，有些人说话时喜欢像案例中的班长那样以手比画应景，这是没有礼貌的行为，尤其在宴会中，这样的表现体现出了对别人的不尊重，会严重影响对方的情绪。

所以，我们在日常生活中一定要注意手势的运用。到底怎么运用手势才是正确的呢？主要有以下几个注意点：

1. 正面面对他人，竖起大拇指

这个手势表示对他人的称赞，表示“好”“很棒”“第一”“厉害”的意思。在生活中，我们在真诚地赞赏他人时，还应当配合其他非语言的信号，例如，面带微笑，能更好地传达自己的意思。

2. 食指弯曲与拇指接触呈圆形，其余三指张开

这个手势是从美国开始频繁被使用的，表示“OK”“很好”的意思。它是我们经常使用的手势。但在不同国家，这个姿势有着不同的含义。例如，在日本，这个姿势表示金钱的意思。

3. 伸出食指与中指，其他手指蜷曲

这个手势在手心向外的时候，表示“胜利”。而在受到英国文化渲染的地区，它也常常用于表示“举起双手或者抬起头”。但这个手势变成手心向内的时候，就是一种侮辱性的表达，近似于“去你的”。不过，欧洲的某些地方，手心向内的手势，没有其他含义，仅仅表示数字“2”。

4. 翘起食指和小指，其他三个手指握在一起

这个手势在美国有两种说法，一说指长角美式足球队，因为小布什很喜欢得克萨斯州的长角美式足球队，而常使用这个姿势表示喜爱和支持。另一说指的是摇滚音乐迷的手势，指“继续摇滚”的意思，而得克萨斯大学运动队的啦啦队习惯用这一手势为队员加油，以表示“出色、极好”。有时，在美国，若要称赞某人很棒时，你也可以使用这个手势。

5. 紧握手指，呈拳头状

紧握的拳头，在人们面前是一种力量的体现。这一衍生于搏斗的姿势，可以用于进攻与防守。如果在生活中运用这种手势，则是在向他人表示：“我是有力量的。”“我不怕你，要不要尝尝我拳头的滋味？”是一种示威和挑衅的动作。

6. 其他手势

除了上面这些以外，还有很多手势，例如，亲吻手指指尖，即飞吻，表示对对方的爱慕；竖起小指表示轻蔑；竖起中指则有侮辱的含义；伸出一个手指指向别人有命令和轻蔑的意思等。

蕨菜和它的小花朋友——距离

> 君子之交淡若水，小人之交甘若醴；君子淡以亲，小人甘以绝。
>
> ——庄 周

蕨菜和离它不远的一朵无名小花是好朋友。每天天一亮，蕨菜和无名小花就扯着嗓子互致问候。日子久了，它们都把对方当成自己最知心的朋友。同时，它俩发现，由于相距较远，每天扯着嗓子说话很不方便，便决定互相向对方靠拢，它们认为彼此之间距离越近，就越容易交流，感情也越深。于是，蕨菜拼命地扩散自己的枝叶，它蓬勃地生长，舒展的枝叶像一把大伞，无名小花则尽量向蕨菜的方向倾斜自己的

茎枝，它俩的距离越来越近了。

可是，不久，出人意料的事情发生了：由于蕨菜的枝叶像一柄张开的大伞，它不仅遮住了无名小花的阳光，也挡住了它的雨露。失去阳光和雨露滋润的无名小花日渐枯萎，它在伤心之余，不再与蕨菜共叙友情，相反，认为是蕨菜动机不良，故意谋害自己，便在心里痛恨起蕨菜来。蕨菜呢，由于枝叶过于茂盛，一次狂风暴雨后，它的枝叶被折断了许多，身子光秃秃的。看着遍体鳞伤的自己，蕨菜把这一切后果都归咎于无名小花，如果没有无名小花，它也绝不会恣意让自己的枝叶疯长的。于是，一对好朋友便反目成仇了。

其实，距离是人际关系的自然属性，亲密的两个朋友也不例外。你们成为好朋友，只说明你们在某些方面具有共同的目标、爱好或见解，但并不能说明你们之间是毫无间隙，可以融为一体的。过于亲近有时会被刺伤，过于疏远又感受不到友情的温暖，只有把握好相处的距离，才能让友谊之树常青。

交朋友要注意距离，与陌生人或者不熟的人相处更要注意距离。既然如此，我们该怎样区分不同的对象，把握彼此间的距离度和个人空间呢？心理学认为，人与人相处的过程中，由于关系不同，个人空间尺度是不一样的，具体可分为以下几种：

1. 亲密距离

这个交际距离若经过量化大致是 0 ~ 45 厘米。由于这种距离会引起人们之间的身体接触，所以通常只在极亲密的人间使用，如情侣、父母等。其他人若进入这个区域或碰触自己的身体，将会产生被侵犯的感觉。例如，被医生触摸身体，在公车上人与人之间的碰撞等。

2. 私人距离

在非正式的交谈场合，如和友人聚合、亲朋聚餐时，人们会保持此距离，大约为45 ~ 120厘米。通常这种距离在熟悉的人之间使用，显得双方既亲切又不过分亲密。

3. 社交距离

在与陌生人打交道时，例如，在社会交谈和商贸谈判中，人们会使用这个距离，经过量化是 2 ~ 3.6 米（普通的商务活动和业务洽谈等不属于这个范围）。这一距离既能促进双方交谈，又不会有侵犯和不礼貌的嫌疑。

4. 公共距离

当我们需要在众人面前演讲或发言时，使用的基本是这个距离，为 3.6 米以上。所以，它主要适合于和一大批人打交道的时候。在这一距离疏远的情况下，演讲者或发言者才会感到舒服，有畅所欲言的愿望。

所以，我们在与人相处的时候一定要对距离问题引起重视，与不同的人保持不同的距离，千万不能贸然地闯入别人的个人空间，那样不仅无助于社交成功，还可能招致别人的反感和厌恶，实在是得不偿失。

第四章

察言观色，瞬间读懂你周围的人——读人

刘宰破案——识破心虚

有弊病的人心虚，带脊疮的马胆怯。

——谚 语

说谎者在说谎时往往有心虚的感觉。有时候，说谎的人只有一点点罪恶感；有时候，罪恶感会很强烈，以致露出漏洞，使对方很容易揭穿谎言。十分强烈的罪恶感会使说谎的人痛苦难当，会令说谎者觉得说谎很划不来，简直像是受罪。虽然承认撒谎会受到处罚，但是为了要解除这种强烈的罪恶感，说谎的人很可能会决定还是坦白招认比较好。

说谎者因为这种难以消除的害怕感和心虚感，将会让我们成功地辨认出其谎言。

宋宁宗年间，刘宰出任泰兴县令。一次，一个大户人家丢失了一支金钗，四下寻找不见，告到县上。刘宰调查后，了解到金钗是在室内丢失的，当时只有两个仆妇在场，但谁也不承认拿了金钗。

刘宰将两人带到县衙，安置在一间房子里，也不审问。众人都很困惑，刘宰却像没事人一样，饮酒散步，与大家闲谈。

到了天黑以后，刘宰拿着两根芦苇走进关押仆妇的房间，每人给了一根，说道："你们好好拿着芦苇，明天我要根据芦苇决案，谁要真偷了金钗，芦苇就会长出二

寸来。”说罢关门走了。

第二天，仆妇被带到堂上。刘宰取过芦苇审视，果然一支长出二寸。刘宰嘿嘿一笑，却指着手持短芦苇的仆妇大声喝道：“你如何盗得主人金钗？还不从实招来！”那个仆妇听得战战兢兢，当即跪倒在地，口中喃喃道：“是我拿了金钗，大人如何知道？”

刘宰答道：“我给你们二人的芦苇是一样长的，你若心中没鬼，如何要偷偷截去一节？”仆妇方知上了当。

刘宰正是因为知道撒谎的仆妇有恐惧和心虚感，才使用这个测试办法，使其自我暴露，辨识出了说谎者。

我们还可以依照生理、心理学原理通过情绪紧张与否判断是否说谎。

利用情绪与生理变化的关系来识别谎言的方法主要有两种。第一种，是让嫌疑人吃稻米做的蛋糕，观察他在强大罪恶感压力下咽下蛋糕的表现。如果嫌疑人被蛋糕噎住，那么他就被认为说谎了。第二种，是“嚼米审判”，即让嫌疑人抓一把炒米放入自己口中，嚼碎后马上吐出来。如果这个人能马上吐出来，则证明是诚实的，反之则是说谎。其原理就是：那些撒了谎且担心被识破的人，心里比较紧张，消化功能受到抑制，唾液分泌会减少，从而吞咽蛋糕和吐出炒米时比较困难；那些诚实的人不会觉得紧张，因而他们的消化系统不会受到抑制，唾液分泌正常，吞咽和吐出食物都较顺利。

英国人通过观察嫌疑人吃面包和干奶酪的顺利程度来判断其是否说谎；可见利用对方的心虚来点破他的谎言是一种行之有效的方法。

韩非子讲故事——主观臆断

事不目见耳闻，而臆断其有无，可乎？

——苏 轼

当我们喜欢一个人时，就会忽略他们的缺点而肯定他们的一切；当我们讨厌一个人时，就会忘掉（或忽略）他们的优点，单挑他们的弱点而否定他们的一切。

例如看到一个人衣着整洁，对他印象不错，则很可能认为他做事细心，有条理，甚至负责任；反之，若对某个人印象欠佳，就往往忽视他的优点。

韩非子曾讲了一个耐人寻味的故事：卫灵公非常宠爱一个叫弥子瑕的美貌少年。一天夜里，这位少年家中传来他母亲患急病的消息，弥子瑕撒谎说已得到卫灵公的允许，就乘王室的牛车赶回家探望母亲。按理说，随乘国王的车是要被处以刖刑的。但卫灵公知道这事后却说：“冒刖刑之险，赶赴母亲病床前，是好样的。”

有一天，弥子瑕同卫灵公在花园里散步。花园里的桃子看上去甜得很，弥子瑕就尝了一口，果真非常好吃。弥子瑕把咬过的桃子递给卫灵公，卫灵公又大加赞赏说：“有好吃的东西不独吞，而是让给我，真是好样的。”

几年过去了，长大了的弥子瑕渐渐失去了少年时代的美貌，卫灵公对他也不那么宠爱了。卫灵公想起过去的事来：“你扯谎，说得到我的允许，乘了我的牛车；另外还让我吃你吃过的桃子，该当何罪？”于是卫灵公处罚了弥子瑕。

有的人喜欢想当然地去识别别人，没有事实根据，全凭感觉。其实，我们不应该只凭主观臆测来识别别人，那不过是一种凭空猜测，很有可能会造成误读。

从前有一个人遗失了一把斧头，他怀疑被隔壁的小孩偷走了。于是，他就暗中观察小孩的行动，不论是言语与动作，或是神态与举止，怎么看都觉得那小孩像是偷斧头的人。因为没有证据，所以也就没有办法揭发。隔了几天，他在后山找到遗失的斧头，原来是自己弄丢的。从此之后，他再去观察隔壁的小孩，再怎么看小孩也不像是会偷斧头的人。

认识一个人，切忌以自己的主观想象作为衡量别人的标准。主观意识太强，经常会造成识人的错误与偏差。

识人难，但也有规律可循，重要的是我们应该学会客观而辩证地看待一个人。仅凭原有的印象或者经验就给他人下结论显然有失公允。

揭穿骗局的铁匠——洞察谎言

> 你在信任一个人之前，先要深入地了解他。
>
> ——（古希腊）西塞罗

说谎者往往利用一个道具或论据来支撑起整个骗局，此时我们只要不被他们表面的言语所迷惑，认真思考、冷静分析和判断，就能洞察他们的谎言。

燕王有收藏各种精巧玩物的嗜好。有时他为了追求一件新奇的东西，甚至不惜挥霍重金。“燕王好珍玩”的名声不胫而走。

有一天，一个卫国人到燕都求见燕王。他见到燕王后说：“我听说君王喜爱珍玩，所以特来为您在棘刺的顶尖上刻猕猴。”

燕王一听非常高兴。虽然王宫内有数不尽的稀世珍宝，可是从来还没有听说过

棘刺上可以刻猕猴。因此，燕王当即赏赐那个卫国人。

随后，燕王对那卫人说："我想马上看一看你在棘刺上刻的猕猴。"那卫人说："棘刺上的猕猴不是一件凡物，有诚心的人才能看得见。如果君王在半年内不近女色，戒酒戒肉，并且要在一个雨过日出的天气，抢在阴晴转换的那一瞬间才能看到那棘刺上的猕猴。"

为了能看到棘刺上刻的猕猴，燕王只好拿俸禄先养着那个卫人，等待机会再看。

有个铁匠听说了这件事以后，觉得其中有诈，于是去给燕王出了一个主意。铁匠对燕王说："在竹、木上雕刻东西，需要有锋利的刻刀。被雕刻的物体一定要容得下刻刀的锋刃。我是一个打制刀斧的匠人，据我所知，棘刺的顶尖与一个技艺精湛的匠人精心制作的刻刀锋刃相比，其锐利程序有过之而无不及。既然棘刺的顶尖连刻刀的锋刃都容不下，那怎样进行雕刻呢？如果那卫人真有鬼斧神工，必定有一把绝妙的刻刀。君王用不着等上半年，只要现在看一下他的刻刀，立即就可知道用这把刀能否刻出比针尖还小的猕猴。"

燕王一听，拍手说道："这主意甚好！"

燕王把那卫人招来问道："你在棘刺上刻猴用的是什么工具？"

卫人说："用的是刻刀。"

燕王说："我一时看不到你刻的小猴，想先看一看你的刻刀。"

卫人说："请君王稍等一下，我到住处取来便是。"

燕王和在场的人等了约一个时辰，还不见那卫人回来。燕王派侍者去找。

侍者回来后说道："那人已不知去向了。"

铁匠用推理的方法揭穿了骗子所设的骗局，尽管骗子很懂得他人的心理，又很会演戏，巧舌如簧，伪装得几乎滴水不漏。

但是，假的毕竟是假的。只要你注意观察，细加分辨，就会发现，在他精心编织的谎言下，仍有大量的破绽和漏洞。这时只要点出说谎者的破绽，抽掉谎言赖以成立的支撑点，即可让谎言无处遁身。

御史巧计救李靖——以谎试谎

以谎试谎，揭穿小人的把戏。

——谚 语

通常情况下，谎言有两种，一种是掩盖和隐藏，另一种是编造和篡改；前者不容易被识破，而后者却很容易露出破绽。因为编造和篡改的情节都是无中生有的，并非说谎者亲身经历的，所以不会留下深刻的印象。当说谎者不断重复谎言时，难免会出现自相矛盾的地方，只要我们留心观察和分析，就很容易识破谎言。

唐朝初年，李靖担任岐州刺史时，有人向当时的朝廷告他谋反。唐高祖李渊派了一个御史前往调查此事。御史是李靖的故交，深知李靖的为人，他心里很清楚李靖遭到了奸人的诬陷，因此便想办法要救李靖，替李靖洗清白之冤。于是便向皇帝请旨，请告密者共同前去查办此案。皇帝准奏，告密者也高兴地答应下来。途中，御史假说检举信丢失了，观察告密者以后的动作反应。

御史佯装害怕的样子，不停地向陪伴的告密者说："这可如何是好！身负皇上之托，职责所在，却丢失重要证据，我可真的难辞其咎

了”！说着，御史便发起怒来，鞭打随从的典吏官。他的举动使告密者确信检举信已丢失。

御史无奈地向告密者请求：“事已至此，只好请您重写一份了。否则，不仅我要担负不能办成查访之任的罪责，您的检举得不到查证，就没办法让皇上论功行赏了？”

那人一想不错，赶紧去重写。根据想象，又凭空捏造出一份来。御史接到信件，拿出原信一比较，只见大有出入：除了告李靖密谋造反的罪名一样，而所举证据都换了模样，细节更是大相径庭，时间、人物都难以对上号，一望即知是胡编乱造的诬告信。

御史笑笑，立刻下令把告密者关押起来。随后拿着两封检举信赶回京城，向唐高祖禀告原委。唐高祖大为震怒，竟然有人敢诬陷大唐的开国元勋，一气之下杀掉了诬告人。

整件事情的峰回路转，归功于御史巧妙地引出说谎者前后不一的证据，成功地揭穿了诬告谎言，惩治了撒谎者。

事实上这种方法十分有效，不只是因为临时遗忘而编造另外的谎言能使人抓住自相矛盾的地方，即使事先有很充裕的时间来准备，说谎的人很谨慎地编造了台词，但假如他不够机灵的话，他也无法预期对方反问的所有问题，仔细想好所有的答案；而且，就算说谎的人很机警，当时的情况也会引出突发事件，本来说词是可以骗到别人的，但是一旦发生这种突然的改变，就会令说词出现漏洞。因此，我们就要为说谎者创造这样的“机会”，让他的谎言露出破绽。

第五章

一招制胜，攻破人心弱点——攻心

经理与科长的差距——转换立场

我们每个人都是平等的，你只有用爱来交换爱，用信任来交换信任。

——（德国）马克思

诸多实践证明，当你希望获取他人的信任时，不妨让对方充分说出他的意见，而你则在认真倾听的同时，随时保持询问对方意见的风度，以尽力从对方的角度去思考问题，这样必可避免许多不必要的冲突，使取信于人变得更加容易。

张磊是一家电气公司的一位科长，他一向知人善任，并且每当推行一项计划时，总是不遗余力地率先做榜样，将最困难的工作揽在自己的身上，等到一切都上了轨道之后，才将工作交给下属，而自己退居幕后。虽然，他这种处理事情的方法很好，但他太喜欢为他人表率，所以常常让人觉得他太骄傲了。

最近不知怎么搞的，一向神采奕奕的张磊

显得无精打采。原来最近的经济极不景气，资金方面周转不灵，再加上预算又被削减，使得科里的机能差点停顿。

张磊看这种情形若继续下去，后果一定不堪设想。于是他实施了一套新方案，并且鼓励职工："好好干吧！成功之后一定不会亏待你们的。"没想到眼看就要达到目标，却还是功亏一篑，也难怪他会意志消沉了。

平日对张磊极为照顾的经理看到这些情形后，对他说："你最近看起来总是无精打采的，失败的挫折感我当然能够了解。我觉得你之所以会失败，是因为你只是一味地注意该如何实现目标，而忽略了人际关系这种软体的工程。如果你能多方考虑，并多为他人着想，问题就一定能够迎刃而解。"

经理停顿了一下，又接着说："大丈夫要能屈能伸，才能成为一个好的管理人员。我觉得你就是太急切了，又总喜欢为职工做表率，而完全不考虑他们的立场，认为他们一定能如你所愿地完成工作，结果倒给了职工极大的心理压力。大概也就是因为这个缘故，所以大家都说你虽能干，但你的部属都很为难。每个人都知道工作的重要性，所以你大可不必再给他们施加压力。你好好休息几天，让精神恢复过来，至于工作方面，我会帮助你的。"

要想获得别人的信任和体谅，并不是只靠热情与诚意便可取得成功的。或许你原本对自己的能干极有信心，但往往会因过分能干或热心，而给别人带来跟不上的感觉，自己也会有挫折感。这一切都是因为没有站在他人的立场，为他人着想。

信任是一种连接人与人之间的纽带。我们应当学会让自己表达出对他人的信任，善于将信任的感情传递给其他人。这样也是赢得他人信任的基础。

"表叔"出面好办事——攀亲拉故

一个人永远不要靠自己一个人花 100% 的力量，而要靠 100 个人花每个人 1% 的力量。

——（美国）比尔·盖茨

会拉关系的人，总是善于用"攀亲拉故"的方法加深自己与对方的关系，会给自己的拜访抹上一层浓郁而亲切的乡情。

科·阿基诺总统访问中国时，首先抵达的不是北京，而是沿着中国血统的菲律宾人当年曾经走过的足迹，直奔祖籍福建省龙海县(今龙海市)鸿渐村。在那里，科·阿基诺拜访叔叔、祭祀祖宗，与乡亲攀谈，并深情地说："我来中国不仅是为了国事，也是为个人家事，因为我既是一国首脑，在某种意义上来说又是这个村庄的女儿。"女儿回娘家，娘家自然待以百倍的热情。科·阿基诺的重访故里，为其成功访问北京，拉近了感情距离。

在中国古代，同样有这方面的经典案例。

清朝末期赵某，参加科举屡试未中，费尽气力最后总算得了一个秀才头衔，在偏僻的小山沟里当一个私塾先生，教村里几个儿童读书以换取日常之粮食与衣物。

赵某虽说不能金榜题名，但博学精深，对自己学生的教育非常重视。虽说山村偏僻，但在那里，西方的知识也有所传来，赵某异常欣赏，遂经常教这些知识给学生。

有一次，为了给学生建一间动植物标本保存室，他想方设法地去筹钱，村里借了，去邻村，邻村借了就到乡里……最后，在实无出路的情况下，他到了城里，希望找几个老乡想想办法。

当听说有一个老乡现已有家财万贯时，他欣喜若狂，满怀希望地前去借钱，却不料这位老乡吝啬异常，一个子儿也不给就把赵某赶了出来。

赵某遇到这种屈辱，心里气愤非常。不过，冷静之后，赵某想到这个老乡对村里特别是儿童教育还非常有用，跟他关系搞好了，以后的教育经费就好办了，于是，他想出了一计去见这位老乡。

那时不比现在，现在亲属辈分之间乱了套，大家也不会太在意。那时亲属辈分非常严格。爷是爷、叔是叔，就是你比人家大了十几岁甚至更大，但人家辈分比你高，你就得叫人家爷。

赵某找来族谱，经过认真查找，他发现传宗接代下来，自己比这位老乡高了一辈，严格上来说，这位老乡应叫赵某“表叔”，尽管赵某年龄只有31岁，而那位老乡年龄却有58岁了。

最后，在族谱的面前，这位老乡再也不敢如此嚣张了，在自己的长辈面前，他只有遵循那几千年来的“礼”，而赵某这时说什么话都响多了，最后轻松借到了所需的经费。

赵某在这里可以说出奇制胜，耍了一个花招，钻了一个空子，但从根本上说，就是他找到了与这位老乡的裙带关系，续上了血缘关系，在两重力量的压迫下，那位老乡的吝啬之心也不得不低头了。攀亲结交的技巧并不复杂，首先应当在与人初次见面时，运用各种方法拉近与对方的感情距离。感情拉近了，自然会变得熟悉起来。

心理学家认为，攀亲拉故在一定场合和情景下，可使陌生变得熟悉，疏远变得亲近，冷淡变得亲热，拒绝变成悦纳，阻挠变成支持。善于攀亲拉故的人容易与人产生共鸣，容易找到共同语言，也更容易得到帮助，它与互话家常同样起着缩短心理距离的作用。

亲者，近也；故者，旧也。亲与故，往往给人一种美好的回忆和情绪体验。心理学家认为，一个人对同一事物在不同地点很可能产生不同的情感，而环境影响往往是制约情感和情绪的重要因素。攀亲拉故，正是在不同环境里选择了相同的“亲”“故”之景，自然也就缩短了你对别人的心理距离。这也是一种赢得好人缘的艺术。

数字挑战法——提出挑战

接受挑战，就可以享受胜利的喜悦。

——（美国）巴顿

对有些人，当我们靠批评惩罚或者表扬等手段都说服不了的时候，我们可以考虑这样一种策略——给他人提出一种挑战，然后让他们自我面对。这也许比我们手拿鞭子紧随其后的效果要好得多。因为他们更清楚自己眼下的处境，更明白自己应该怎么去做。

查尔斯·史考伯曾说过：“要使工作能圆满完成，就必须激起竞争，提出挑战，激起超越他人的欲望。”史考伯是这么说的，也是这么做的。

有一次，查尔斯·史考伯到下面一家工厂去，工厂经理反映他的员工一直无法完成他们分内的工作。

他说：“我向那些人说尽好话，我又发誓又诅咒，我也曾威胁要开除他们，但一点用也没有，还是无法达到预定的生产效率。”

当时日班已经结束，夜班正要开始。史考伯要了一根粉笔，然后，他问最靠近他的一名工人：“你们这班今天制造了几部暖气机？”

“6部。”

史考伯一句话没说，只在地板上用粉笔写下一个大大的阿拉伯数字6，然后走开。

夜班工人进来时，他们看到了那个“6”字，就问这是什么意思。

“大老板今天到这儿来了，”那位日班工人说，“他问我们制造了几部暖气机，我们说6部。他就把它写在地板上。”

第二天早上，史考伯又来到工厂。夜班工人已把“6”擦掉，写上一个大大的“7”。

日班工人早上来上班时，看到了那个很大的“7”字。原来夜班工人认为他们比日班工人强，是吗？好吧，他们要向夜班工人还以颜色。他们热烈地加紧工作，那晚他们下班时，留下一个颇具威胁性的“10”字。

不久，这家产量一直落后的工厂，终于比其他工厂生产出更多的产品。

史考伯将“向对方适当提出挑战”的策略运用得恰到好处。

其实，这招在政治领域同样适用。如果没有人向他提出挑战，西奥多·罗斯福可能就不会成为美国总统。

当时，这位义勇骑兵队的一员刚从古巴回来，就被推举出来竞选纽约州州长。

结果，反对党发现他不是该州的合法居民，罗斯福吓坏了，想退出。但这时，托马斯·科力尔·普列特提出挑战。他突然转身面对罗斯福，大声喊道："圣璜山的这位英雄，难道只是一名懦夫？"罗斯福在这一激将之下继续奋斗下去，其余的事情就已成历史了。

一个挑战不只改变了他的一生，而且也影响了一个国家的命运。

任何成功者都喜爱竞技，因为那是一种表现自己的机会；那是证明自身价值、争强斗胜的机会。正如卡耐基所说的："光用薪水是留不住好员工的，还要靠工作本身的竞争……"每个成功的人都喜爱竞争和自我表现的机会，以证明他自己的价值。

所以，如果你要使有精神、有勇气的人接受你的想法，就请记住这个重要原则：提出挑战。

袁崇焕之死——离间计

> 离间他人，就像血口喷人，先污染了自己的嘴巴。
>
> ——俗 语

一旦有人对你施以离间计，你必须全面分析去破除，否则一旦上当，后果往往很严重。不信的话，我们一起来看看历史留给我们的教训吧。

明崇祯二年（1629 年），皇太极率领后金军绕过宁远打到北京城下。明朝山海关总兵袁崇焕亲率 9000 骑兵保卫京师。两军对垒，战争形势瞬息万变：

第一天，明军在北京城的德胜门和永定门外，各捡了一份议和书，是皇太极写给袁崇焕的。

第二天，清军后退 5 里下寨，并捉了两名明军的太监（明军以太监为监军）。

第三天，明朝的两个太监逃跑了。

第四天，传来明军督军袁崇焕、总兵祖大寿被捕下狱的消息。

原来，这都是皇太极使的离间计，皇太极写给袁崇焕的"议和书"，袁崇焕根本没看到，就被明军捡去送到了崇祯皇帝那里。于是，明廷上下对袁崇焕产生了怀疑。

皇太极把抓去的两个太监软禁起来。夜里，有人还陪同他俩喝酒，酒到半酣，

有人来找陪酒的后金军官员说有秘事。陪酒的人来到帐外，明朝的两位太监不禁去偷听，断断续续听到“袁督师已经应允”“不要让明监军知道”等话。两人大惊，原来袁崇焕通敌了！

两位监军逃跑后，向崇祯皇帝密报。崇祯皇帝顿时大怒，把袁崇焕及他手下的亲将祖大寿逮捕下狱。不久，被处死。

数年之后，清军入关，占领北京。明朝灭亡，直到乾隆帝时才公布了这一历史真相。

原来，袁崇焕的死，是一个叫明朝人痛心疾首的大冤案！

不难看出，袁崇焕的悲惨结局，就是清军离间计的“战果”。

其实，离间计在生活中有多种表现，如创造条件造成同事之间、上下级之间的误会；或将误会加以渲染，扩大他人之间的分歧；或编造谎言，制造矛盾，破坏他人团结等等。离间术的外在表现虽然多种多样，但它的本质却是唯一的，那就是：抑人扬己，损人利己。我们如何识破离间计呢?

识破离间计，要从以下 3 个方面进行分析：

首先，联系分析。任何离间者要想达到离间他人的目的，必然要与被离间者发生这样那样、或明或暗的联系。没有联系就无法借助客体之间的摩擦力量，再高明的离间计也无法得以实施。因此，谁突如其来地与你发生联系，谁就有可能在实施离间计。

其次，利益分析。一般说来，离间计通常是伴随着利益冲突而实施的，而离间者往往又是被离间者发生矛盾后的直接或间接受益者。因此，对人际冲突制造者的利益得失进行分析，有利于识破离间者的真面目。

再次，反常分析。任何离间计，无论它怎样高明绝伦，只要它付诸实施，总要留下一些反常的痕迹。因此，对反常的蹊跷的行为进行认真分析，进而反向思维，弄清人际冲突的来龙去脉，对于破译离间计很有帮助。

总而言之，离间计的破译应建立在对其行为特征的综合分析上，既不能盲目猜疑，又不可掉以轻心。

柯伦泰的忠诚和才干——红白脸战略

只知道刚的人，难免会被折断；只有柔的人，到头来终是懦夫。

——谚 语

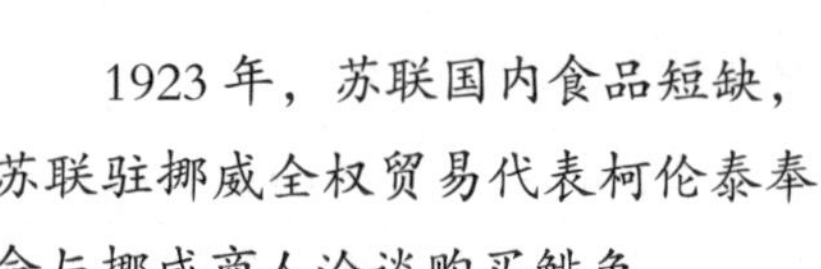

1923年，苏联国内食品短缺，苏联驻挪威全权贸易代表柯伦泰奉命与挪威商人洽谈购买鲱鱼。

当时，挪威商人非常了解苏联的情况，想借此机会大捞一把，他们提出了一个高得惊人的价格。柯伦泰竭力进行讨价还价，但双方的差距还是很大，谈判一时陷入了僵局。柯伦泰心急如焚，怎样才能打破僵局，以较低的价格成交呢？低三下四是没有用的，而态度强硬更会使谈判破裂。她冥思苦想终于想出了一个办法。

当她再一次与挪威商人谈判时，柯伦泰十分痛快地说：“目前我们国家非常需要这些食品，好吧，就按你们提出的价格成交。如果我们政府不批准这个价格的话，我就用自己的薪金来补偿。”

挪威商人一时竟呆住了。

柯伦泰又说：“不过，我的薪金有限，这笔差额要分期支付，可能要一辈子。如果你们同意的话，就签约吧！”

挪威商人们被感动了，经过一番商议后，他们同意降低鲱鱼的价格，按柯伦泰的出价签订了协议。

柯伦泰的忠诚和才干，特别是她在谈判处于不利的形势下采取“红白脸”的技巧，赢得了谈判的成功，以合适的价格购得了人们需要的食品，得到了政府和人民的赞扬。

可见，一味地用和气、温柔的语调讲话，一个劲儿地谦虚、客气、退让，有时并不能让对方信赖、尊敬及让步，反而会使一些人误认为你必须依附于他，或认为你是个软弱的谈判对手。相反，如果你一开始就以较强硬的态度出现，从面部表情到言谈举止，都表现得高傲、不可战胜、一步也不退让，那么留给对方的将是极不好的印象。这样，会使对方对你的谈判诚意持有异议，而导致失去对你的信赖和尊敬。

正确的做法应当是红脸与白脸配合出现，即软硬兼施。强硬会使对方看到你的决心和力量，温柔则可使对方看到你的诚意，从而可以增强信任和友谊。这种方法通常还可以由两个人来实行。

在谈判中，本方由一个成员扮演强硬派角色，坚持提出较高的要求，不轻易退却，努力捍卫本方的利益。由另一位成员扮演合作者角色，他在开始时并不马上参与意见，而是保持沉默，既维护好与对手的关系，又不损害本方强硬人物的“面子”。他要善于观察谈判形势的发展变化，适时地参与进来提出建议或做出某些让步。这也就是我们俗称的“红白脸”策略。

不过，在运用红白脸策略时，对以下几点要领应注意把握。

1. 从红脸、白脸的角色分配来看，两种角色的分配应和本人的性格特征基本相符，即扮“红脸”者应态度温和、经验丰富、处事圆融、言语平缓、性格沉稳；而扮“白脸”的人则应雷厉风行、反应迅速、善抓时机、敢于进攻、言语有力。如果让性格特征不相称的人去扮演这种角色，就会出现强硬派硬不上去，而红脸反倒硬了起来，结果导致希望和实际效果不符，反倒使对方有机可乘。

2. 两种角色一定要注意相互配合，看准时机，把握火候，在“白脸”发动强攻时，

“红脸”就要充分注意对方的反应。如果对方以牙还牙，以硬对硬，“红脸”就要在适当时候出面调停，让“白脸”有台阶下，否则，“白脸”收不了场，而“红脸”又不及时出面，就可能使谈判僵持、暂停或是破裂。

3. 在使用红白脸策略时，要求担任“白脸”角色的人既要善于进攻，但又必须言之有理，讲究礼节，不肯轻易让步而不是胡搅蛮缠。而“红脸”也不能过于软弱，要掌握好分寸，既要掌握好让步的分寸，也要适度使用语言。

4. 从角色的分工来看，“红脸”一般由主谈人来充当，“白脸”由助手来充当，因为从红白脸策略的整体特点来看，“红脸”掌握着让步的分寸，总揽全局，而且从心理学角度来讲，“红脸”的观点也易为对方所接受，所以这样分工比较合适。

被一块面包打动的德国兵——互惠互利

> 商人之间友情的基础是利益上的互惠，挚友之间友情的基础是心灵上的互惠。
>
> ——汪国真

在第一次世界大战中，有一种德国特种兵的任务是，深入敌后去抓俘虏回来审讯。

当时打的是堑壕战，大队人马要想穿过两军对垒前沿的无人区，是十分困难的。但是一个士兵悄悄爬过去，溜进敌人的战壕，相对来说就比较容易了。参战双方都有这方面的特种兵，经常派去抓一个敌军的士兵，带回来审讯。

有一个德军特种兵，以前曾多次成功地完成这样的任务，这次他又出发了。他很熟练地穿过两军之间的地域，出乎意料地出现在敌军战壕中。

一个落单的士兵正在吃东西，毫无戒备，一下子就被缴了械。他手中还举着刚才正在吃的面包，这时，他本能地把一些面包递给对面突然而降的敌人。这也许是他一生中做得最正确的一件事了。

面前的德国兵忽然被这个举动打动了，并导致了他奇特的行为——他没有俘虏这个敌军士兵回去，而是自己回去了，虽然他知道回去后上司会大发雷霆。

这个德国兵为什么这么容易就被一块面包打动了呢？人一般有一种心理，就

是得到别人的好处或好意后就想要回报对方。虽然德国兵从对手那里得到的只是一块面包，或者他根本没有要那个面包，但是他感受到了对方对他的一种善意，即使这善意中包含着一种恳求。但这毕竟是一种善意，是很自然地表达出来的，在一瞬间打动了他。他在心里觉得，无论如何不能把一个对自己好的人当俘虏抓回去。

其实，这个德国兵不知不觉地受到了心理学上"互惠原理"的左右。这种得到对方的恩惠就一定要报答的心理，就是"互惠原理"，这是人类社会中根深蒂固的一个行为准则。

著名的考古学家理查德·李凯认为，人类之所以成为人类，互惠原理功不可没。他说："我们人类社会能发展成为今天的样子，是因为我们的祖先学会了在一个以名誉作担保的义务偿还网中，分享他们的食物和技能。"正是由于有了这样一张网，才会有劳动的分工和不同商品的交换。互相交换服务使人们得以发展自己在某一方面的技能，成为这方面的专家和能手，也使得许多互相依赖的个体得以结合成一个高效率的社会单元，从而推动了社会的进步。

互惠原理是人类社会永恒的法则，它是各种交易和交往得以存在的基础。我国古代讲究的礼尚往来，就是互惠原理的一种表现。人与人之间的互动就如坐跷跷板一样，不能永远固定某一端高、另一端低，就是要高低交替。一个永远不肯吃亏、不肯让步、不与别人互惠的人，即使真正赢了、讨到了不少好处，从长远来看，他一定是输家，因为没有人愿和他玩下去了。

互惠原理是与人持续良好交往的保证，是不可缺少的一门艺术。所以，如果一个人帮了我们一次忙，我们也应该帮他一次；如果一个人送了我们一件生日礼物，我们也应该记住他的生日，届时也给他买一件礼品；如果一对夫妇邀请我们参加了一个聚会，我们也一定要记得邀请他们到我们的聚会上来……

〉第四篇

爱情心理学：爱是一切的答案

第一章
落花有意，流水有情——恋爱心理

你肩膀上有蜻蜓吗——珍惜

爱情是舍身为人，不是抢夺。

——（波兰）显克微支

在一个非常宁静而美丽的小城，有一对非常恩爱的恋人，他们每天都去海边看日出，晚上去海边送夕阳，每个见过他们的人都向他们投来羡慕的目光。

可是有一天，在一场车祸中，女孩不幸受了重伤陷入了昏迷，她静静地躺在医院的病床上，几天几夜都没有醒过来。白天，男孩就守在床前不停地呼唤毫无知觉的恋人；晚上，他就跑到小城的教堂里向上帝祷告，他已经哭干了眼泪。

一个月过去了，女孩仍然昏睡着，而男孩早已憔悴不堪了，但他仍苦苦地支撑着。终于有一天，上帝被这个痴情的男孩感动了，决定给这个执着的男孩一个惊喜。上帝问他："你愿意用自己的生命作为交换吗？"男孩毫不犹豫地回答："我愿意！"上帝说："那好吧，我可以让你的恋人很快醒过来，但你要答应化作3年的蜻蜓，你愿意吗？"男孩听了，还是坚定地回答道："我愿意！"

天亮了，男孩已经变成了一只漂亮的蜻蜓，他告别了上帝便匆匆地飞到了医院。女孩真的醒了，而且她还在跟身旁的一位医生交谈着什么，可惜他听不到。

几天后，女孩便康复出院了，但是她并不快乐。她四处打听男孩的下落，但没有人知道男孩究竟去了哪里。女孩整天不停地寻找着，然而早已化身成蜻蜓的男孩却无

时无刻不围绕在她身边，只是他不会呼喊，不会拥抱，他只能默默地承受着她的视而不见。夏天过去了，秋天的凉风吹落了树叶，蜻蜓不得不离开这里。于是他最后一次飞落在女孩的肩上。他想用自己的翅膀抚摸她的脸，用细小的嘴来亲吻她的额头，然而他弱小的身体还是不足以被她发现。

转眼间，春天来了，蜻蜓迫不及待地飞回来寻找自己的恋人。然而，她那熟悉的身影旁站着一个高大而英俊的男人，那一瞬间，蜻蜓几乎要从半空中坠落下来。

蜻蜓伤心极了，在接下来的几天中，它常常看到那个男人带着自己的恋人在海边看日出，晚上又在海边看日落，而自己除了偶尔能停落在她的肩上以外，什么也做不了。

这一年的夏天特别长，蜻蜓每天痛苦地低飞着，它已经没有勇气接近自己昔日的恋人。她和那男人之间的喃喃细语，他和她快乐的笑声都令他窒息。

第3年的夏天，蜻蜓已不再常常去看望自己的恋人了。她的肩被这个男人轻拥着，脸被他轻轻地吻着，根本没有时间去留意一只伤心的蜻蜓，更没有心情去怀念过去。

上帝约定的3年期限很快就要到了。就在最后一天，蜻蜓昔日的恋人跟那个男人举行了婚礼。

蜻蜓悄悄地飞进教堂，落在上帝的肩膀上，它听到下面的恋人对上帝发誓说："我愿意！"它看着那个男人把戒指戴到昔日恋人的手上，然后看着他们甜蜜地亲吻着。蜻蜓流下了伤心的泪水。

上帝叹息着："你后悔了吗？"蜻蜓擦干了眼泪："没有！"上帝又带着一丝愉悦说："那么，明天你就可以变回你自己了。"蜻蜓摇了摇头："就让我做一辈子蜻蜓吧……"

人生如白驹过隙一样短暂，生命在拥有和失去之间不经意地流干了。如果你失去了太阳，你还有星光的照耀；失去了金钱，还会得到友情；当生命也离开你的时候，你拥有了大地的亲吻。

拥有时，倍加珍惜；失去了，就权当是接受生命真知的考验。

拥有诚实，就舍弃了虚伪；拥有充实，就舍弃了无聊；拥有踏实，就舍弃了浮躁。不论是有意的丢弃，还是意外的失去，只要曾经真实地拥有，在一些时候，大度地舍弃不也是一种境界吗？

有些缘分是注定要失去的，有些缘分是永远不会有好结果的。爱一个人不一定要拥有，但拥有一个人就一定要好好去爱他。

活了一百万次的猫——牵挂

爱情是生命的火焰，没有它，一切变成黑暗。

——（法国）罗曼·罗兰

日本著名绘本作家佐野洋子在她的书里讲述了这样一个故事：

有一只活了一百万次的猫，它死了一百万次，也活了一百万次。但猫一直不喜欢任何人。

有一次，猫是国王的猫。国王很喜欢猫，他命人做了一个美丽的篮子，把猫放在里面。

每次国王打仗都把猫带在身边。不过猫很不快乐，有一次在打仗时猫死于乱战，国王抱着猫哭得好伤心、好伤心，但是猫没有哭，猫不喜欢国王。

有一次，猫是渔夫的猫。渔夫很喜欢猫，每次渔夫出海捕鱼，都会带着猫，不过猫很不快乐。有一次在打鱼时，猫掉进海里，渔夫赶紧拿网子把猫捞起来，不过猫已经死了。

渔夫抱着它哭得好伤心、好伤心，但是猫并没有哭，猫不喜欢渔夫。

有一次，猫是马戏团的猫。马戏团的魔术师喜欢表演一样魔术，就是把猫放在箱子里，把箱子和猫一起切开，然后再把箱子合起来，而猫又变回一只活蹦乱跳的猫，不过猫很不快乐。

有一次魔术师在表演这个魔术时，不小心将猫真的切成了两半，猫死了。

魔术师抱着切成了两半的猫，哭得好伤心、好伤心，不过猫并没有哭，猫不喜

欢马戏团。

有一次，猫是老婆婆的猫。猫很不快乐，因为老婆婆喜欢静静地抱着猫，坐在窗前看着行人来来往往，就这样过了一天又一天、一年又一年。

有一次，猫在老婆婆的怀里一动也不动，猫又死了，老婆婆抱着猫哭得好伤心、好伤心，但是猫并没有哭，猫不喜欢老婆婆。

有一次，猫不是任何人的猫，猫是一只野猫，猫很快乐，每天猫有吃不完的鱼，每天都有母猫送鱼来给它吃。

它的身旁总是围了一群美丽的母猫，不过猫并不喜欢它们。

猫每次都骄傲地说："我可是一只活过一百万次的猫喔！"

有一天，猫遇到了一只白猫，白猫看都不看猫一眼，猫很生气地走到白猫面前对白猫说："我可是一只活过一百万次的猫喔！"

白猫只是轻轻地"哼"了一声，就把头转开了。之后，猫每次遇到白猫，都会故意走到它面前说："我可是一只活过一百万次的猫喔！"而白猫每次也都只是轻轻地"哼"了一声，就把头转开了。

猫变得很不快乐。一天，猫又遇到白猫，刚开始，猫在白猫身边独自玩耍，后来渐渐地走到白猫身边，轻轻地问了一句话："我们在一起好吗？"

这一次，白猫轻轻地点了点头"嗯"了一声。猫好高兴、好高兴，它们每天都在一起，白猫生了好多小猫，猫很用心地照顾小猫们，小猫长大了，一个个离开了。

猫很骄傲，因为猫知道，小猫们是一只活过一百万次的猫的小孩！

白猫老了，猫很细心地照顾着白猫，每天猫都抱着白猫说故事给白猫听，直到睡着。

一天，白猫在猫的怀里一动也不动了，白猫死了。猫抱着白猫哭了，一直哭、一直哭、一直哭，直到有一天，猫不哭了，猫再也不动了。它和白猫一起死了，再也没有活过来。

没有情感地活了一百万次，不如有爱地活上一辈子；无法体会生命地活了一百万次，不如用生命付出爱的一辈子。

在每个人的生命里，或多或少都会有一些让人深刻体验的事情，让人庆幸此时此刻活在这世界上，让人很清楚地了解活着的美好。假如你觉得此生你已经足够了，那你就错了！生命中还有更深刻的体验等着你，那就是付出你的爱，若你觉得没有，那可能是你还没遇到让你不可思议的白猫而已。

恋爱有一种最为显著的后果，那就是情人双方在相遇前各自生活中发生的一切随之荡然无存。这一点毫不奇怪，自他们发现了对方之后，他们便诞生了新我。于是，他们开始了新的历史。从此之后，他们共同生活中的每一件事将载入史册。不管何时回顾往事，总会出现这样的话：“我做那件事时你正在干什么。”对于他们而言，彼此之间如果没有某种神秘的、无从知晓的联系，两人是不可能共同生活在同一世界上的。

如果你够幸运的话，在你一生当中，你会碰到几个人握有可以打开你内心仓库的钥匙。但很多人终其一生，内心的仓库却始终未曾被开启。其实很多人都不知道，钥匙就在自己手上。

猫虽然活了一百万次，却从没有真正地活过，猫一直被人捧在手掌心中，一直被人疼爱着，但它一点都不开心，直到它开始去爱，开始去体验人生，有了家庭、有了爱人、有了小孩，开始付出它的爱。

心中有了牵挂，即使是负荷却也是最甜蜜的负荷，这样才能甘心地过完一生，安详地死去。当然，如果我们一直爱着，那就没有完全死去，因为爱的行动已将我们自己的一部分融入了被爱的人或物之中。

他和鱼——被爱

要得到别人的爱，就必须要有值得爱的地方。

——（古罗马）奥维德

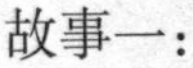

故事一：

他，一个普通的男人，一个幸福的男人，一个可以享受一个女人真正的爱的男人。

他每天能够接到她的电话。他每周能够收到祝福的卡片。他每两周可以收到她的小礼品。他每个月能够得到这个月的财务报告。他每年可以收到她亲手做的生日礼物。他的家人每逢节日可以收到她的亲切问候。

他在和她吵架之后，她仍然能够在聚会上说："我很感谢他所给我带来的……"后来他在和她分手之后，她仍然能够对他说，其实我们还是可以在一起的。

故事二：

鱼对水说：你看不见我的眼泪，因为我在水中。
水对鱼说：我能感觉到你的眼泪，因为你在我心中。
鱼对水说：我永远不会离开你，因为离开你，我无法生存。
水对鱼说：我知道，可是如果你的心不在呢？
鱼对水说：我很寂寞，因为我只能待在水中。
水对鱼说：我知道，因为我的心里装着你的寂寞。
鱼对水说：如果没有鱼，那水里还会剩下什么？
水对鱼说：如果没有你，那又怎么会有我？
鱼对水说：一辈子不能出去看看外面的世界，是我最大的遗憾。
水对鱼说：一辈子不能打消你的这个念头，是我最大的失败。
鱼对水说：在你的一生中，我是第几条鱼？
水对鱼说：你不是在水中的第一条鱼，却是在我心中的第一条。

鱼对水说：你相信一见钟情吗？

水对鱼说：当我意识到你是鱼的那一刻，就知道你会游到我的心里。

我们总会觉得被爱的人是幸福的，就像故事里的他和鱼。是的，被爱的人很幸福。有人说，被爱是一种奢侈的幸福，奢侈得让人羡慕、让人嫉妒。

但是我们有没有想过，其实爱着那个男人的女人和爱着鱼的水也很幸福，虽然在别人眼里看来，他们牺牲了很多。爱与被爱就是如此，被人爱是幸福的，但是懂得爱人也是幸福的，不懂得爱人的人不会珍惜别人的爱，也不会感觉到被爱的幸福。

所以，不管是爱还是被爱，我们都应该珍惜对方的感情，那对我们来说是一笔无价的财富。

半碗粥的爱情——一见钟情

一见钟情是真正的爱情，稍有犹豫就不是真爱了。

——（英国）赞格威尔

一天，一个男孩对一个女孩说："如果我只有一碗粥，我会把一半给我的母亲，另一半给你。"

小女孩喜欢上了小男孩。那一年他12岁，她10岁。

过了10年，有一天，他们村子被洪水淹没了，他不停地救人，有老人、孩子，有认识的、不认识的，唯独没有亲自去救她。

当她被别人救出后，有人问他："你既然喜欢她，为什么不救她？"

他轻轻地说："正是因为我爱她，我才先去救别人。她死了，我也不会独活。"

他们在那一年结了婚。他22岁，她20岁。

后来，全国闹饥荒，他们同样穷得揭不开锅，最后只剩下一点点面了，做了一碗汤面。

他舍不得吃，让她吃；她舍不得吃，让他吃，3天后，那碗汤面发霉了。当时，他42岁，她40岁。

因为祖父曾是地主，他受到了批斗。在那段年月里，组织上让她"划清界限、分清是非"。

她说："我不知道谁是人民内部的敌人，但是我知道，他是好人，他爱我，我

也爱他，这就足够了！”

于是，她陪着他挨批、挂牌游行，夫妻二人在苦难的岁月里接受了相同的命运！那一年，他 52 岁，她 50 岁。

许多年以后，他们来到了城里，每天早上乘公共汽车去市中心的公园，当一个青年人给他们让座时，他们都不愿自己坐下而让对方站着。

于是两人靠在一起手里抓着扶手，脸上都带着满足的微笑，车上的人竟不由自主地全都站了起来。那一年，他 72 岁，她 70 岁。

她说：“10 年后如果我们都已死了，我一定变成他，他一定变成我，然后他再来喝我送他的半碗粥！”

70 年的风尘岁月，这就是爱情。

当我们追问爱情是什么的时候，也许我们会想到一见钟情，会想到公主王子的浪漫邂逅，想到轰轰烈烈地爱得死去活来，其实，爱情有时候就是这样简单。但又有谁能说围绕着半碗粥的这 70 年的感情简单呢？

生活的蜜意，有时候就只是一个眼神、一句话而已。在我们的生活里，很多人价值观发生了变化，他们觉得只有找到一个大款，把自己嫁掉，才能够维系生活的浮华，也能满足自己的虚荣心。但是那些大款虽然外头风光，却未必适合你我。毕竟“树大招风”，女人还是应从自身出发，放弃一时的显耀，找到适合自己的幸福。

就像高跟鞋，看起来闪亮无比，穿在脚上用于远行却实在不是一件快乐的事。婚姻也是这样，不求浮华但求适合，36 码的脚不能穿 35 码的鞋，爬山的脚不该穿时髦的高跟鞋。

无论如何，什么样的脚配什么样的鞋，什么样的女人配什么样的男人，如果女人想嫁个优秀的好男人，为自己找个一生的依靠，请别忘记，男人也会“精挑细选”，再三斟酌，直到碰到了自己想要的那一位，才会安安心心地走进婚姻的殿堂。

谨慎你的婚姻，同时也要用心地经营，幸福总是来之不易的，但是只要时时能为对方着想，以一颗感恩的心面对生活，你一定会是这世上最幸福的人。

女孩生命中的三个男人——伪爱

爱情不是花荫下的甜言，不是桃花源中的蜜语，不是轻绵的眼泪，更不是死硬的强迫，爱情是建立在共同语言的基础上的。

——（英国）莎士比亚

一个女孩爱上一个男孩，她迷恋他那种满不在乎的神情，还有淳厚又带着磁性的男低音，她觉得他与众不同。男孩也迷恋她，说她身上有着都市女孩少有的清纯。他们恋爱了。有一天，女孩病了，她给他打电话，想让他去看她，但他说，他要去一个聚会，感冒不要紧，休息休息就好了。又有一次，女孩被雨堵在路上，让他去接，他说他有事走不开，让她等等，女孩在雨中等了两个小时。

后来女孩和男孩分手了，不是因为这些小事，是因为男孩又喜欢上了别的女孩。女孩很伤心，但又没有办法挽回男孩的爱。

不久，女孩遇上了一个比她大 5 岁的男人，他经常给她打电话，见了面却寡言少语。他没有对女孩表白过什么，只发过一封用玫瑰图案衬底的样式漂亮的电子邮件，写了一句："我每时每刻都感受到你的呼吸。"女孩想他爱上了自己。

有一天，他又给女孩打电话，女孩说胃不舒服，要去医院。他立刻说：我陪你去。女孩说不用，不严重。他没再说什么，女孩到医院的时候却发现他正等在挂号处。又有一次，女孩喝醉了，给他打电话，他放下电话，连夜开了几十公里的车去接她。他一点也没有责怪她，只是说："喝醉了多难受，以后别这样。"女孩看到他的眼里满是关切。

可是女孩始终没有爱上这个男人，他很无奈，他说："本来我以为我可以照顾你，现在我们只好做朋友了，如果你需要帮助，就告诉我，我一定会来的。"女孩看着他离去，想起她的初恋男友，明白了眼前这个男人才是真正爱她的。她读懂了他对她的感情里那种深切的怜惜。

女孩在快 30 岁的时候认识了一个建筑师，他们相遇的感觉好像孤独者找到了陪伴者。他们在一起时，他总是用一种专注的眼神看着她，她有不顺心的事，他就想各种方法让她高兴，他做那一切的理由只是"我想让你开心"。她有一点咳嗽，他就天天叮嘱她吃药；她出门时他总是说你要小心。所有的事都很平凡，但所有的

事都在表明他对她的怜爱。

女孩也喜欢他，但不清楚自己是不是真的爱他。直到有一天，他对她讲述以前失恋的创痛，告诉她，他这些年是如何在孤独中挣扎。他把头埋在她怀里，像一个孩子。女孩抱着他，一瞬间涌上无限的怜惜，她想她一定要对他好，再不让他感到孤独。后来女孩回想那一刻，承认那是她的爱情时刻，她从没有对一个男人有如此的怜惜，包括对她的初恋男友。

女孩和建筑师的爱情就在相互的怜惜中日益深厚，因为怜惜，他们彼此所做的一切都是为了让对方感到幸福和快乐；因为怜惜，他们不愿做一点儿伤害对方的事。他们从怜惜里生长的爱情足以让他们觉得彼此不可或缺，将相互爱怜着共度一生。

女孩经过了很多年，才弄清楚什么是真正可信赖而又牢固持久的爱情。从前她把迷恋当成爱情，那是很多人都犯的一个错误。迷恋也许只是爱情的初级阶段，或者仅仅是爱的萌芽。迷恋的同时，如果不能滋生出怜惜的情感，爱情就会迅速消失，因为迷恋消失的速度真的太快了。

也许我们会像那个女孩子一样，要经历很多感情的波折，要走漫长的岁月，才能最终明白我们真正该留住的、该珍视的是什么样的爱情。我们不一定有女孩那样的幸福，我们可能早已经错过那种深藏着怜惜却被我们忽略的情感。所以，在年轻的时候，在有最多的机会遭遇感情碰撞的时候，仔细去辨别一下那些感情的成分，看看里面到底有多少属于怜惜，那应该是爱情的试金石，可以帮我们留住真爱，淘汰伪爱。

第二章
爱情的可控与失控——爱情路上

晨曦曾经那么美好——怀念

突如其来的爱情却需要长久的时间才能治愈。

——（法国）拉布吕耶尔

第一次见她，大约是4年前吧，听见门上有钥匙在哗啦哗啦地响，有些惊诧，以为大白天来了胆肥的蠢贼，猛地开了门，正要呵斥，却见门外的那个女孩，比自己还惊诧，大大地张着嘴巴，讷讷道："你是谁？为什么住在这里？"因为紧张，她的鼻子上渗出了细密的汗，细长的眼睛瞪得很大，像是受惊的考拉。他有些不忍，便笑了笑："这是我家，我不住这里住哪里？"

她"啊"了一声，掏出一张纸仔细看，问："这里不是某某路某号某单元某室吗？"

他哑然失笑，抬手指了指对门。

她的脸一下子红到了耳郭，连连说着对不起，转过去开对面的门。

他望着她纤薄的背影笑了笑，回家，关门。

这栋楼是20世纪80年代初期建的，隔音不是很好，他能听见她欢快地哼着小曲拖地，还能听见她小心翼翼地挪动家具……

他微微地笑着，想这是个快乐的女孩子呢，甚至还有点无耻地想，如果她再漂亮点，说不准他会寻个借口搭讪追她呢！

旋尔，觉得自己实在有点刻薄，讪讪自嘲着，睡了。

他们偶尔会在楼道里相遇，点头笑笑而已，没有话。周末，他们还会在楼台的共用阳台上相遇，她去晾洗好的衣服，他看他的英文书，她看他的眼神里有满满的敬慕。

渐渐地，就熟了，孤男寡女的两个年轻人时常搅在一起烧饭吃，面对面坐了，她托着下巴看他，顽皮地说："慢点吃，别把舌头也吞下去。"每到周末，她常常以要开洗衣机为借口，讨去他穿脏的衣服，洗好晾在阳台上。他一抬头，就能看见自己的衣衫和她的一并舒展在暖意洋洋的阳光里。

在一起时，他们聊各自的学生时代，他说那些在湿漉漉的弄堂里混迹的童年，也会听她有些忧伤地说干旱少雨的北方乡下，早晨，一盆水洗全家人的脸，说这些的时候她的眼眸盈盈繁荣潋滟着，让人心下怦然。

他不忍她感伤，就打趣说她这么贤良，不知会被哪个走运的小子娶回去。她就红了脸，埋着头，一根一根地摆弄着自己的手指。

他突然意识到，她待自己这样好，是不是在暗恋自己呢？这么想着，就偷眼看她，看着看着，心就悄悄地退了一步又一步，她像沙滩上一粒普通得不能再普通的沙子，太不出众了，而他，像所有好高骛远的年轻男子一样，希望自己的女友美到惊艳。

他开始刻意地回避她，虽然做得很是委婉，她还是感觉到了，于是她不再轻易敲他的门。在阳台上遇见了，也只是礼节性地笑一下，晾好衣衫，转回屋去。

第二年冬天，他有了漂亮的女友，和女友嬉闹时，他会突然竖起食指，说："小声点，墙壁不隔音的。"不知为什么，他有点郁郁，总觉得哪里不对劲，生怕他们的笑声会变成穿墙而过的利刃。他不想伤害她。

有时，他和女友会在楼梯上遇到她，她总是埋头匆匆地上或下，像个胆小的孩子，他就觉得有莫名的难受在心里拱啊拱啊的，像欠了她什么永远无法偿还似的。女友似乎看出了什么，却也不问，只是打着婚期将近的幌子，催促他买房搬家。

次年秋，他搬进新家，把旧房租了出去。以为这样就会忘记她眼里的忧伤，却没有，一些夜里，他会突然醒来，想起她满眼含笑看他吃饭的样子，想起她在阳台上边唱边晒衣服的样子。

他竭力让自己和女友兢兢业业地恋爱来忘记这一切，却不成，常常是女友正和他说着婚事呢，他的目光就像电力不足的灯泡缓缓暗下去，觉得自己不是在选择爱情，而是在满足自己被人羡慕的虚荣。感情是件多么私人的事，为什么要去顾及大众的审美标准呢？娶位美妻养了眼，可大众又不能替他承受生活的不如意。

他的心就隐隐地疼了起来。

到底，他还是没能娶回那位能满足他虚荣的漂亮女友，阴错阳差地散了，踪迹皆无。

一个人的郁郁寡欢里，他去过几次老房，借口要装修，让房客退了租，闲来没事他在老房子里转悠。

有时候他会站在阳台上，望着通往她房间的门，怅怅地想，两年了，或许她搬走了吧？亦或许她恋爱了甚至结婚了吧？再或许，她已不记得有这样一个人走进过她的生活……

在爱情上，人总是这样，最美好的永远是得不到的和已失去的。

他又去老房子多次，阴错阳差似的，一直未能再遇她，他假装无意似的问过邻居，知道她没搬走。

他想给她打电话，借口问她近来可好，再度与她搭上联络，却发现自己竟没向她要过电话号码。

索性，在周末宿在老房，夜里，大大地睁着眼，聆听隔壁的声息。很晚了，才听见楼梯上的脚步声，渐行渐近地来了，他在黑暗中张着大大的嘴巴，无声地笑。

挨到次日早晨，他像无事人一样伸着懒腰上了阳台，连见了她的第一声招呼该怎么打都设计了千万遍了。

终于还是枉费了心机。

那个在清晨里打开通往阳台门的人不是她，而是一位俊朗的男孩，四目相遇，都愣了。他尴尬地指指自己的房子，说：“隔壁邻居。”

他们相互握了手，在露台上做着晨操。

晨曦那么好，他的心却一片雾蒙蒙的，连一丝光线都看不到。

等她探头到阳台招呼男孩吃早餐时，一眼见了他，目光落到他脸上，像被烫了一样跳起来。很快，她就镇定了，说：“是你啊，是不是回来请我们去吃喜酒啊？”

一下子，他就怔在了那里，在她从容淡定的目光里，他看到了一丝小心翼翼的躲闪，他笑了：“到时候肯定会的。”

除了苍凉和遗憾，他没有怪她。那么好的女子已被他的年少无知辜负过了，他有什么理由和资格让她等在原地。他终于明白，那些时过境迁后的回头，大多成了打扰，一点也不诗意，更不美好。还是一个人默默地怀念最好。

有爱情的日子过得总是特别快，尽管我们从头到尾都不曾把“爱”这个字提出。喜欢的东西不一定都能拥有，而所有的回忆有一天都会变得模糊。有一天，我们会在某个地方静静地回忆着自己逝去已久的爱情，回忆着自己曾经那么深爱过的对方。脑海里残留的只是一个个让自己时而傻笑时而流泪的片段。最初的爱情早已不再继续，最爱的那个人早已不再联系。经历了很多事，整个人也有了很大变化，就连当初对爱情的那种执着，此时也不再坚持，开始学会了随遇而安，学会了放弃舍得。

其实，每个人的一生都会有一段最值得自己回忆的爱情，不管以后我们将要怎样平淡而又现实地活着，一想起这段爱情，心底都会泛起一阵涟漪，幸福也好，酸楚也罢，回忆爱情至少可以让我们的心不再麻木！

剩下食物都给他——得不到

伴着眼泪的爱情是最动人的。

——（英国）司各特

寒冷的二月，山中茫茫的雪地上，一男一女艰难地移动着。他们都是户外运动的爱好者，相约进山看雪，途中意外碰到暴风雪，迷了路。女人很喜欢男人，他们之间没有表白过，因为之前女人仅仅是从男人的眼神中捕捉到喜欢的信息，但是不确定。他们两个都是骄傲而怕受伤的人，因为不确定，所以不表白。

大雪中，他们手拉着手，说着鼓励的话，在及膝的雪中艰难地前进，不停地走着，常常走不了几步就会摔倒，衣服已经湿透了，被冷风一吹，两个人都冻得嘴唇青紫。虽然体力消耗很大，但女人仍然边走边笑，男人看着女人轻松不少。尽管都在微笑，但是他们知道死神正一步步向他们逼近。已经三天了，周围仍然是一望无际的雪地，体力已经透支，最糟糕的是食物也越来越少了。为了生存，他们把所有的食物都集中到了女人的背包里，由女人好好规划，控制每天的食量。更不幸的事情发生了，由于雪太深，在路过一片树林时，女人掉进雪洞里扭伤了脚，整个腿肿了起来，每走一步都要忍着剧痛。男人已经极度疲惫了，没可能背上女人前进，而且，女人也拒绝男人背她，因为她很清楚，这样的话，他们会一起死在山上。

斟酌再三，只能由男人独自前行，找到出山的路，寻求救援。男人为女人支好了帐篷，安顿好她。他们整理了彼此的背包，女人告诉男人“还剩下八块压缩饼干，咱们一人四块”，随后说，“你出去帮我烧点水好吗”。男人烧好水送进帐篷来，女人说饼干分好了，装在两个包的头包里，男人摸了摸两个背包的头包，凭感觉，的确是一样多。他拉着女人的手，说：“等着我，我尽快回来。”

直到这时，他们仍然没有向对方表达自己的爱恋。他们都是理智的人，在这种情况下，可能一分手就是永别，如果表白之日就是永别之日未免太过残忍。男人根本不知道自己能不能走出去，如果他们中只有一人能生存，那何必让对方用一生的时间去忘记一个逝去的爱人呢？记得一个普通的朋友就足够了。女人无限依恋地看着男人说：“我等你，我知道你能走出去。”男人站起身，替女人盖好睡袋，转身走出帐篷消失在茫茫白雪中。

每走一段路，男人都留下记号，他一心想找到救援，回去接女人，饿了，啃一口饼干，渴了，吃两口雪。男人的速度越来越慢，他提醒自己不能停，只要停下就意味着死亡，那女人也就没救了，他努力坚持，告诉自己一定要出去。终于，男人

耗尽了最后一丝气力，倒下，失去知觉前，他依然想着，女人的食物还够吗？还能撑住吗？

男人醒来，发现自己躺在救援队的帐篷里。朋友发现他们没有按时出山，救援队已经进山搜救很久了。其实救援队一开始并没有发现男人，他们先找到女人，然后顺着男人留下的记号，找到奄奄一息的男人。

男人的体温渐渐恢复，他问："她呢？"大家不语。他突然发现，救援队的成员眼角都隐隐泛着泪光。男人一呆："告诉我，她呢？"边说边挣扎着要出去找她。救援队长用颤抖的声音说："别找了，她不在了，我们发现她的时候，已经去了，可能是出去融雪烧水，没力气回到帐篷，冻死了……"

三年后，男人结婚了，新娘是一个和女人一样喜欢户外运动、喜欢笑的可爱女孩。女人走后，这个女孩陪男人走过了最难过的日子，男人逐渐快乐起来，两个人走到了一起。有时，他们也会一起惋惜女人的逝去，也更珍惜现在的感情。

救援队长参加了他们的婚礼。婚礼后，队长来到女人的墓地，遗像上的女人笑容依旧美丽。队长对女人说："你放心吧，他结婚了，很幸福。"

队长掩面流泪，其实，当年队长说谎了。女人并不是冻死的，救援队发现她的时候，她平静地躺在帐篷里，睡袋盖得很好，男人替她盖好的，她舍不得动。

女人是饿死的，打开她行囊的头包，只有几块平平的小石板，根本没有什么压缩饼干。剩下的压缩饼干，不是八块，只有四块而已。女人，把剩下的所有食物都留给了男人。

队长发现女人的时候，她早已经僵硬的手中紧紧攥着一张小纸条："我肯定撑不到他回来了，别告诉他，他该有自己的生活。"

有人说，得不到的爱情最动人。书中最精彩的爱是什么？中国的梁山伯与祝英台、外国的罗密欧与朱丽叶，他们都没有得到爱，却有了最美丽的故事。

爱情是什么？爱情是幸福是快乐是眼泪是疼痛？当爱情远去的时候，当我们得不到爱情的时候。一个人爱上另一个人是劫数还是命运？于是从爱上的那一刻开始了追逐的行程，关于他的记忆是她前进的动力。无常的风穿过眼眸，穿越了冬天的沉寂与落日后的宁静。爱，让生命绽放出最璀璨的笑容，映照着雪地上略显苍白的晚霞。看到了红尘之外的另一种动人，倾听到了心灵的另一种韵律，于是坚定地前行，也许，幸福会在圣洁的雪中降临。曾经沧海难为水，除却巫山不是云。忘掉过去，不如重新开始。因为有时候的爱情注定是得不到的。

所以，只要爱过，那么即便无法拥有也无怨无悔了。

还君明珠——爱逝

爱情是女人一生的历史，而只是男人一生中的一段插曲。

——（法国）史达尔

他几乎是她的仰慕者，从学生时代就看她的文章。她的行云流水的文字穿透时空，丰盈着他年轻的岁月，让他对生活充满着美丽的激情。他一直以为她是白发苍苍之人，因此那种爱慕只是单纯的爱慕。

一次机缘巧合的机会，俩人相遇，那时他才知道她也不过是他那般的年龄，红颜焕发青春飞扬，他像喝了迷魂药般迷上她。

他几乎没有学历，但他事业的成功让所有人刮目。她也为他的成功而欣喜。他对她的表达方式是送花、送珍珠、送钻石，送一切他以为能征服她的东西。

她不表态，与他保持着淡淡的友情，那时他尚单身，而她已为人之妻，他毫不在意，对她的追求热情如火肆无忌惮。短短几天的相聚，他送她的东西几乎以十万计。

隔天，会议结束，她不辞而别，留下他送给她的所有宝贵的东西，留言纸上只有纤秀的四个字：还君明珠。他看了无语，他知道她还他这些东西的意义，内心极为遗憾和愤恨，遗憾是以为自己的世俗吓退了她，可是他爱她的时候，恨不得给她全世界；愤恨是因为她的不辞而别，连最起码的告辞也没有，可见她是多么看不起他！彼此都是个性极强的人，从此再没联系。

不久，他结婚，并不爱对方，但没关系，婚姻有时并不需要爱。

弹指一挥间，红颜渐成白发。他有了小孩，是个女孩，他喜欢，从小就请老师教她诗词歌赋，潜意识里希望女儿可以像她那样冰雪聪明。

有一天，家庭教师在教女儿读一首诗，他听着有趣，于是仔细听，却听到女儿念道："还君明珠双泪垂，恨不相逢未嫁时。"

他猛然整个人弹起，还君明珠双泪垂，恨不相逢未嫁时！

原来这才是她当时要对他说的话，想起她当时的不辞而别，短短四个字已说明俩人之间一切的红尘故事。只是当时她含泪写下那四个字时，是多么希望他能看懂，希望得到他的体谅，可是他却在十年之后才明白，而十年足以让江山失色、沧海改变。

她不幸于半年前病逝，他是从报纸上获知这件事的。

有多少爱可以重来，有多少故事可以重写？当我们明白了世事的前缘后故，那份爱却早已不在。守候是对爱情的奉献，它的本身便是爱情，结果已不是最重要的了。守候的日子是凄苦的，也是甜蜜的。因为执着与守候，人世间的爱情才多了一段段传奇。虽然，故事中的女主角最终也没有让自己的爱情获得圆满，但至少他曾经爱过她，虽然他一直未能明白她的心意。

青草娃娃——勇气

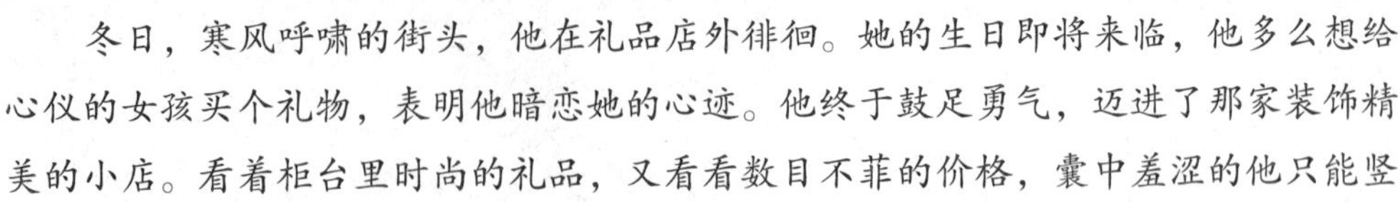
爱情、希望、恐惧和信仰构成了人性，它们是人性的标志和特征。

——（英国）勃朗宁

冬日，寒风呼啸的街头，他在礼品店外徘徊。她的生日即将来临，他多么想给心仪的女孩买个礼物，表明他暗恋她的心迹。他终于鼓足勇气，迈进了那家装饰精美的小店。看着柜台里时尚的礼品，又看看数目不菲的价格，囊中羞涩的他只能竖起衣领尴尬离开。

"买个青草娃娃吧，只要两元。"一位中年妇女迎面走过来。他看到她的篮子里满是青草娃娃，用各色的花布和橡皮筋扎成娃娃的样子，面部还缝了黑黑的眼睛、红红的嘴巴，很可爱。花布里面包着泥土，最顶上撒着花子草种。

"你每天给它浇水，大约半个月以后种子就会发芽，长出青青的草，很逗女孩子喜欢的。"妇女似乎看出了他的心思，一个劲儿地怂恿他。他想，她的年龄足够做他的母亲了，应该不会骗他吧，于是他拿出攒了很久的钱，数了两个 1 元的硬币给她。

回到宿舍，他把青草娃娃放在窗台上。每天用自己的茶杯浇水时，他都怀着虔诚的心祈祷：快点儿发芽吧，快点儿长出一片青草吧。是啊，在这灰暗的严冬，他送她一片绿色的春意，这样别致的礼物，肯定能打动她的心，然后，他们将甜蜜相爱……

在她的生日聚会上，她的追求者们送来了许多礼物，有生日蛋糕，有高档时装，有芬芳的鲜花，甚至有人送了昂贵的首饰，摆在桌上，琳琅满目。

他也来了，两手空空地来了，他的青草娃娃没有发芽。她满怀期待地望着他，她其实早已注意到他灼热的目光，而且他的才学、他的气质都令她怦然心动。她等待着今天晚上他当众向她表白，她就可以幸福地挽住他的手臂，谢绝其他人的追求。

然而，他不敢迎接她的目光，在这一大堆豪华的礼物面前，他自惭形秽，如坐针毡，躲到了最阴暗的角落。终于，晚会还未结束，他就离开了。他甚至没有告别，起身就匆匆地来到门口，当然，他也没有看见她暗藏的幽怨和伤心。

他心灰意冷，再也没给青草娃娃浇水。

紧接着就要期末考试，他忙于复习功课，把每天的时间都排得紧紧的，压抑自己不去想她。他暗暗发誓：等将来有钱了，一定要给她买最昂贵的礼物。

放寒假了，大家都收拾行囊，准备回家。他突然发现窗台上有一片绿，仔细一看，青草娃娃的头上竟然真的长出了一片嫩绿的青草！压抑很久的思念，突然像这些青草一样蓬勃起来。自从那天晚上起，他一直没去找她。他把青草娃娃揣在怀里，飞也似的跑去找她。

他顾不上等车和坐电梯，一路飞跑，当他大汗淋漓地跑进她的宿舍时，已经人去楼空！她的老师告诉他，学校已于前天放假，她和男朋友一起走了。

他只觉得心里一下空荡荡的，一直等待着与所爱的女孩儿共赏这生命最甜美的一场盛宴。然而，好不容易等到青草娃娃发芽了，心爱的人却已去了远方。早知如此，应该在生日那天就送给她，两人一起浇灌这爱情的幼芽。

爱恋中的人总免不了许多莫名的顾忌，以为还有时间可供挥霍，还有机会可以重来。因为自己还不够好，在自卑里悄悄逃避着对方的眼睛，一味认定未来才是最佳时机……生活存在多少变数，等到所有的期待都成空，才明白幸福当初离得那么近，等你终于有勇气正视时，幸福早已从你怯弱的指缝间溜走了。

驼背的墨西——美丑

人的美并不在于外貌、衣服和发式，而在于他的本身，在于他的心，要是人没有内心的美，我们常常会厌恶他漂亮的外表。

——（俄国）奥斯特洛夫斯基

墨西·孟德尔颂的外貌极其平凡，除了身材五短之外，还是个古怪可笑的驼背。

一天，他到汉堡去拜访一个商人，这个商人有个心爱的女儿名叫弗西，墨西无可救药地爱上了她，但弗西却因他的畸形外貌而拒绝了他。

到了必须离开的时候，墨西鼓起了所有的勇气，上楼到弗西的房间，把握最后和她说话的机会。她有着天使般的脸孔，但让他十分沮丧的是，弗西始终拒绝正眼看他。经过多次尝试性的沟通，他害羞地问："你相信姻缘天注定吗？"

她眼睛盯着地板答了一句"相信"，然后反问他："你相信吗？"

他回答："我听说，每个男孩出生之前，上帝便会告诉他，将来要娶的是哪一个女孩。我出生的时候，未来的新娘便已许配给我了，上帝还告诉我，我的新娘是个驼背。

"我当时向上帝恳求：'上帝啊！一个驼背的妇女将是个悲剧，求你把驼背赐给我，再将美貌留给我的新娘。'"

当时弗西看着墨西的眼睛，并被内心深处的某些记忆搅乱了。她把手伸向他，之后成了他最挚爱的妻子。

这个故事告诉我们：真爱无关美丑。

现实生活中，有时我们会郁闷：为什么那些美女身边，往往跟着的是一个丑男？或是一个俊男却配了丑女？这样的现实总是会打破一些梦想，因为在我们大多数人爱情的想象里，俊男就应该配美女，这样才平等。其实，我们都错了。真正的爱情应该是这样的：一直爱到青春不再，一直爱到美女脸上皱纹横生。

时间告诉我们，无论你年轻时有多么美丽，到老都是鸡皮鹤发，牙齿脱落。所以，如果爱一个人请不要因为美丑而犹豫不决，那颗爱你的心才是最重要的。而这就是为什么美女嫁给丑男、而俊男却娶了丑女的原因。

生命总是在不断前进，认识也不断深入。当俊男美女的定律被现实推翻，随着时间的流逝，我们渐渐发现，爱情狭义的定义再也不能控制我们的思维了。

总而言之，这里我们想要提醒大家的是：爱情与美丑无关，幸福的钥匙只掌握在两个心有灵犀的人手里。

蜜蜂与花的爱情——放弃

爱情常是喜剧，偶尔是悲剧。

——（英国）培根

四月份是春暖花开的季节，万物复苏，和煦的阳光照耀着大地，一切都沐浴在明媚的春光中。五颜六色的花朵竞相绽放。一只只蜜蜂在花丛中飞来飞去，辛勤地在枝头采集花粉。一只小蜜蜂在花丛中不停地忙碌着，忽然一阵风吹来，这只小蜜蜂被从空中吹了下来。他在空中直往下坠，就在他快要落地的那一刻，他被什么东西托住了。他一看，原来，他掉在了一朵花瓣上，真险哪，差点就没命了。

蜜蜂仔细地打量着这朵花，她生长在阴暗的角落里，阳光很少能光顾到她，风霜雨雪倒是经常光顾，因而没有别的花朵，只有她独自盛开在阴暗的角落里。蜜蜂打量着这朵花，在他看来，眼前的这朵花具备了别的花所没有的美，一种孤独的美，一种向上的美，这是一种凄美，蜜蜂不禁为花儿的这种美感动了。

蜜蜂友好地向花儿问候："你好啊！"花儿微笑着向他点了点头，问他为什么

会光顾这里。蜜蜂如实相告，并告诉她，他的翅膀受伤了。不过，很快会好起来的。蜜蜂向花儿讲了许多外面的世界，花儿静静地听着，觉得蜜蜂过得很快乐。他们谈了很多，渐渐地成了好朋友。

蜜蜂的翅膀好了，临别的时候，花儿问他："明天你还会来吗？"

蜜蜂回答道："我还会来的，我不会忘记这段时光的，永远都不会。"

蜜蜂对花儿说了些鼓励的话，不舍地离开了，花儿望着蜜蜂远去的背影，直到消失。

第二天早上，蜜蜂真的来了，花儿很高兴，蜜蜂也很高兴。蜜蜂对花儿说："我可以采你的花粉吗？我要酿蜜。"花儿微笑着说："当然可以呀。"他们彼此都很快乐。

蜜蜂采完了蜜，要离开的时候，花儿对他说："那你每天都来吧。"蜜蜂答应了，说完便离开了，向蜂房飞去。

蜜蜂回到了蜂房，顾不上休息，便又急匆匆地赶往花儿的地方，等他到的时候，已经是下午了。此时，花儿正在休息。蜜蜂的到来使花儿很高兴。

花儿问："你不累吗？"

蜜蜂回答："和你在一起，我一点都感觉不到累。"

花儿笑了，问他："除了我之外，你还会采别的花朵的花粉吗？"

蜜蜂回答："我只采你这一朵的花粉。"

花儿静静地看着蜜蜂，对蜜蜂的回答感到很满意。

蜜蜂在采着花粉，花儿静静地看着他。花儿问他："你每天都这么忙碌吗？"蜜蜂回答："是啊，我想成为最勤奋的蜜蜂呢，所以我得比别的蜜蜂采更多的花粉。"

"你有生活的目标，一定过得很快乐，我真羡慕你。"花儿说。

蜜蜂回答："我从来都没有快乐过，直到遇到了你。"

"还有呢？"花儿又问。

“没有了。”蜜蜂回答。

花儿没有再说些什么。

这朵花儿生长在阴暗的角落里，阳光照不到，风雨却经常光顾，主人施肥从来轮不到她。她也抱怨过，但又能怎样呢？只能靠自己艰难努力地活下去，在这个春暖花开的季节，她也盛开了自己美丽的花朵。

蜜蜂采完了花粉，要走的时候花儿对蜜蜂说：“你来时风尘仆仆，给我带来快乐；你走时步履匆匆，又将我的心儿带走。我什么时候才能跟上你不停的脚步？”

蜜蜂安慰她：“我很快就会回来的。”说完便转身飞走了。

蜜蜂和花儿相见的次数越来越多，他们在一起的时间也越来越长，以至于彼此都觉得一刻见不到对方心就发慌。每一次，蜜蜂离开的时候，花儿都凝望着蜜蜂远去的背影，心中生出一种莫名的惆怅。

终于有一天，蜜蜂鼓起了勇气对花儿说：“我想永远和你在一起。”花儿听了，羞涩地低下了头。

好花不常开，美景不常在。花儿和蜜蜂在一起的大多数时间里是快乐的，但是花儿在快乐中藏着一丝忧伤。龟可以活一千年，蜜蜂可以活一段时间，而花儿的生命是短暂的，最多只有几天，花儿最美丽的时光也许就是花儿的生命快要结束的时刻。养花的主人经常过来，仔细地看着他种的花，计算着上市的日子。别的花都很兴奋，他们觉得总算可以被摆在别人豪华的房间里，用不着被风吹日晒和雨淋了，他们做梦都想，而这朵花儿却越来越焦急。

终于，花儿幽怨地对蜜蜂说：“你带我走吧。”蜜蜂对她说：“不行的，我还没有成为最勤奋的蜜蜂呢。等我成了以后，我们就可以体面地在一起了。”花儿看了他一眼，没再说什么。

早上，养花的主人又来了，他偶然发现在花枝和叶子的掩盖下，还盛开着这样一朵美丽的花儿，他不禁啧啧称奇，打算明天早上就把这朵花剪下，拿到市上去卖，希望能卖个好价钱。

花儿越来越着急了，此刻，她多希望蜜蜂能马上出现，带着她离开这个地方，远走高飞。时间一分一秒地过去了，花儿焦急地等待着蜜蜂的出现。

第二天早上，太阳像平常一样升起，朝霞透过树梢，穿过薄薄的晨雾，照射着大地。小虫儿还没有醒来，草叶上还挂着露珠。

新的一天开始了。

养花人起了个大早，他手里拿着把剪刀，径直向这边走来，然而，蜜蜂直到此时仍没有出现。终于，花儿带着无限的遗憾和依恋，被养花人从枝头剪下。

终于，蜜蜂飞来了，他仍像往常一样，循着熟悉的路径飞过去。然而他并没有看到花儿，看到的只是一片孤零零的花瓣挂在枝头，那洁白花瓣上还挂着露珠，晶莹剔透。他急忙飞过去，望着那洁白的花瓣儿，伤心地哭了。直到此刻，他才知道自己是那样深爱着花儿。

天空下起了雨，蜜蜂仍然守在那一片花瓣旁，不肯离去，他的翅膀已被雨水淋湿，无法展开。一阵风吹来，花瓣随着蜜蜂被吹落到地上，蜜蜂伏在花瓣旁，一动不动。

不同的人对爱情有不同的解释，有些人将它当成一生的梦来追求，有些人将它当作一场游戏来玩弄，有些人将它当作筹码来交换，还有些人将它看成欲望的延伸，那么到底什么是爱情呢？或许每个人有每个人不同的诠释。

爱情让人流泪，可人都是自私的，真正的爱情要求为了对方的幸福而放弃自我，所以说有一种爱叫放弃，可是有几个人真的能做到？如果他能够做到，而且是无私地为了对方，那也要看清对方是不是值得他这么做、对方是不是真的爱他。如果两个人都把对方放在第一位，这样的爱情才算得上真爱！

不爱江山爱美人——代价

爱情是耗尽锐气的激情，爱情是置意志于一炬的火焰，爱情是把人骗入泥潭的诱饵，爱情将剧毒抹在命运之神的箭上。

——（英国）梅斯菲尔德

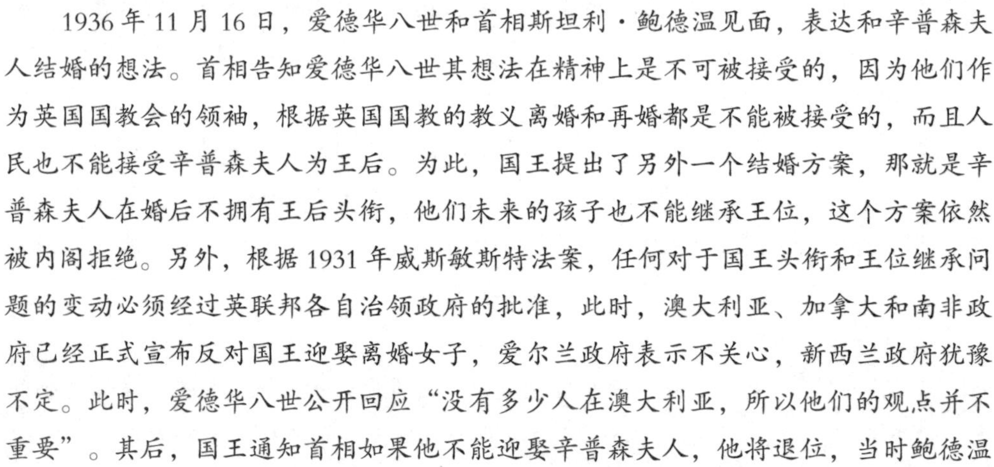

1936 年 11 月 16 日，爱德华八世和首相斯坦利·鲍德温见面，表达和辛普森夫人结婚的想法。首相告知爱德华八世其想法在精神上是不可被接受的，因为他们作为英国国教会的领袖，根据英国国教的教义离婚和再婚都是不能被接受的，而且人民也不能接受辛普森夫人为王后。为此，国王提出了另外一个结婚方案，那就是辛普森夫人在婚后不拥有王后头衔，他们未来的孩子也不能继承王位，这个方案依然被内阁拒绝。另外，根据 1931 年威斯敏斯特法案，任何对于国王头衔和王位继承问题的变动必须经过英联邦各自治领政府的批准，此时，澳大利亚、加拿大和南非政府已经正式宣布反对国王迎娶离婚女子，爱尔兰政府表示不关心，新西兰政府犹豫不定。此时，爱德华八世公开回应“没有多少人在澳大利亚，所以他们的观点并不重要”。其后，国王通知首相如果他不能迎娶辛普森夫人，他将退位，当时鲍德温首相给爱德华3个选择：

1. 取消结婚的想法。

2. 迎娶辛普森，违抗首相的意愿。

3. 退位。

在他作为国王的数月之中，他的婚姻问题引发了英国的宪政危机，他的政府、自治领政府、人民、教会均反对他迎娶辛普森夫人。他如果违背民意引起政府辞职，即违背了作为君主立宪政体下国王保持政治中立的基本宪法方针，所以，他选择了退位，成为英国和英联邦历史上唯一自动退位的国王。

这是近代以来最被人们津津乐道的一个爱情故事，直到如今还被广为流传。在不列颠帝国将近千年的历史中，还没有一位国王会主动逊位。而他下台的原因却是为了两个字——爱情。这位使得他抛弃自己应有政治地位的女人，竟然是一位离过两次婚的美国女人。

这件事在欧洲的上流社会眼里，无异于大逆不道。在当时的欧洲主流社会，人们还无法给这件事情以充分的宽容和认同。成千上万国王的支持者听到了收音机里传来的国王退位的声明，泪流满面地瘫倒在地。也许他们的举动里面还包含有对这份爱情极大的敬意，他们是怀着一种无可奈何的心情看着自己爱戴的国王走下王位的。但任何事情都是这样，有一得必有一失。国王失去了他的王位和他的王国，得到了他最珍视的爱情。

后来，辛普森夫人以温莎公爵夫人的身份把自己丈夫的遗体送回英国，参加国葬。整个英伦三岛举国上下一片悲声。在那个时候，认同他们爱情的人已经比几十年前要多许多了。人们把他们看作是为爱情献身的经典。现在想起来，没有他们的爱情，整个历史也许会被改变，现任的女王也许永远不会出现。为了爱情而抛弃王位的君主，从国家民族的角度来看，是不负责任；从人的角度来看，是把爱情当作自己毕生的信仰，是“人”这个概念的最完美的诠释。

爱德华八世选择放弃江山而和自己心爱的人厮守，他让我们明白了，爱情的代价在蔑视爱情的人的面前是泰山，在珍视爱情的人的面前什么也不是。

第三章

爱是感觉，还是选择——婚姻迷津

享受爱情的呵护——依恋

真实爱情的途径并不平坦。

——（英国）莎士比亚

肖邦，波兰人，著名钢琴家、作曲家，号称浪漫主义钢琴诗人。他一生拥有过不凡的成就，但这些离不开一个颇有争议的女人对他的影响，她就是巴黎上层社会的单身女人乔治·桑，她比肖邦大 6 岁。

肖邦有幸成长在一个伟大的年代里，当时是世界文学史上难得的一个黄金时代。因为在巴黎贵族沙龙上，他经常可以看到巴尔扎克、雨果、海涅、大仲马和司汤达等著名的大文学家，可以聆听李斯特、门德尔松和舒曼无与伦比的演奏。更有幸的是，李斯特独具慧眼，看中了他这位来自异乡的年轻人，并把他引进了巴黎沙龙。

一次，肖邦弹奏钢琴至忘情处，突然闻到一股典雅芬芳的味道，当他睁开双眼，看到身边坐着一位妇人，她个子不高，稍胖，高高的额头，但有着一双美丽的眼睛。经李斯特介绍，肖邦认识了乔治·桑。但起初肖邦并不喜欢她，他甚至对朋友说："那个乔治·桑是一个讨厌的女人。不知道她是不是一个女人，我非常怀疑这件事。"

乔治·桑确实是一个特殊的女人。她蔑视传统，喝烈酒，抽雪茄，爱骑马，喜欢穿男士服装，骂起人来满口秽语。但她与男人缠绵时，百般温柔，万种风情。这时，她已 30 多岁，刚与诗人缪塞离婚。

初次相识，桑夫人就喜欢上了忧郁伤感却对钢琴激情四射的肖邦。她对男人了如指掌，她喜欢上了肖邦，就能叫肖邦喜欢她。果不其然，在乔治·桑的进攻下，肖邦很快就放弃了抵抗。两人相爱了。

肖邦后随桑夫人来到了诺罕庄园。风景优美的草原，整洁漂亮的石头房子，都是典型的法国乡村景致。肖邦激动不已，再加上桑夫人的好客，作家、诗人和艺术家经常来庄园做客，这些都大大地激发了肖邦的创作激情，在这时期，写出了他一生中最成功的作品。创作了《E 大调练习曲》《a 小调练习曲》《c 小调夜曲》等。

优雅的生活为肖邦的创作营造了良好的环境，但无休止的社交和演出，吞噬着肖邦的健康。在他们共同生活了 9 年之后，最终分手了。但肖邦的脑海里对乔治·桑念念不忘。临死时，他对人说："我真想见她一面。"

肖邦与乔治·桑的恋情属于典型的姐弟恋。这种爱情类型即男小女大，如同姐弟一般。那么，姐弟恋的核心是什么呢？心理学家分析认为姐弟恋的核心是"恋母情结"。心理学专家们经过多年研究得出结论，恋母情结可以有原发性和继发性之分。其中原发性恋母情结（也可叫作第一恋母情结）在青春期前的男孩中普遍存在。男孩子因与父亲同性，在生活中学习和模仿父亲，共同竞争母亲的关注，逐渐形成"恋母仿父"的心理。进入青春期后，继发性恋母情结（也可叫作第二恋母情结）出现，恋母情结的对象不再是亲生母亲，而是转换成母亲的替代者。由此，任何一位年长自己的成熟女性，都有可能成为男性的依恋对象。

姐弟恋是继发性恋母情结的表现，它使得男性在恋爱中很难对同龄女性发生兴趣，也十分抗拒年同龄女性的幼稚感。换句话说，继发性恋母情结会使男性在潜意识中把情爱等同于母爱，把对母爱的期盼转向其他女性，并在择偶时本能地将"姐姐"

与母亲相比，享受母爱的呵护感。

在世人眼中，姐弟恋往往带有某些世俗的功利色彩，如贪图女性的钱财、声名等。其实，姐弟恋的本质是安全感、依赖感的满足。而这种满足往往是相互的，互补的。所以，对于真爱中的姐弟恋，人们只有抛弃这种俗世偏见，才能认清姐弟恋是因何而萌发的。

著名心理学家伯尔尼认为，每个人的人格中有 3 种成分：父母似自我、成人似自我、儿童似自我。有些男子由于从小备受父母的宠爱，其人格中儿童似自我的成分则可能尤为强烈。这通常表现为希望得到母亲、姐姐似的关怀爱护，希望在年长女性面前充当乖孩子的角色。但另一方面，儿童似自我也会使人变得十分矛盾、冲动、任性。

除此之外，姐弟恋作为一种稳定的恋爱、婚姻关系，大多会呈现下面几个心理意象特点：

1. “弟弟”十分崇拜“姐姐”的成熟感和权威感，享受对“姐姐”的物质与精神依赖和顺从。

2. “弟弟”十分享受做乖孩子的感受，并在潜意识中把恋人当做自己的母亲，并且竭力取悦，表现出绝对的顺从。

3. “弟弟”十分抗拒恋爱关系中女性的弱势，不喜欢与比自己年轻的女性深层次交往，因为那样会让他在交往中极度缺乏安全感与成就感。

4. “弟弟”的人格中有某些突出的矛盾性，并且在潜意识中不断追逐其释放与补偿。

爱情就是真情投入——终生相伴

爱情是自由自在的，而自由自在的爱情是最真切的。

——（英国）丁尼生

钱学森生于 1911 年，蒋英生于 1919 年，两人相差 8 岁。钱学森的父亲钱均夫与蒋英的父亲蒋百里早年是密友，后同赴日本求学。钱均夫日后成为著名教育家，而蒋百里日后成为著名军事家。

钱学森是家中的独子，他父母十分盼望有个女儿。而蒋家有5个女儿（蒋英排行第三），钱家见蒋英长得漂亮，天真活泼，就恳求蒋家将她过继给他们。这得到了蒋家的应允，于是蒋英过继到钱家，一度改名为钱学英。由此，钱学森和蒋英一度以兄妹相称。

一次，在两家的聚会中，钱学森和蒋英共同唱起了《燕双飞》，唱得4个大人都大笑不止，这预兆了钱学森和蒋英日后结为伉俪。过了一段时间，蒋百里夫妇思念蒋英，提出带她回家，这得到了钱家的应允，但条件是蒋英将来再回到钱家做儿媳妇。蒋百里夫妇满口答应："好啊，门当户对，我们赞成。"

1935年，钱学森赴美国攻读物理学博士学位，蒋英也前往德国学钢琴。一个在美国苦攻航空机械理论，一个在欧洲畅游于声乐艺术的海洋之中，10多个年头，钱学森与蒋英彼此没有来往。两个人虽无书信来往，但是长久的分离，并没有封冻两颗相爱的心灵，相反更加重了他们之间的思念。当蒋百里赴美国考察把蒋英在欧洲的留影拿给钱学森看时，照片上那动人的微笑和儿时就依稀可见的美丽，在钱学森的心里掀起了波澜。

1947年农历七月初七，是钱学森刻意选择的良辰吉日，他终于下定决心向蒋英求婚。这一年，钱学森与蒋英在上海喜结良缘。9月26日，两人赴美国波士顿，在新家的起居室里摆了一架黑色的大三角钢琴。这架钢琴是钱学森送给新婚妻子的礼物。两人从此相互呵护，终生不渝，直至超过了钻石婚（60年）。

钱学森与夫人蒋英的婚姻结合，既包含了青梅竹马情，也囊括了激情、亲密、承诺三要素，真可谓是天造地配的一对。他们二人是同龄恋的典型代表。所谓同龄恋，就是指爱恋双方的年龄大同小异，基本属于同一代人。对于大多数人来讲，同龄恋是最理想的爱情模式，因为它不仅有利于双方在生理上的协调适应，也有利于双方在精神上的沟通共鸣。

心理学家认为，同龄恋的基础在于爱恋双方在心理、生理上的协调一致。人在进入青春期后，由于一系列的生理变化，开始对同龄的异性产生好奇，渴望接近对方，这种爱恋便是“牛犊之恋”。而从恋母（父）过渡到“牛犊之恋”，人们的爱恋对象由长辈转为平辈，爱恋动机也由寻求呵护转为追求浪漫。这当中有很大的相似效应，它突出表现为同龄男女之间产生爱慕，互为吸引，并渴望亲密接触，终生相伴。由此我们知道，同龄恋的最大特点就是爱恋双方是同步成长的，彼此以浪漫情怀为基础，相互吸引。如此一来，同龄恋的爱情也比较容易成功，因为彼此是双向投入的，如果不能使恋爱双方都真情投入，则其爱迟早会蜕化变质。

弱水三千，只取一瓢饮——一生固守

> 任凭弱水三千，我只取一瓢饮。
>
> ——曹雪芹

佛祖在菩提树下问一人：“在世俗的眼中，你有钱、有势、有一个疼爱自己的妻子，你为什么还不快乐呢？”

此人答曰：“正因为如此，我才不知道该如何取舍。”

佛祖笑笑说：“我给你讲一个故事吧。某日，一游客就要因口渴而死，佛祖怜悯，置一湖于此人面前，但此人滴水未进。佛祖好生奇怪，问之原因。答曰：湖水甚多，而我的肚子又这么小，既然一口气不能将它喝完，那么不如一口都不喝。”讲到这里，佛祖露出了灿烂的笑容，对那个不开心的人说：“你记住，你在一生中可能会遇到很多美好的东西，但只要用心好好把握住其中的一样就足够了。弱水有三千，只需取一瓢饮。”

我们或许无法体会“十年修得同船渡，百年修得共枕眠”是怎样的一种漫长，但是有一点可以确定：爱，不仅需要苦寻，更需要守候。

真正的爱情，需要两个人用一生固守。滚滚红尘中，两颗心互动、磨合，从最初的灵犀一动到最终的浑然一体，这也是两个灵魂不断纠缠于吸引和排斥、疏离和亲近的过程。这是一个非但不轻松而且可以说非常艰辛、漫长的过程。

芸芸众生，乱花迷眼。几经沧桑，几多变迁之后，多少人为故人饮泣，为旧景致唏嘘。不懂爱的人，才会把爱当作野火烧不尽、春风吹又生的草。爱其实柔韧如丝，利刃难断，却禁不起滴水浸蚀。真的，“爱”这个字，请你尽乎吝惜地锁进心灵深处。为了它唯美的归宿，又何妨众里寻他千百度？弱水三千，只取一瓢饮。娇玫万朵，独摘一枝怜。这才是完整人格对爱本质的切肤认知，才是对爱内涵的深度诠释。

喧嚣现世中，我们出没于霓虹迷离的步行街，人潮汹涌的地铁站。

迷离恍惚间，感动于每一对执着于真爱的人。看他们为爱迷醉，为爱挣扎，共赏爱的小桥流水，也同博爱的暗礁惊涛。霎时领悟到，在真爱的心灵里，永远没有分手的理由。为爱可以沧海桑田，为爱可以凤凰涅槃，只为和爱人共拥匆匆几十载的天长地久。

是的，不在乎天长地久，只在乎曾经拥有！一壶好酒，数碟时令小菜，与三五家人或知己挚友，围坐在石桌旁，把酒问青天，岂不人生一大快事？然而这份惬意，世间又有几人能共享？

有些精明的人总喜欢抱着“骑驴找马”的心态去恋爱。眼前拥有的不珍惜，结果最理想的人永远高不可攀。人的一生其实要求的东西并不多，一杯水、一碗饭、一句真诚的“我爱你”足矣！剩下的就是专注，全身心地关注，爱情来不得半点朝三暮四，只有专注地爱，我们才可能收获美好的爱情。

有了外遇的妻子——学会理解

> 夫妻间是应由相互认识而了解，进而由彼此容忍而敬爱，才能维持一个美满的婚姻。
>
> ——（法国）巴尔扎克

爱情没有尺度来衡量，婚姻没有标准来量化。如果爱就要学会宽容，学会理解。要知道，爱情就像做菜，要适时地添加理解的调料才有美感。

女人有了外遇，要和丈夫离婚。丈夫不同意，女人便整天吵吵闹闹。没有办法，丈夫只好答应妻子的要求。不过，离婚前，他想见见妻子的男朋友。妻子满口答应。

第二天一大早，女人便把一个高大英俊的中年男人带回家来。

女人本以为丈夫一见到自己的男朋友必定气势汹汹地讨伐。可丈夫没有，他很有风度地和男人握了握手。然后，他说他很想和她男朋友交谈一下，希望妻子回避一下。女人只得听从丈夫的建议。站在门外，女人心里七上八下，生怕两个男人在屋内打起来。然而结果证明，她的担心完全是多余的。几分钟后，两个男人相安无事地走了出来。

送男友回家的路上，女人忍不住问："我丈夫和你谈了些什么？是不是说我的坏话？"男人一听，停下了脚步，他惋惜地摇摇头说："你太不了解你丈夫了，就像我不了解你一样！"女人听完，连忙申辩道："我怎么不了解他，他木讷，缺少情趣，家庭保姆似的简直不像个男人。"

"你既然这么了解他，就应该知道他跟我说了些什么。"

"说了些什么？"女人非常想知道丈夫说的话。

"他说你心脏不好，但易暴易怒，结婚后，叫我凡事顺着你；他说你胃不好，但又喜欢吃辣椒，叮嘱我今后劝你少吃一点辣椒。"

"就这些？"女人有点吃惊。

"就这些，没别的。"

听完，女人慢慢低下了头。男人走上前，抚摸着女人的头发，语重心长地说："你丈夫是个好男人，他比我心胸开阔。回去吧，他才是真正值得你依恋的人，他比我和其他男人更懂得怎样爱你。"

说完，男人转过身，毅然离去。

自从这次风波过后，女人再也没提过离婚二字，因为她已经明白，她拥有的这份爱就是世界上最好的那份。

每个人都期盼能和生命中的另一半演绎一场轰轰烈烈的爱情，然后在漫长的生活中成为能读懂彼此的知己。但是，生活久了你会发现，这个世界能找个心心相印的异性多么不容易，找个一辈子花前月下的异性更是难上加难。

有时候，我们也不该总是对别人寄予太多的期望，总是要求别人去为你做事，体贴你，照顾你，这样，时间久了，自然会给对方带来很大的压力，同时也可能会让对方产生逆反心理。试着从对方的角度想一想，从对方的角度出发，你就会发现，原来很多时候的争吵都是不值得的。你的心里多了一分理解，你的生活也就多了一分甜蜜。

爱是一盏灯——学会宽容

诚挚地宽恕，再把它忘记。

——谚 语

爱是一盏灯，一盏从女人的心底深处用一生的爱点燃的灯，不管它是否能照亮他的前程，但它一定能照亮一个男人回家的路。

他和她结婚时家徒四壁，除了一处栖身之所外，连床都是借来的，更不用说其他的家具了。然而她却倾尽所有，买了一盏漂亮的灯挂在屋子正中。他问她为什么要花这么多钱去买一盏奢侈的灯，她笑笑说："明亮的灯可以照出明亮的前程。"他不以为然，笑她轻信一些无稽之谈。

渐渐地，日子好过了。两人搬到了新居，她却舍不得扔掉那盏灯，小心地用纸包好，收藏起来。

不久，他辞职下海，在商场中搏杀一番后赢得千万财富。像所有有钱的男人一样，他先是招聘了个漂亮的女秘书，很快女秘书就成了他的情人。他开始以各种借口外出，后来干脆无须解释就夜不归宿了。她劝他，以各种方式挽留他，却无济于事。

这一天是他的生日，妻子告诉他无论如何也要回家过生日。他答应着，却想起了漂亮情人的要求。犹豫之后他决定去情人处过生日后再回家过一次。

情人的生日礼物是一条精致的领带。他随手放到一边，这东西他早已拥有太多。半夜时分他才想起妻子的叮嘱，急忙赶回家中。

远远看见寂静黑暗的楼房只有自己家的窗户是明亮的，一种遥远而亲切的感觉在心中升起。当初她就是这样夜夜亮着灯等他归来的。

推开门，她正泪流满面地坐在丰盛的餐桌旁，没有丝毫倦意。见他归来，她不喜不怒，只说：“菜凉了，我去再热一下。”

他没有制止她，因为他知道她的一片苦心。当一切准备就绪之后，她拿出一个纸盒送给他，是生日礼物。他打开，是一盏精致的灯。她流着泪说：“那时候家里穷，我买一盏好灯是为了照亮你回家的路；现在我送你一盏灯是想告诉你，我希望你仍然是我心目中的明灯，可以一直亮到我生命的结束。”

他终于动容，一个女人送一盏灯给自己的男人，包含着多少寄托与企盼！而他，却愧对这盏灯。

他最终回到了她的身边。因为他已明白爱是一盏灯，不管它是否能照亮他的前程，但它一定能照亮一个男人回家的路，因为这灯光是一个女人从心底深处用一生的爱和理解点燃的。

有缘才能牵手，在爱的号召下走到一起的两个人共同肩负起家庭的责任，相对于爱情来说，家庭更需要双方的经营。

爱的结构是复杂的，它需要的是双方的互敬、互助、互谅、互让。两个人能走到一起不容易，彼此应好好珍惜。即使对方有一定的缺陷和行为失误，也应给予宽容和谅解。

人非圣贤，孰能无过？宽容和谅解是恋人之间感情的围墙，它能呵护一对情侣的幸福。所以，当你的他犯了错误而你准备把爱情冰封的时候，千万别忘了爱情里有一组细胞叫宽容，用宽容之心看待对方的错误，给对方一个改过的机会，你们会更加温馨、和谐。

〉第五篇

教育心理学：让人成为人

第一章

为何家会伤人——父母育儿心理

“你对孩子的教育晚了两年半”——早期教育

婴儿降生的第三天开始教育，就迟了两天。

——（苏联）巴甫洛夫 

故事一：

1800 年，52 岁的德国人卡尔·威特喜得一子。可令人沮丧的是，这个婴儿反应迟钝，显得极为痴呆。卡尔·威特曾悲伤地叹息：“我究竟有何罪孽，上帝给了我这样一个傻孩子？”妻子也很泄气：“这样的孩子教育他也不会有什么出息，只是白费力气。”就是邻居也为此感到担忧，纷纷劝慰他们要“想开点”。

然而，卡尔·威特并没有绝望。他相信，只要从婴儿时期开始教育，一般的孩子都能成为不平凡的人。他制定了周密而严格的教育方案，并且踏踏实实地按照自己的计划去实行。结果这个被人嫌弃的傻孩子很快就让邻居们刮目相看了。小威特在很小的时候已能够自如地运用德、法、意、拉丁、英和希腊 6 国语言，通晓动物学、植物学、物理学、化学和数学。9 岁考入莱比锡大学，10 岁进入哥廷根大学，12 岁发表论文，14 岁不到就被授予哲学博士学位，两年之后又获法学博士学位，被柏林大学聘为法学教授。

故事二：

一位英国少妇希望自己的孩子能成才，可她不知道什么时候开始对孩子教育比较好，于是，她抱着自己的孩子去请教伟大的学者达尔文。

“达尔文先生，您是世界上著名的大科学家，请问您，我的孩子什么时候开始教育最好呢？”

“亲爱的夫人，”达尔文瞅了少妇一眼，关切地问，“你的孩子已经多大了？”

“她还小着呢，才两岁半。”

达尔文叹了口气道：“唉，夫人，你对孩子的教育已经晚了两年半了！”

这位创立了“进化论”的著名科学家，非常重视对孩子的早期教育与良好家庭氛围的创造。在他的精心培养下，他的5个儿子中就有3个成为名人：乔治成为天文学家；弗朗西斯继承父业，成为与他齐名的科学家；霍勒斯则成为物理学家，还被英国皇家学会封为爵士。

上述两个故事从正反两个方面向我们展示了早期教育的重要性。长期以来，很多人都相信天赋，相信天才是遗传的，是与血统有关的。如今随着脑科学研究的不断深入，更多的科学研究结论是：后天的培养比天赋更为重要。如果仔细研究那些天资聪明的伟人，会发现他们在幼儿期都受到良好的早期教育。心理学家平特纳研究认为：从出生到3岁是一个人智力发展的最快时期；苏联教育学家马卡连柯也指出，教育的基础主要是在3岁以前奠定的，它占整个教育过程的80%。

而且，随着时代的发展，越来越多的事实证明，孩子能否成才并不在于孩子的天赋，而是取决孩子在0～3岁时所处的环境与所受的家庭教育。早期教育已被无数事实证明是开发一个人智力的有效策略，那些所谓“天才儿童占人口的3‰”的说法是没有科学根据的。

给孩子更大的空间——鱼缸法则

打开笼门，让鸟儿飞走，把自由还给鸟笼。

——（美国）非马

走进美国超大公司纽约总部，首先映入眼帘的是办公室门口摆着的一个漂亮的鱼缸。鱼缸里十几条产自热带的杂交鱼开心地嬉戏着，它们长约三寸，脊背一片红色，头尤其大，长得很是漂亮。进进出出的人几乎都会因为这些美丽的鱼而驻足停留。两年过去了，小鱼们的个头似乎没有什么变化，依旧三寸长，在小小的鱼缸里游刃有余地游来游去。

这一天，公司总裁的顽皮儿子来找父亲，看到这些长相奇特的小鱼，很好奇，于是非常兴奋地试图去抓出一只来。慌乱中，鱼缸被他推倒在地，碎了，鱼缸里的水四处横流，十几条热带鱼可怜巴巴地趴在地上苟延残喘。

办公室的人急忙把它们捡起来，但是鱼缸碎了，把它们安置在哪儿呢？人们四处张望，发现只有院子中的喷泉可以做它们暂时的容身之所。于是，人们把那十几条鱼放了进去。

两个月后，一个新的鱼缸被抬了回来。人们纷纷跑到喷泉边捞那些漂亮的小鱼。十几条鱼都被捞起来了，但令他们惊讶的是，仅仅两个月的时间，那些鱼竟然都由三寸长疯长到了一尺。

对于鱼的突然长大，人们七嘴八舌，众说纷纭。有的说可能是因为喷泉的水是活水，最有利于鱼的生长；有的说喷泉里可能含有某种矿物质，是它促进了鱼的生长；也有的说那些鱼可能是吃了什么特殊的食物。但无论如何，都有共同的前提，那就是喷泉要比鱼缸大得多。

养在鱼缸中的热带鱼，三寸长，不管养多长时间，始终不见金鱼生长。然而将这种鱼放到水池中，两个月的时间，原本三寸的鱼可以长到一尺。后来人们把这种由于给鱼更大的空间而带来更快成长的现象称为“鱼缸法则”。

其实教育孩子和养鱼是同样的道理，孩子的成长也需要足够的自由空间。而父母的保护就像鱼缸一样，孩子在父母的鱼缸中永远难以长成大鱼。要想孩子健康强壮地成长，一定要给孩子自由活动的空间，而不让他们拘泥于一个小小的“鱼缸”。

随着孩子的成长，父母应该给孩子越来越多的自由来控制自己的生活。父母必须有意识地要求自己，甚至是克制自己，不要有那种什么事都为孩子做的想法和冲动，给孩子充分的空间，让孩子早日走出“鱼缸”，回归大海，学会自己的生存方式。

作为父母，应该除掉多余的担心，让孩子自己去体验各种各样的经历。每个孩子都有自己的选择方式，都有自己的想法，都有自己的定位，每个孩子的世界都是一个相对独立的世界。对生活的环境，孩子们已经逐渐形成了自身的一套处事方式，家长不要过于强求孩子做不愿做的事情。如果父母用命令的方式强制性地要求孩子什么可以做、什么不可以做，会让孩子陷入无奈的境地，导致他们更多的反抗。相反，如果父母在自己的要求中带有尊重，维护孩子的自主性，给孩子一定的自由，孩子对父母的反抗就会少一些。何乐而不为呢?

所以，父母最应该做的是：打开笼门，把自由还给“鸟儿”和“鸟笼”。也许当你打开笼门，鸟儿反倒愿意回来了。因为敞开的鸟笼已不再是牢房，而成了一个温暖的窝。

公正地对待孩子——马太效应

让每一个孩子都抬起头来走路。

——（苏联）苏霍姆林斯基

《圣经》中有这样一个故事：

一位主人要到国外去，临走之前，将他的三个仆人叫来，将财产委托他们保管。主人给了第一个仆人 5 个塔伦特（古罗马货币单位），第二个仆人 2 个塔伦特，第三个仆人 1 个塔伦特。

主人走后，第一个仆人用 5 个塔伦特做买卖，又赚了 5 个塔伦特；第二个仆人用 2 个塔伦特做生意，也赚到了 2 个塔伦特；第三个仆人则把 1 个塔伦特埋到了地下。

过了一段时间，主人回来了。拿到 5 个塔伦特的仆人带着另外 5 个塔伦特来见主人，他对自己的主人说："主人，你交给我 5 个塔伦特，请看，我又赚了 5 个。"

"做得好！你是一个对很多事情充满自信的人。我会让你掌管更多的事情。现在就去享受你的土地吧。"

同样，拿到 2 个塔伦特的仆人带着他另外 2 个塔伦特来了，他对主人说："主人，你交给我 2 个塔伦特，请看，我又赚了 2 个。"

主人说："做得好！你是一个对一些事情充满自信的人。我会让你掌管很多事情。现在就去享受你的土地吧。"

最后，拿到 1 个塔伦特的仆人来了，他说："主人，我知道你想成为一个强人，收获没有播种的土地。我很害怕，于是就把钱埋在了地下。看那里，埋着你的钱。"

主人斥责他说："又懒又缺德的家伙，你既然知道我想收获没有播种的土地，那么你就应该把钱存在银行，等我回来后连本带利还给我。"说着转身对其他仆人说："夺下他的 1 个塔伦特，交给那个赚了 5 个塔伦特的人。"

"可是他已经拥有 10 个塔伦特了。"

"凡是有的，还要给他，使他富足；但凡没有的，连他所有的，也要夺去。"

故事的寓意很简单，就是让富有者更加富有，让贫穷者更加贫穷。

开始人们并不知道这其中的道理，甚至还感到有些莫名其妙，“贫者越贫，富者越富”，简直就是强盗逻辑。直到20世纪60年代，著名的社会学家罗伯特·莫顿首次将这种现象归纳为“马太效应”。人们才惊醒：原来任何个体、群体或地区，一旦在某一方面获得成功和进步，就会产生一种积累优势，就有更多的机会取得更大的成功和进步。

“马太效应”存在于社会生活的各个角落，例如，名声在外的人，更容易出名；大企业可以尽情地推广自己的产品，而小企业却只能在夹缝中生存；容貌漂亮的人，更容易引人注意，还会赢得更多的机会；朋友多的人，更有可能结交更多的人……

对于孩子来说，“马太效应”的作用也十分明显。从学习成绩看，成绩好的学生能考上好高中，接受更好的教育，更容易考上好大学，毕业求职也更加容易；成绩不好的学生只能上普通高中，考上好大学的概率要低一些，毕业求职也会受到影响。再从性格看，有自信的人和没自信的人结果也不一样。前者敢争天下先，不但获得的机会比别人多，还会不断获得新的成功，处境也越来越好；后者处处退缩，不但捞不着什么好处，反而处处受限，慢慢地，其性格会变得更加自卑、自闭，甚至自暴自弃，处境也就越来越差。

在家庭教育中，“马太效应”的消极作用是显而易见的。例如，当一个家庭有几个孩子时，那些被父母赏识、受青睐的孩子容易滋生自负自傲、孤芳自赏的不良情绪，从而脱离群体，有可能成为群体中的“孤独儿”；而那些不被赏识的孩子容易产生怨艾自卑的情绪，甚至自暴自弃，从而丧失自我发展的最佳心理环境，并造成父母与子女之间的情绪对立。此外，有的父母有严重的重男轻女思想，也容易使男孩产生盲目的优越感、女孩产生自卑感，得不到良好的自我发展。为了避免“马太效应”对孩子的消极作用，父母应采取公正客观的态度，以避免这种不公正现象的产生。

有梦想就有动力——目标效应

> 我宁可做人类中有梦想和完成梦想愿望的、最渺小的人，而不愿做一个最伟大的无梦想、无愿望的人。
>
> ——（黎巴嫩）纪伯伦

在很多年前，有一位穷苦的牧羊人带着年幼的儿子，靠给别人放羊来维持生计。一天，他带着儿子赶着羊来到一个山坡。这时，从他们的头顶飞过一群大雁，并且

很快从自己的视野中消失了。

“大雁要飞往哪里呢，爸爸？”儿子问他的父亲。

牧羊人回答说：“寒冷的冬天马上就要来到，它们将要飞往一个温暖的地方安家，等到来年天气暖和了，它们还是会飞回来的。”

“要是我们也能像大雁一样飞起来就好了，那我就要比大雁飞得还要高，去天堂看妈妈。”儿子眨着眼睛羡慕地说。

“做个会飞的大雁多好啊！可以飞到自己想去的地方，那样就不用放羊了。”儿子接着对父亲说。

牧羊人沉默了一下，然后对儿子说：“如果你想，你也会飞起来的。”

儿子试了试，并没有飞起来。他用疑惑的眼神看着父亲。

牧羊人说：“看看我是怎么飞的吧。”于是他张开双臂，飞了两下，也没飞起来。牧羊人转过身肯定地对儿子说：“可能是因为我的年纪大了才飞不起来，你还小，只要不断努力，就一定能飞起来，去你想去的地方。”

儿子牢记着父亲的话，在以后的日子里一直不断地努力。

人类最可贵的本能就是对未来充满幻想。一个真爱孩子的父母应当精心保护孩子的梦想，让梦想的种子长成参天大树。如果父母能及时正确地引导，梦想就是孩子未来的目标，就是孩子不懈奋斗的动力。

孩子天生都有梦想。当孩子有梦想时，父母应为此感到高兴，并且应及时给予肯定、鼓励，因为这正说明了他们对客观世界已经产生了强烈的兴趣和旺盛的求知欲，说明了他们将来可能会成为有出息的人。一个人心中拥有了梦想就会在希望中生活，投入他们全部的努力，并不断地创造奇迹。

许多看似不切实际的梦想其实都可以实现，这是因为梦想会使人产生激情，最大限度地激发人的潜能，从而实现自己的梦想。

当然，对于孩子来说，并不是所有的梦想都能实现，我们也不能奢望所有的梦想都能变为现实，梦想只是前进的动力和方向。因此，当听到孩子讲出自己的梦想时，父母不必轻率地嘲笑，不要去说那是不切实际的“好高骛远”。常常听到一些父母带着不屑的表情说：“就你那水平、那智力，还想未来当科学家呀？”这样的父母粉碎了孩子的憧憬，也粉碎了孩子的未来，是不合格的父母。

梦想就像人体成长所需要的微量元素与氨基酸，缺少它，大脑的营养就跟不上，思维就会变迟钝。父母要学会给孩子以梦想，让孩子在无数个梦想中充分发挥想象力与创造力。

梦想是孩子前进的指路明灯，是鼓舞孩子奋斗的风帆，是孩子取得成功的基石。当孩子心中有了梦想，他们就会为了梦想的实现而积极主动地学习，矢志不渝地奋斗不息。

对于孩子来说，目标是学习的动力。教育孩子确立自己的奋斗目标，是培养孩子上进心的重要手段，是帮助孩子成才的必经之路。父母为子女所设的目标，既不能太低，也不能太高。如果太容易达到，就不容易形成动力；如果太难达到，就会让人望而却步。只有合适的目标才对孩子有吸引力。所以，父母从小就要引导孩子的梦想，送给孩子美丽的憧憬，送给孩子一个个热爱生活的梦想。只有这样，才能促使孩子积极地调动全身的潜能，主动地求知探索。对于孩子来说，一旦有了梦想，就有了勤奋学习的动力，而且这种动力是持久的。

梦想还是改变孩子后进的一个很好方法。绝大部分后进孩子落后的原因，不是智力低下，而是缺少自我约束的能力，没有稳定的方向。引导孩子的梦想，就是帮助孩子确定一个方向，使他们自己管理自己、自己约束自己、自己成就自己。那么即便到最后梦想没有完全实现，孩子的人生也会因为不断的拼搏奋斗而变得充实和有意义。

安徒生的童年——重视环境影响

每个正常的婴儿，出生时都具有像莎士比亚、莫扎特、爱迪生、爱因斯坦那样的潜能，聪明和愚笨都是环境的产物。

——（美国）葛兰·道门

安徒生小时候是在丹麦一个叫奥塞登的小镇上度过的，他家境贫困，父亲只是个穷鞋匠，母亲是个洗衣妇，祖母有时还要去讨饭来补贴生活。他们的周围住着很多地主和贵族，因为富有，这些人便觉得自己高人一等，他们讨厌穷人，不允许自己家的孩子与安徒生一块儿玩耍。安徒生的童年孤独而寂寞。

父亲担心这样的环境会对安徒生的成长不利，但是他从来没在孩子面前流露出自己的这种焦虑，反而轻松地跟安徒生说："孩子，爸爸来陪你玩吧！"父亲陪儿子做各种游戏，闲暇时还讲《一千零一夜》等故事给他听。

虽然童年没有玩伴，但有了父亲的陪伴，安徒生的内心世界也充满了阳光和快乐。

除了家庭环境会对孩子产生潜移默化的影响以外，孩子的成长还会受到周围环境的影响，因此父母要留意孩子身边都是些什么样的人。古代“孟母三迁”的故事讲述了孟子的母亲三次搬家，正是为了给孟子选择一个良好的周围环境。

孟子小的时候，父亲早早地死了，母亲守节没有改嫁。一开始，他们住在墓地旁边。孟子就和邻居的小孩一起学着大人跪拜、哭号的样子，玩起办理丧事的游戏。孟子的母亲看到了，就皱起眉头：“不行！我不能让我的孩子住在这里了！”孟子的母亲就带着孟子搬到市集，靠近杀猪宰羊的地方住。到了市集，孟子又和邻居的小孩学起商人做生意和屠宰猪羊的事。孟子的母亲知道了，又皱皱眉头：“这个地方也不适合我的孩子居住！”于是，他们又搬家了。这一次，他们搬到了学校附近。每月夏历初一这个时候，官员到文庙，行礼跪拜，互相礼貌相待，孟子见了都一一学习记住。孟子的母亲很满意地点着头说：“这才是我儿子应该住的地方呀！”

有人专门做过这样的一个实验研究，他把一对双胞胎女孩子从小分开，一个留在大城市的家庭里，一个被送往边远的森林里随亲戚生活。两个孩子的遗传素质大体相同，由于生活的环境不同，这两个孩子的个性发展完全不同。留在城市的孩子喜欢读书，智力发展较好较快，也比较文静；而在森林附近的亲戚家长大的孩子，则不想读书，身体很好，会爬树，也很灵巧，性格很开朗。这都是环境影响的结果。

所以，父母一定要给孩子营造一个良好的环境，具体可以从以下几方面来考虑：

1. 选择一个好的社区环境

不同的社会区域，其社会成员的成分不同，所从事的职业不同，生活习惯、社会风气也就不同。家庭生活和社会生活息息相关，当地的社会生活习惯、社会风气，总是要渗透到家庭生活中去的，从而影响家庭的生活方式、生活习惯，进一步影响到孩子的成长和发展。

孩子的自制力不强，模仿力却很强，很容易受到周围环境的影响。因此，家长要尽量选择一个良好的社区环境，以发挥环境对孩子正面的积极的影响作用。

如果家庭搬迁，往往会对孩子的心理产生很大影响。因此，父母在搬迁前要告知孩子迁居的好处，帮助孩子妥善告别伙伴和熟悉的环境，迁居后指导孩子适应新的环境，注意帮助孩子克服焦虑的情绪。

2. 和睦的邻里关系

如果与邻居“老死不相往来”，这会给生活带来很多不便，家庭虽在闹市，孩子却仿佛居于孤岛，不利于孩子的成长。有些家长甚至因为一点小事情就与邻居成为冤家对头，造成邻里关系不和睦，这样会加剧孩子的孤独，妨碍孩子的心理健康。

社会心理学家告诉我们，邻里关系对孩子的心理健康有特殊意义，增加与邻里的友好交往是治疗独生子女“孤独症”的一剂良方。现在的孩子大多是独生子女，一个家庭如果和邻里相处融洽，两家的孩子在一起玩，经常来往，对孩子的成长是很有利的。

3. 留意孩子在学校交往的朋友

一般来说，孩子有自己交朋友的自由，父母应该尊重他们的选择。但是，孩子辨别是非的能力不强，如果和社会上一些不法青年交上朋友，就很有可能学坏。因此，父母不能忽视孩子所交往的朋友对孩子的影响，一旦发现孩子交友不慎，一定要及时纠正。父母要让孩子自己产生警戒，远离“损友”，如果情况很严重，父母可以和老师沟通协商，想办法解决，千万不能让孩子学坏。

勤奋读书的欧阳修——习惯养成

孩子成功教育从好习惯培养开始。

——巴 金

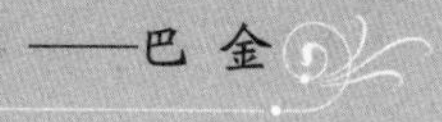

欧阳修是宋代著名的文学家、历史学家，“唐宋八大家”之一。

欧阳修很小的时候，父亲就去世了，母亲带着他艰难度日。好在母亲是一位有志气有见地的女子，她不仅以纺织维持母子两个人的生活，还决心让孩子读书，好让他长大后能成才。但家境实在是困难，交不起学费，上不起私塾，母亲就决定自

己亲自来教欧阳修识字、读书。

因为买不起纸和笔，母亲就在地上铺一层细沙做纸，用竹枝代替笔，教欧阳修写字。欧阳修天天跟着母亲学字背书，每天完成识字任务，还要温习、巩固。母亲还给他讲古代先贤的故事，教他做人的道理，鼓励他成为一个有学问、有抱负的人。

欧阳修很聪明，学东西很快，也记得牢，时间久了，就滋长了骄傲情绪。一天，他只顾贪玩，没完成母亲留给的作业。母亲很严肃地把他叫到身边，许久没有说一句话，只是不断地织着布。

忽然，母亲停了下来，递给欧阳修一把剪刀，对他说："你过来，把这匹布剪了。"

欧阳修吃惊地说："娘，你为什么要剪布啊？你好不容易织成的布，一剪断就没法卖了。娘，我不能剪。"

母亲这才对儿子说："你知道好不容易织的布，一剪断就可惜了；可是你不知道，你好不容易读到的书，如果一中断，也是可惜的。如果你一点一滴积累起来的知识不能继续巩固，就会荒废，长大了就难以成才啊。"

母亲的一席话，让欧阳修感到了脸红，他惭愧地低下了头，对母亲说："娘，我知道错了，我以后再也不贪玩了。"

从此以后，欧阳修更加发奋读书，从不懈怠。直到他长大成名之后，还保持着勤奋读书的习惯。

上述故事中，欧阳修的母亲从小就十分注重对欧阳修习惯养成的监督，其实，这是每一个做父母应尽的义务和责任。相信做父母的常有这样的体会：想要帮助孩子建立一种好习惯，需要一次又一次地监督强制，即便如此孩子也不一定就能养成；而一种坏的行为习惯根本不用人教，孩子一下子就会了。这让做父母的不得不感慨：真是学坏容易学好难。为什么会是这样呢？

这也许要从人性中的本能、欲望的低级需求中寻找答案。

从人的本能来说，人性是动物性的，攻击、破坏、放纵都是动物的本能，而弱肉强食，争夺支配权的厮杀是动物界生存力的表现，最强悍、放纵的动物总是能得到环境生存、培育后代的权利；而顺从、软弱的动物都一批批地被淘汰。由动物阶梯进化而来的人类，仍没有完全摆脱这种动物本能的潜在影响，它仍在人性中起着不可忽视的潜在影响作用，从而影响和左右着人的行为。从这个意义上说，守纪律、讲信用、爱劳动、爱清洁、勤奋好学等优良的行为属于人的社会行为，需要长期培养才有可能形成。而这些行为需要对本能加以克制和约束，通过训练才能形成。而松散、贪心、懒惰、自私自利等坏的行为，能满足人的低级需要，受人的生存驱动力的影响，很容易会自发地表现出来。

例如，大人要求孩子玩耍后玩具要放回原处，这种行为与本能相违，需要意志力和自控力，还需要长期而严格的相应训练，才能养成这一良好的行为习惯。相反，玩具玩完了一扔了事，既方便，又无须约束，当然不用学也做得到。

这种“学坏容易学好难”有点类似于“下坡容易上坡难”。我们都明白，上坡要比下坡费劲得多。如果把上坡比做“学好”，把下坡比做“学坏”，人生的“上坡”和“下坡”也有类似的规律，就像人们说的“学好千日不足，学坏一日有余”。

既然学好比学坏需要付出更多的努力和克制，那么，怎样才能做到让孩子学好而不学坏呢？

首先，做父母的要自己“懒惰”一些，不要什么都给孩子做完了。很多父母对于孩子的大事小事大包大揽，他们觉得孩子还小，自己能代劳的就代劳了。其实，父母这样的想法和做法都是错误的，最终导致的结果是，父母勤快了，孩子就懒惰了。所以，父母们别再替孩子把房间收拾得井井有条，让孩子自己尝试收拾吧，这样他们才能逐渐养成自己动手的习惯。时间长了，孩子的独立性和自立能力都会有所增强，对于责任的承担能力也会增加。

其次，经常故意给孩子制造一些“困难”，让孩子经过努力就可以做到。让孩子去克服这样的困难，有利于提升他们的能力，也容易让孩子感受到自己动手获得成功的喜悦，可谓是一举两得。

再次，制订家庭规范来约束孩子。俗话说，“没有规矩不能成方圆”，国有国法，家有家规。跟大人相比，孩子的自控能力较弱，有的已经改正的坏习惯还可能再犯，甚至有些已经养成的好习惯也有可能坚持不下去。为此，父母可以制订一些家庭规范来约束孩子。比如，孩子不能按时刷牙、浪费粮食、不按时洗澡等坏习惯，都可以通过制订家规给予限制和约束，促其改正。

最后，适当让孩子吃点苦。如今的生活条件好了，孩子们都习惯了安逸的生活，父母应该适当让孩子吃点苦，因为只有让孩子吃些苦，他们才能更加懂得珍惜现在和体谅他人。所以，父母应该经常让孩子参加学校组织的野营活动，或者植树节时带着孩子去体验植树的乐趣，又或者直接带着孩子去体验农村或山村生活，这样不仅可以培养其吃苦耐劳的能力，还能锻炼孩子坚强的意志力。

荣誉就像玩具——情商教育

让柏拉图与你为友，让亚里士多德与你为友，更重要的是，让真理与你为友。

——**美国哈佛大学校训**

居里夫人是一位伟大的女科学家，她仅在相隔 8 年的时间里，两度获得不同学科的最高科学桂冠——诺贝尔物理学奖与诺贝尔化学奖。这个纪录在百年诺贝尔奖的历史上还没有被人打破。

居里夫人的伟大，不仅因为她在科学上的贡献，还在于她那惠及世界父母的高超的家庭教育艺术。在居里一家中，居里夫妇和亨利·贝克勒因为在放射性上的发现和研究而获得了 1903 年的诺贝尔物理学奖；在她的教育下，她的长女伊伦娜成了核物理学家，并与丈夫约里奥·居里因发现人工放射性物质共同获得诺贝尔化学奖；次女艾芙·居里成了音乐家、传记作家，其丈夫曾以联合国儿童总干事的身份，获得 1965 年诺贝尔和平奖。这也是居里一家所获得的第四枚诺贝尔奖章，创造了诺贝尔奖的一个奇迹。这一奇迹源于居里夫人的教育艺术。

居里夫人因发现镭而闻名全球，并因此得到世界各种科学机构颁发的许多奖项。

一天，朋友到她家做客，忽然看见居里夫人的小女儿拿着一枚英国皇家科学协会的金质奖章在当玩具。朋友惊讶地问道："夫人，得到一枚英国皇家科学协会的奖章，是一项极高的荣誉，您怎么可以给孩子随便玩呢？"

居里夫人笑着说："我是想让孩子从小知道，荣誉就像玩具一样，只能玩玩而已，绝不能永远守着它，否则将一事无成。"

居里夫人家庭教育中最明显的特点是，用自己的高尚品德去影响孩子。她的品德中最令人佩服的是她的爱国心。她在丈夫皮埃尔去世后，经济上十分拮据，一个人的微薄收入不仅得抚养孩子，还得补贴一些给科研，有人建议她卖掉与皮埃尔在实验室里提取的 1 克镭，这在当时价值 100 万法郎，但居里夫人坚持不卖这一科研成果。她告诫两个女儿："镭应该属于科学，不属于个人。"为了纪念她的祖国波兰，她把首次发现的新元素命名为"钋"。她的行动感染了两个女儿，尤其是伊伦娜夫妇。他们不仅继承了居里夫人的科学事业，也继承了她的崇高品德。1940 年，他们把建造原子反应堆的专利捐赠给了国家科学研究中心。

绝大多数人的智商是差不多的，而后天的情商教育与情商培养可以改变你的生命轨迹，引领你走向卓越、超越平庸。美国心理学家认为，情商包括以下几个方面的内容：一是认识自身的情绪。因为只有认识自己，才能成为自己生活的主宰。二是能妥善管理自己的情绪，即能调控自己。三是自我激励，它能够使人走出生命中的低潮，重新出发。四是认知他人的情绪。这是与他人正常交往，实现顺利沟通的基础。五是人际关系的管理，即领导和管理能力。

情商的水平不像智力水平那样可用测验分数较准确地表示出来，它只能根据个人的综合童年时期表现进行判断。心理学家们还认为，情商水平高的人具有如下特点：社交能力强，外向而愉快，不易陷入恐惧或伤感，对事业较投入，为人正直，富有同情心，情感生活较丰富但不逾矩，无论是独处还是与许多人在一起时都能怡然自得。专家们还认为，一个人是否具有较高的情商，和童年时期的教育培养有着密切的关系。因此，培养情商应从小开始。

情商的价值是无量的，情商伴随着社会人的一生，是后天培养与修炼都能达到的。它需要自己去勇敢地面对自己厌恶的事情，这样你可以迅速地成长，去勇敢地面对自己所怕的。所以，我们的家长在重视提高孩子智商的同时，更要重视提高孩子的情商、道德商；身教重于言教，以父母自身的高尚品德与文明举止教育出来的孩子一定是品德高尚、智慧超群的孩子。

第二章

完整的教育，完整的人——孩子学习心理

不知疲倦“问一生”——学会学习

如果一个人不停地问问题，世上就没有愚蠢的问题和愚蠢的人。

——（美国）斯泰因麦兹

有一天，美国著名发明家爱迪生在路上遇到了一个朋友，对方的手指关节明显肿起来了。

“朋友，你的手怎么会肿起来的呢？”爱迪生不解地问。

“我也不知道是什么原因造成的。”

“为什么你不知道呢？医生知道吗？”

“每个医生的诊断都不一样，不过大多数医生认为我是患了痛风症。”

“哦？痛风症？痛风症是什么啊？”

“他们告诉我说这

是尿酸积淤在骨节里。”

“既然他们都已经知道了症结在哪里，那为什么不从你骨节中取出尿酸来呢？”

“那是因为他们也不知道怎么才能将其取出来。”生病的朋友回答。

“为什么他们不知道怎么取出来呢？”爱迪生很不解地问道。

“那是因为尿酸是不能溶解的。”那位朋友又说。

“我才不相信呢，我一定会找到办法的。”这位世界闻名的发明大王回答道。

跟朋友分别以后，爱迪生立即回到了实验室里，而且很快便开始试验尿酸到底是否能溶解。他排好一列试管，每只管内都灌入1/4管不同的化学液体。每种液体中都放入数颗尿酸结晶。两天之后，他看见有两种液体中的尿酸结晶已经溶化了。于是，这位发明家又有了一项新的发现，这个发现也很快地传播出去。现在这两种液体中的一种在医治痛风症中已经普遍得到采用。

爱迪生的一生，没有停止问“为什么”。他虽然没有把自己所提的问题都求出答案来，然而他所做出来的答案却多得惊人。组建美国羊毛公司的威廉·伍德说：“得到真正教育的唯一方法便是发问。”我们在求学的过程中，一定要多问多学，其实学问就是“学”加上“问”。做学问的人重要的不在于是否得到答案，而在于保持一种时刻寻求答案的态度。

这一点是我们每一个人都应该记住的，千万不能不求甚解，对问题听之任之。

快乐在哪里——确立目标

医生所犯的最大错误是，他们想治疗身体，却不想治疗思想。可是精神和肉体是一体的，不能分开处置。

——（古希腊）柏拉图

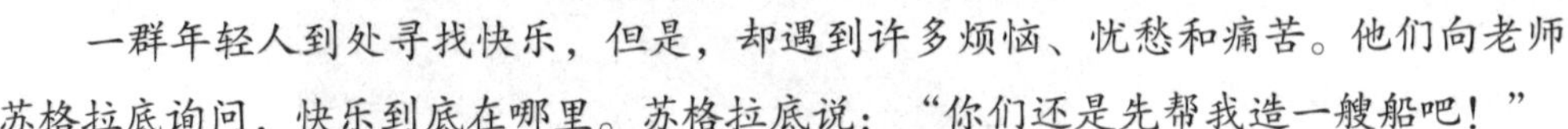

一群年轻人到处寻找快乐，但是，却遇到许多烦恼、忧愁和痛苦。他们向老师苏格拉底询问，快乐到底在哪里。苏格拉底说：“你们还是先帮我造一艘船吧！”

青年们暂时把寻找快乐的事儿放到一边，找来造船的工具，用了七七四十九天，锯倒了一棵又高又大的树，挖空树心，造成了一条独木船。

独木船下水了，青年们把老师请上船，一边合力摇桨，一边齐声唱起歌来。苏格拉底问："孩子们，你们快乐吗？"学生们齐声回答："快乐极了！"

苏格拉底道："快乐就是这样，它往往在你为一个明确目标忙得无暇顾及其他的时候突然造访。"

这个故事告诉我们，一个有明确目标并为之不懈奋斗的人，是世界上最幸福的人。为此，每个人都要学会给自己确定一个明确的奋斗目标，让自己在短期目标、中期目标和长期目标的指引下，过好生命中的每一天，感受每一天生活的快乐。也就是说，生活需要有追求，一个没有追求的人生，将是痛苦不堪的人生。这个故事还告诉我们，快乐与烦恼主要决定于一个人对生命的理解。许多成功人士都认为，人活着是为了能给他人带来幸福与快乐。那些有明确奋斗目标的科学家是世界上最快乐的人群之一，他们远离尘世的纷争，专心于自己所喜欢的工作。这也许就是作家、歌唱家、画家之类的专业人士为什么过得比平常人更有滋味的缘故。

一位少年拜访一位智者。他问："我如何才能变成一个自己快乐，也能够给别人快乐的人呢？"智者说："送你四句话——把自己当成别人，把别人当成自己，把别人当成别人，把自己当成自己。"少年牢记住智者的话，终于成为一个自己快乐且能给别人带来快乐的人。

其实快乐就在我们每个人的心里，重点是我们要有自己的目标：做人的目标、快乐的目标……当目标确立以后我们会发现，其实不断实现目标的过程中我们终于得到了人生的圆满和幸福。

斯坦福大学诞生记——学会尊重

不知道自己尊严的人，他就完全不能尊重别人的尊严。

——（德国）席勒

一对衣着朴素的老夫妇，没有事先约好，就直接去拜访美国哈佛大学的校长。校长秘书很不客气地说："校长整天都会很忙。"

老太太回答说："没关系，我们可以等他。"

几个小时过去了，老两口仍然呆坐在那里。秘书终于决定通知校长，校长很不耐烦地接见了他们。老太太告诉校长："我们有个儿子曾经在贵校读过一年书，但是去年，他发生意外死了，我丈夫和我想要在校园里为他立一个纪念物。"

望着长相平平的老夫妇，校长粗声地对老太太说："夫人，我们不能为每一位读过哈佛而死亡的人建立雕像。要是那样的话，我们的校园看起来会像墓园一样。"

老太太急忙辩解说："不是的，我们不是要竖立一座雕像，我们想要捐一栋大楼给哈佛大学。"

校长看了一下他们的穿着，轻蔑地说："你们知不知道建一栋大楼要多少钱？我们学校的任何一栋建筑物都超过750万美元。"

这时，老太太沉默不语了。校长很高兴，心想总算可以把他们打发走了，只见老太太转向她的丈夫激动地说："只要750万美元就可以建一座大楼？那我们为什么不干脆成立一所大学来纪念我们的儿子？"她的丈夫也点头表示同意。

就这样，斯坦福夫妇离开了哈佛，在加州成立了如今已闻名全球的斯坦福大学来纪念他们的儿子。

俗话说，人不可貌相，海水不可斗量。以貌取人的人本身就是缺乏道德的势利之人。以外表作为评断人的标准，不但贬低了别人也贬低了自己，更因此失去许多成功的机会。

尊重是一种修养，一种品格，一种对人不卑不亢、不俯不仰的平等相待，对他人人格与价值的充分肯定。任何人不可能尽善尽美、完美无缺，我们没有理由以高山仰止的目光去审视别人，也没有资格用不屑一顾的神情去嘲笑他人。假如别人某些方面不如自己，我们不要用傲慢和不敬的话去伤害别人的自尊；假如自己某些方面不如别人，我们也不必以自卑或嫉妒去代替应有的尊重。一个真心懂得尊重别人的人，一定能赢得别人的尊重。

所以，学会从心底里尊重每一个人是我们应该做到的，并且这也是我们需要终生学习的一大课题。

请为你的冷漠付费——关爱他人

慈悲不是出于勉强，它是像甘露一样从天上降下尘世；它不但给幸福于受施的人，也同样给幸福于施与的人。

——（英国）莎士比亚

1935年，时任纽约市长的拉瓜地亚，曾在一个位于纽约的贫穷脏乱区域的法庭上旁听了一桩偷窃案的审理。被控罪犯是一位老妇人，被控罪名是偷窃面包。在讯问到她是否清白或愿意认罪时，老妇人小声回答："我需要面包来喂养我那几个饿着肚子的孙子，要知道，他们已经两天没有吃到任何东西了……"

审判长答道："我必须秉公办事，你可以选择10美元的罚款，或者是10天的

拘役。”

判决宣布之后，拉瓜地亚市长从席间站起身来，脱下帽子，往法庭罚款箱里面放进10美元，然后面向旁听席上的其他人大声说：“现在，请每个人另交出50美分的罚金，这是我们为我们的冷漠所付的费用，以处罚我们竟让祖母偷东西来喂养孙儿的事发生在我们所在的城市里的过失。”

无人能够想象得出那一刻人们的惊讶与肃穆，每个人都悄无声息地、认认真真地捐出了50美分。

冷漠可以让急需得到帮助的人处于孤立无援的悲惨境地，冷漠还可以使本可避免的悲剧发生；冷漠既可以让人丧失人类最可贵的同情心与爱心，还可能丢掉自己的生命。相信下面这个发人深省的故事会给你留下深刻的印象。

一位大学教授带着硕士研究生和向导到原始森林里采集标本。向导是一个没有文化的山里人，除了带路，他还兼做一些挑扛行李、标本等苦力活。进山前教授已和向导商定，由教授每天给他20元工钱，出山后一次结清。

开头几天，三个人的关系还算融洽。可是一个月后，采集的标本便成了他们的负担。教授与他的得意门生依然讨论学术问题，依然不断采集那些珍贵的标本往向导的担子里塞。向导开始有了怨言，出现了消极怠工。这天向导走累了，他喘着粗气对研究生说：“我累得实在是走不动了，请你帮我分挑一些吧。”

研究生冷冷地对向导说：“你是我们花钱雇的向导，挑不起也得挑，对不对？”

教授更不愿意干与自己身份不符的仆役之活。向导一气之下将满满一担的标本往森林里一放，连工钱也不要就独自走出了原始森林。研究生只好承担起原先是向导的工作。在茫茫原始森林里失去了向导等于在大海上失去了指南针。研究生带着教授终日在森林里兜圈子，寻找着通往山外的路标……

多年后，向导因事要穿过那片原始森林，偶然在一棵大树旁发现了一担标本。

于是他想起了教授和研究生，终于在离标本不远的丛林里发现了两具尸骨。向导在回家路上将标本挑出了原始森林，送到一家研究所。研究所给他的酬金远远超过了当初教授许诺给他的佣金，这家研究所为了感谢向导的支持，还聘他为名誉研究员。

因为自私和冷漠，教授和研究生丢掉了宝贵的生命。关爱生命，关爱他人的生命，这是所有文明社会的文明人所必备的品质。如果他们当时能够多给向导一些关爱，为向导哪怕分担一点点的负担，也不会有如此可悲的下场。他们拥有渊博的知识，但他们所缺乏的正是人类最需要的同情心与爱心。上述的两个故事告诉我们，乐于分担别人的担子，帮助别人走出困境，愿意设身处地为别人着想、帮助别人走出困境的人，其实就是在帮助自己走向成功。

第三章

因材施教，有教无类——教师心理

苏步青和三位恩师——教师人格

> 教师的人格对于年轻的心灵来说，是任何东西都不能代替的。
>
> ——（俄国）乌申斯基

我国著名数学家苏步青在《怀念我的老师》一文中，讲述了他在求学路上遇到的几位老师。苏步青出身于贫苦农民家庭，十几岁时才作为一名插班生进入一所小学，由于语言不太通，学期结束时，成绩排在全班倒数第一名。

第二年他换了一所学校，语言是通了，但遇到一个歧视穷家子弟的老师。他怀疑苏步青作文中的好语句不是自己写的，因而尽管有好语句，还是给批了个“差”字。这使苏步青的心灵受到了打击，他便以不听课的方式相对抗，结果学期末又考了个倒数第一。

第三年他遇到了一个正直可亲、不歧视穷人孩子的陈老师，这位老师主动地接近他，了解他内心的苦闷，耐心地启发教育他要靠自己的努力争取好的前途，这位老师还说：“我看你的资质不差，只要好好努力，一定会成为有用之才。”这给他以极大的鼓励。从此，他开始集中心思学习，当学年结束时，他获得了全班第一名。从此以后，每次考试他都名列前茅，几年以后，他以优异的成绩考上了中学。

在中学二年级时，他遇到了一位姓杨的数学老师，他的课讲得非常吸引人，这使苏步青开始对数学产生了兴趣。这位老师赞扬苏步青文理科的基础不错，并鼓励他走科学救国的道路。在这位老师的指导、鼓励与帮助下，苏步青学数学的积极性与才能被激发了出来。他曾用20种方法解一道几何题，并写成论文，被送到当时的浙江省学生作业展览会上展出。

这时他又遇到了兼几何课的洪校长,这位洪校长经常看着苏步青做作业，边看边点头，脸上时时露出笑容。这时校长在即将离开中学到教育部任职之前，把苏步青叫到办公室，鼓励他毕业后到日本去留学，并说一定要给以帮助。苏步青中学毕业后写信给这位昔日的校长，很快就收到了洪校长寄来的200块银圆与临别赠言，鼓励他要为中华富强而发愤读书。洪校长经济上的资助与精神上的指引、鼓励，成为苏步青一生事业的转折点。

苏步青遇到的这三位老师，不仅有好心肠，不歧视穷人子弟，而且在培养人才方面非常内行。他们都有一双识别人才的慧眼，姓陈的老师一眼就看出苏步青资质不差；他们都爱惜人才，那位洪校长一次资助苏步青200块银圆；他们不仅诲人不倦，而且深谙育人之道，他们用发展的眼光去看待学生，能把一个青年在某一方面的兴趣与才能培养出来。由此可见，他们作为老师拥有高尚的人格。可以说，如果苏步青没有遇到这三位老师，今天的中国就会缺少一位成就卓著的数学家。

所以，做老师的应力求避免把学生分成“优生”和“差生”，而且要取消“差生”这种称谓。事实也是如此，6 ~ 15岁就确定一个学生是可以培养的还是不可以培养的，是“优生”还是“差生”为时过早。

从苏步青教授的成长经历不难看出，三位好老师帮助苏步青树立了对自己的信心，并且在以后的人生路上，这几个老师的鼓励和指引也让苏步青获得了成功的体验，并最终成为一个优秀的人。因此，老师们应为学生创设一个让学生体验成功的教育情景，而不能在有意无意中打击年幼的学生。对于学生们来说，老师的认可和鼓励对其一生影响深远。

给孩子贴上正面标签——标签效应

教育者的关注和爱护在学生的心灵上会留下不可磨灭的印象。

——（苏联）苏霍姆林斯基

在第二次世界大战期间，美国由于兵力不足，而战争又的确需要一批军人。于是，美国政府就决定组织关在监狱里的犯人上前线战斗。这些人纪律散漫，不听指挥，于是美国政府特派了几个心理学专家对犯人进行了战前的训练和动员，并随他们一起到前线作战。

心理学专家和他们谈话后，要求他们每周给自己最亲的人写一封信。当然，他们很高兴。信的内容由心理学家统一拟定，要他们照抄一遍就行了。信的内容大体是告诉他们的亲人，他们在前线如何勇敢、如何听指挥和创立了多少战功。

这样坚持了半年后，奇迹发生了：这些士兵竟一个个变了样，在战场上的表现比起正规军来毫不逊色，真的像他们信中所说的那样服从指挥、那样勇敢拼搏。

一个人被别人下某种结论，就像商品被贴上了某种标签。当被贴上标签时，就会使自己的行为与所贴的标签内容相一致。孩子的情感态度都是直接的，你给他们贴上什么标签，他们就会做出与标签一样的事情来。比如，你说他们是个乖孩子，他们就是个乖孩子，就会表现出听话的举动来；你说他们是个不听话的孩子，他们就会打人、骂人，做出一些让人生气的事情来。

老师应该及时给孩子贴上正面标签，哪怕是一个让人伤透脑筋的孩子也不要放弃，找准一个闪光点，把这个亮点放大，他们就会向着你期望的目标一步一步靠近。

一个人当被一种词语名称贴上标签时，就会作出自我印象管理，使自己的行为与所贴的标签内容相一致。这种现象是由于贴上标签后引起的，故称为“标签效应”。

心理学认为，之所以会出现“标签效应”，主要是因为“标签”具有定性导向的作用，无论是“好”是“坏”，它对一个人的“个性意识的自我认同”都有强烈的影响作用。给一个人“贴标签”的结果，往往是使其向“标签”所喻示的方向发展。

有的老师对孩子要求过高，当孩子无法达到时，老师就很失望，认为孩子“脑子笨”，经常批评他“大笨蛋”“不是读书的料”，这等于在无形之中给孩子贴上了“我不行”的标签。这种不良的标签会使孩子产生“我确实不行”的感受，并且对自己的能力产生怀疑，进而对自己失去信心，就会不自觉地放弃追求成功的努力。长此以往，坏标签的预言便会成真。

曾有人以“你长大想当什么？为什么？”为题，对小学五年级学生进行一个问卷调查。有些学生是这样回答的：“我学习成绩不好，老师说我是笨蛋，我也不知道长大能当什么。”从中可以看出大人给孩子的负面标签，给孩子造成了多大的危害！

孩子的很多行为，例如顽皮、好动，甚至做出出格的举动，这些表现多为孩子天性使然，无所谓好、坏，即使有一些不良行为，往往也是一种无意识行为或对成人的简单模仿。所以，切忌动不动就对孩子的行为贴上“好”“坏”的“标签”，人为地划分“好孩子”“坏孩子”，那样，很容易使孩子自觉不自觉地趋同于划定的类别，妨碍了他们的自然成长。

也许有的老师会说，给孩子贴上不好的标签，只是激将法，是想让他变得好一点而已。这是一种错误的观点。激将法对成人或许有用，但对孩子却很难奏效。因为，孩子年龄尚小，其独立性有限，对老师的说法易于认同，也很难产生“你说我不成，我就做得更好给你看”的想法。老师不可轻易对孩子下结论，不要给孩子乱贴标签。因为这样轻则会恶化师生关系，严重的还可能促使孩子向消极方面发展。

例如，日常生活中，有的孩子起床后不叠被子，老师往往不耐烦地说：“你真是条大懒虫。”有的孩子接受知识慢，老师有时也会忍不住批评说：“你怎么这么笨。”这些看似随意的一句话，实际上对孩子自尊、自信的伤害往往很深。

而且，在社交活动中往往物以类聚、人以群分，如果你给孩子贴上坏的标签，他就会把自己归到表现不好的学生那一类，经常和那些孩子待在一起，这又会加重孩子的不良倾向。

所以老师对有缺点、坏习惯、坏行为的孩子，千万不能动辄贴上坏的标签。相反，要从各方面去观察，用放大镜尽力找出孩子的闪光点，时刻看到他们的进步，用好标签去鼓励他们发扬优点。那么，“笨孩子”就有可能悄悄地变成“聪明孩子”，收到意想不到的教育效果。

期望能产生奇迹——罗森塔尔效应

善于鼓励学生，是教育中最宝贵的经验。

——（苏联）苏霍姆林斯基

我们在生活中可以发现这样的现象：当一个人没有得到应有的注意和期待，而是被埋没在人群中，那么他很可能就这样一直平庸下去；而当他被周围人寄予厚望并频频鼓励时，他却能宛若新生，仿佛突然间充了电一样，做出一番令人不可思议的“壮举”。

这就是神奇的“期待效应”，心理学上叫作“罗森塔尔效应”。

罗森塔尔是20世纪美国著名的心理学家。1966年，他做了一个实验：

他把一群小老鼠一分为二，把其中的一小群（A群）交给一个实验员，说“这一群老鼠是属于特别聪明的一类，请你来训练”；把另一群（B群）交给另外一名实验员，告诉他这是智力普通的老鼠。两个实验员分别对这两群老鼠进行训练。一段时间后，罗森塔尔对这两群老鼠进行测试，测试的方法是让老鼠穿越迷宫，结果发现，A群老鼠比B群老鼠聪明得多，都跑出去了。

其实，罗森塔尔对这两群老鼠的分组是随机的，他自己也根本不知道哪只老鼠更聪明。当实验员认为这群老鼠特别聪明时，他就用对待聪明老鼠的方法进行训练，结果这些老鼠真的成了聪明的老鼠；反之，另外那个实验员用对待普通老鼠的方法训练，也就把老鼠训练成了普通的老鼠。

罗森塔尔立刻把这个实验扩展到人的身上。1968年，他和助手们来到一所小学进行一项实验：

他们从小学一年级到六年级共选

了18个班，对班里的学生进行了“未来发展趋势测验”。之后，罗森塔尔以赞赏的口吻将一份占总人数20%的“最有发展前途者”的名单交给了校长和任课老师，并叮嘱他们一定要保密，否则会影响实验的正确性。

8个月后，他们再次来到这所小学，对那18个班的学生进行复试。结果奇迹出现了：凡是上了名单的学生，个个成绩都有了较大的进步，而且活泼开朗，自信心强，求知欲旺盛，更乐于和别人打交道。

其实，当初那份名单只是罗森塔尔随机挑选出来的，不过这个谎言对老师产生了心理暗示。在这8个月里，谎言左右了老师对名单上的学生的能力评价，老师又将这一心理活动通过情感、语言和行为传染给了学生，使学生强烈地感受到来自老师的热爱和期望，从而使各方面得到了异乎寻常的进步。

上述的实验结果深刻地表明了一点：教师对学生的期望影响着学生的罗森塔尔成绩。此后，罗森塔尔等人又做了一个实验，把教师的期望与学生的学业成绩做了相关分析，结果表明，教学成功的个人期望与学生的成绩是相辅相成的。克雷纳等人于1978年对4300名儿童进行了4年的纵向研究，并进行了一系列相关分析，结果表明教师期望明显地引起了学生成绩的变化。

现在，人们就把这种由他人的期望和热爱，而使人们的行为发生与期望趋于一致的变化情况，称之为“罗森塔尔效应”或“期待效应”。

罗森塔尔效应也告诉我们，当老师把学生当作聪明的学生来对待，用对待聪明学生的方法来教育时，学生就会成为聪明的人；当老师把学生当作天才，并让学生知道他们是天才的时候，老师的眼里就无“差生”可言。

均衡发展最重要——木桶定律

> 完善的教育可能使人类自身的智力和道德的力量得到广泛的发挥。
>
> ——（俄国）乌申斯基

古希腊神话中曾经有一则这样的传说：

美丽的女海神蕾蒂斯生下一个孩子，他的名字叫作阿喀琉斯。她把新生儿带到圣河，双手紧紧握住阿喀琉斯的脚踝，将孩子几乎完全浸到圣河里。经过圣河洗礼

的阿喀琉斯，从此拥有一副与众不同的金刚不坏之身。

长大后的阿喀琉斯果然骁勇善战，他为希腊立下许多不朽的功勋。所以在他的生命中，只有胜利与荣耀，他是失败、挫折、疾病、灾难等的绝缘体。直到特洛伊战争改变了这一切。特洛伊城的王子帕里斯劫走了希腊皇后海伦，阿喀琉斯奉命不计任何代价，必须救回皇后海伦。

一向战无不克的阿喀琉斯，经过 9 年苦战，却依旧攻不下特洛伊城。在战争进行到第 10 年时，敌方将领帕里斯在众神的示意下，一箭射中了阿喀琉斯的脚踝，阿喀琉斯倒下了。

原来当年蕾蒂斯将阿喀琉斯浸入圣河时，她双手紧紧握住阿喀琉斯的脚踝，这是唯一没有浸到圣河的地方，如今却成了阿喀琉斯的致命伤。

脚踝是阿喀琉斯唯一的弱点，可就是这个弱点决定了英雄的生死。

上述的故事讲述了一个道理，也就是木桶定律。一只木桶由许多块木板组成，如果组成木桶的这些木板长短不一，那么，这只木桶盛水的多少并不取决于桶壁上最高的那块木板，而取决于桶壁上最短的那块木板。这就是所谓的木桶定律。

现实生活中，每个人都有优势和劣势，它们共同构成了一个人的能力。然而，如果一个人的某些基本能力严重欠缺，那么原来的优势就会失去必要的支撑和平衡，强项必然受到弱项的拖累而无法顺利施展，最后鸡飞蛋打，导致崩盘。

对于学生来说同样如此，如果存在某类知识缺陷，能力的发挥总是受到制约；如果他的某些缺点长期得不到改善，甚至可能会给自己带来致命的打击。所以，学生只有均衡发展，充分发挥协同效应，才可能取得更大的成功。

如果把对学生的教育比作木桶的话，它应该由德育、智育、体育、美育、劳动技能教育五块“木板”组成。然而，我们在生活中发现，很多老师都非常重视智育这块“木板”的长度，却忽视了其他四块“木板”。这种片面的教育，其结果很可能与老师的初衷大相径庭。例如，我们看到有的老师不注重对学生的思想品德教育，结果学生走上了犯罪的道路；有的老师不重视学生的体育，结果一些成绩优秀的学生成了“豆芽儿”体形；有的老师不注重学生的美育，导致他们盲目接受社会的反面文化……

除此之外，在学生时代，有偏科现象的学生比比皆是，有些老师却忽视了对其偏科现象的纠正。这并不是一种好的教育方式。要知道各学科之间是相互联系、相互渗透的。学生的知识面如果太狭窄会影响他们对新事物、新学科的接受，甚至还会妨碍学术交流，影响学生的进一步发展。老师要有足够的耐心，不仅要保障学生优势学科的发展，更要热情辅导学生的非优势学科，善于发现学生的点滴进步，及时予以肯定和鼓励，激发学生对该学科的兴趣，增强信心。长期坚持下去，学习偏科的问题会逐渐得到解决。

总而言之，老师在培养学生的能力时，应及时纠正学生学习能力发展失衡的情况，千万不能只强调学生的优势或特长，而忽视甚至放弃学生的弱势能力，这样势必影响学生未来的学习和生活。

“小笨蛋”爱因斯坦——永不放弃

每个人的成长都有一个过程，他在某个年龄段该领悟什么样的问题，其实是固定的，你没办法强求，过分人为地加以干涉只会毁了他。

——（意大利）蒙特梭利

爱因斯坦出生于德国，父母是犹太人，后加入美国籍。他创立了相对论，是现代最伟大的科学家之一，他的理论改变了传统的科学体系，开创了一个新时代。

然而，他在童年时期，却很不起眼。除了老师发现他拥有数学天才之外，他是一个迟钝、害羞、落后的小孩，老师认为他是个累赘，父母也认为他是一个低能儿。他仅有的数学才能，也常被人否定。有一次，爱因斯坦到一个车站去买车票，当他发觉售票员找他的钱不够时，他便向售票员提出抗议，售票员仔细数了一遍之后，一点也未弄错，于是对爱因斯坦说：“你就是常把数字弄不清楚。”

据说，爱因斯坦到3岁时还不会说话，人家都叫他“小笨蛋”，只有母亲相信他是有才能的。他10岁时才进入慕尼黑的一所小学读书。读书时成绩也糟透了，他在任何一个学校里都没有读好。

后来，爱因斯坦在普林斯顿大学讲课时，便主张学生们要自由发展、不必拘泥于课本。他说："一个人在大学毕业前后，站在天平上称称看，是不是一个真正有学识和思想的人非戴方顶帽不可？"

和爱因斯坦一样早期"愚钝"，长大后成为"天才"的人还有很多："氢弹之父"特勒直到3岁才会说话，别人都当他是弱智儿；小儿科医学家蒙斯克博士3岁了还不会说话，而且每次开口说话都是慢吞吞的，让人受不了；堪称最好学的美国总统威尔逊，小时候情况更糟，直到9岁才会认识26个字母；著名数学家庞加莱小时候被认为是低能儿；"发明大王"爱迪生13岁就被学校开除，校长说他永远一事无成，等等。

孩子的成长需要一个过程，不可能一蹴而就。在这个漫长的过程中，孩子有自己的身心发展规律。例如，有些老师觉得有些孩子考试总是太粗心，不该错的会出错。其实有时并不是孩子有意犯错，而是孩子年龄尚小，大脑和神经系统还没有发展成熟，记忆的瞬间性、注意的短暂性、思考的不周密等因素都会造成粗心。这些在成人看来低级而简单的错误，会随着大脑和神经系统功能的成熟和完善而自动消除。

此外，每一个孩子都是一个独立的个体，先天的禀赋、后天的教育等都造成孩子之间的千差万别。就像人的手指头有长短，孩子也是各有千秋。不能因为孩子在某一方面比别的孩子差，就认定孩子的任何方面都比别人差。有的孩子交际上如鱼得水却不擅长写作；有的内向害羞但写起文章妙笔生花；有的唱歌会跑调但数学很好……老师期望自己的学生样样出色，这个出发点是好的，但也是不现实的，毕竟这个世界上也没有谁是真正的全能手，不是吗？

而且，不同孩子的成长速度有快有慢。有的孩子早早地锋芒毕露；有的孩子则可能属于大器晚成。我们在生活中也经常可以看到这样的例子，一些孩子在小学学习成绩一般，但是到了初中或高中成绩就有明显提高，甚至很突出。

孩子的成功离不开历任老师对他们从始至终的爱意和信心。所以，老师教育学生也要遵循其自然发展的规律，让孩子自由地发展，而不可拔苗助长。而且，每个孩子都是独一无二的。老师们不要总是拿自己的学生互相比较，哪个孩子成绩好就对他报以希望，哪个孩子成绩差就对他不理不睬。这样的做法是不对的，不仅容易失去客观的判断标准，而且会对孩子幼小的心灵造成伤害。

这个世界上没有坏孩子，只有"坏教育"。人各有其才，各有不同的能力。要善于发现孩子的闪光点，因材施教。即使我们一时未能找到孩子的闪光点，也绝对不要对孩子失去信心，更不能轻言放弃。当一种方法不行时，老师们可以积极尝试另一种方法，以调动孩子的积极性，让他朝着你预设的目标进发。相信总有一天，你会发现自己的学生已经长成了一棵参天大树，成为一个优秀的人！

赞美的力量——南风效应

培养人，就是要培养人对前途的希望。

——（苏联）马卡连柯

庙里的小沙弥聪明伶俐，深得方丈宠爱。方丈见其颇有慧根，决定将自己毕生所学倾囊相授，希望他日后学有所成，继承自己的衣钵。

一次下山，小沙弥被五光十色的红尘迷住了心窍，从此沉浸在花街柳巷中，拒绝再回到寺庙专心向佛。

20 年后，当年的小沙弥已人近中年，多年的红尘俗世经历使他开始明白事理，并深深忏悔自己这些年来的荒唐生活。他决定回到寺里，恳求方丈的原谅，希望能挽回自己的过错，重新做人。

庙门前，昔日的小沙弥长跪不起。

方丈很是厌恶他昔日的行径，拒绝了他的要求，说："你罪过深重，要想佛祖饶恕，除非桌子也能开花。"方丈顺手指着供桌。

桌子开花是不可能的，也就是说，方丈连悔过的机会都不给他。伤心失望的昔日小沙弥心灰意冷地离开了寺庙。

第二天早上，踏进佛堂的方丈惊呆了：一夜间，佛桌上开满了大簇大簇的花朵，每一朵都芳香逼人，佛堂里一丝风也没有，那些盛开的花朵却簌簌急摇，仿佛是焦灼的召唤。

方丈在瞬间大彻大悟。他连忙下山寻找浪子，但已经找不到了。

到了深夜，方丈发现佛桌上开出的那些花朵也凋零了，从头到尾它们只开放了短短的一天。

当夜方丈圆寂，临终遗言：这世上，没有什么歧途不可以回头，没有什么错误不可以改正，一个真心向善的念，是最罕有的奇迹，就像佛桌上开出的花朵。让奇迹陨灭的不是错误，是一颗冰冷的、不可原谅、不肯相信的心。

是人都可能会犯错，可是只要肯悔改，我们就应该给其机会。故事中的老方丈对小沙弥昔日的罪过选择了不原谅，连最后悔过的机会都没有给他。小沙弥绝望之下离去，没有人知道他会变成什么样，是否会再次堕落呢？老方丈最终醒悟，他不可原谅、不肯相信的心很可能令小沙弥从此一蹶不振，甚至就此堕落下去。这个故事告诉我们应该学会原谅，学会给人机会，而不是冰冷以待。

现实生活中，每个孩子都有一颗向上、向善的心，老师应该尊重、关心、激励自己的学生。在处理与孩子的关系时，一味地要求或者命令孩子，有时效果反而不好；如果老师可以站在孩子的角度上考虑问题，体谅孩子，就能很容易达到好的教育效果。

法国作家拉封丹曾写过这样一则寓言：

南风和北风打赌，看谁的力量更强大。他们决定比试谁能把行人身上的大衣脱掉。北风先来，他鼓起劲，呼呼地直吹着，直吹得冷风凛凛、寒冷刺骨，哪知道，风越刮，天越冷，行人把大衣裹得越紧。接下来是南风，南风徐徐吹动，轻柔温暖，顿时风和日丽，行人春暖身热，于是解开纽扣，继而脱下了大衣。结果是逞强好胜的北风输给了温文尔雅的南风。

人们把这种以启发自我反省、满足自我需要而达到目的的做法称为“南风效应”。南风之所以能达到目的，就是因为它顺应了人的内在需要，使人的行为变为自觉。

“南风效应”给我们的老师什么样的启示呢？在处理老师与学生之间的关系时，宽容比惩戒更有效。每个孩子都可能犯错误，老师要容忍孩子的缺点，客观、理智、科学地处理日常生活中出现的各种问题，而不是不分青红皂白地否定孩子、训斥孩子。当孩子犯了错误后，很多老师都选择扮演着“北风”的角色，忽视了教育有时也有负面作用，那就是当老师一味吹北风的时候，那些“不经意的严厉批评”和“恨铁不成钢的指责”会让孩子“裹紧身上的大衣”，引发一些心理问题，诸如自卑、孤僻自闭等，甚至产生报复心理，专门和老师作对。

某位教育家曾经说过：当孩子犯错误时，我们应该先避开错误的实质，把孩子从错误的阴影中带出来，带他们走向温暖的“阳光”，打开他们的心锁。这就是说老师要尊重和关心孩子，要用温暖的“南风”逐步吹掉他们自我保护的厚厚的紧紧裹着心灵的大衣，再心平气和地对待孩子的错误，以恰当的方法去引导他们、激励他们，发挥他们的主观能动性，最终帮助孩子改正错误，并获得成功。

第四章

方法改变命运——教育方法

给孩子失败的机会——自然惩罚法则

有时宽容引起的道德震动比惩罚更加强烈。

——（苏联）苏霍姆林斯基

1920年，有个11岁的美国男孩在踢足球时，不小心打碎了邻居家的玻璃。邻居向他索赔12.5美元，在当时那可是一笔不小的数目，足足可以买125只下蛋的母鸡！闯了大祸的男孩向父亲承认了错误，父亲让他对自己的过失负责。

男孩为难地说："我哪有那么多钱赔人家？"父亲拿出12.5美元说："这钱可以借给你，但一年后要还我。"

从此，这个男孩在学习之余开始了艰难的打工生活，他送报纸，替人擦皮鞋。经过半年的努力，终于挣够了12.5美元，还给了父亲。

这个孩子就是罗纳德·威尔逊·里根，美国第40任总统。他说："正是通过这样一件事让我懂得了什么是责任，那就是为自己的过失负责。”

有时候，父母的强迫、命令态度会让孩子反感，从而无法达到自然惩罚的目的。正确的方法是让孩子自己去感受错误。例如，一个孩子不爱惜家里的东西，今天又把椅子弄坏了。爸爸毫不留情地让他连续几天站着吃饭，让他体验一下自己的行为所带来的劳累之苦。

许多父母在教育孩子的时候，经常会不由自主地运用自己的“权力”，强迫孩子做事。这种单纯的命令是在利用父母的权力，而这种权力无非是身份、年龄或体力的差别，孩子当然无法在这些方面与大人抗争。强迫孩子做事会导致他们用其他的方法来抗争。在一个充满权力之争的环境里，很难想象会有好的教育效果。

运用“权力”教育孩子是一种很武断的教育方法，孩子不听你的话，并不是挑战你的权力地位，他们只是希望自己能有更多的自主权。

所以，当孩子犯了错误时，父母不应对孩子进行过多的指责，而应该让孩子自己承担错误直接造成的后果，给孩子以心理惩罚，使孩子在承受后果的同时感受心情的不愉快甚至是痛苦，从而让孩子能够正确认识自己的错误，进而自觉改正错误。

18 世纪法国著名教育家卢梭在他的教育论著《爱弥儿》一书中，提出了一个著名的教育法则——“自然惩罚”。所谓“自然惩罚”，按照卢梭的说法就是：“应该使他们（孩子）从经验中去取得教训。”具体来说，就是当孩子在行为上发生过失或者犯了错误时，父母不给予过多的批评，而是让孩子自己承受行为过失或者错误直接造成的后果，使孩子在承受后果的同时感受到不愉快甚至是痛苦的心理惩罚，从而引起孩子的自我悔恨，自觉弥补过失，纠正错误。

“自然惩罚法”的关键是要让孩子感到受惩罚是自作自受，是应该受惩罚的。简单地说，自然惩罚法就是让孩子在自作自受中体验到痛苦的责罚，强化痛苦体验，从而吸取教训，改正错误。

如何运用自然惩罚法，心理专家有以下建议：

1. 让孩子对自己的行为负责

学会对自己的行为负责，是每个孩子成长过程中重要的一步。父母要减少对孩子行为的干涉，让孩子自己选择，他们会在实践中尝到自己选择的后果。如果父母总是不停地唠叨、埋怨，孩子们就会转移注意力，觉得保护自己不受谴责和维护自尊心才是最重要的，因而有时候会反其道而行之。

2. 父母可以提醒孩子，但不要教训孩子

父母可以和孩子讲清道理，让孩子懂得某种行为可能带来的后果。当孩子出现某种不良行为的时候，父母可以提醒他，但不要教训他，因为过失所造成的后果将会给孩子适当的教训。

3. 父母要态度坚决，同时又要充满爱心

有的父母在运用这种方法的时候，只记得要惩罚孩子，因此常常放弃了父母应该具备的爱心。当孩子没有按照事先说好的去做时，父母不是让自然后果去惩罚孩子，而是过于严厉，对孩子大声斥骂。这样的教育，不再是自然惩罚法，而变成了父母对孩子的惩罚行为。

望远镜的发明——培养创造力

> 想象比学识更重要。
>
> ——（美国）爱因斯坦

故事一：

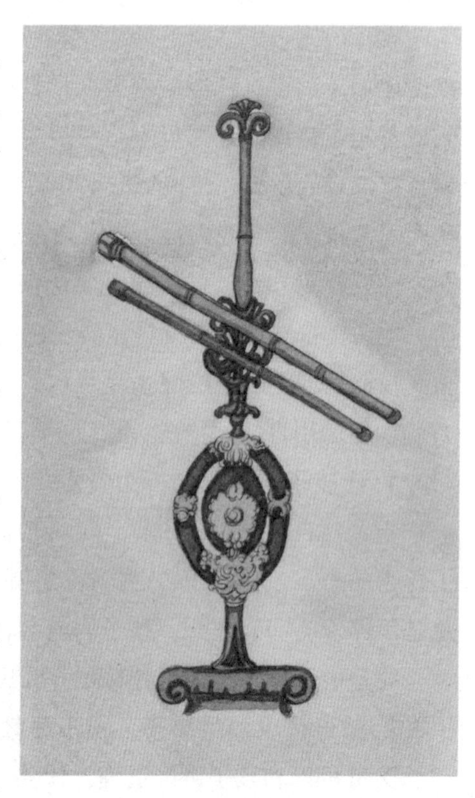

1609年，荷兰一家眼镜店老板汉斯的儿子拿着几块眼镜片与几个孩子在一起玩弄着。他们模仿大人，有的把镜片架在自己的眼睛前，有的把两块镜片放在一前一后看着远方。

突然，一个孩子惊喜地叫了起来："快来看呀，远方的教堂尖塔怎么变得这么近？"孩子的叫声惊动了站在柜台里的汉斯老板……汉斯仔细观察后发现，孩子手里拿的一片是近视镜片（中间薄、边缘厚的凹透镜），一片是老花镜片（中间厚、边缘薄的凸透镜）。孩子在游戏中发现了可以望到远处的现象，汉斯抓住这一偶然发现，认真研究后，发明了世界上第一台望远镜，为今天人类能够探索宇宙的奥秘立下了不朽的功勋。

贪玩不光是孩子的特性，也是成人的本性。人们把吃、喝、玩、乐称为生活的四大组成部分，世界每年众多的旅游人数，建立众多的游乐项目，遍布世界各地的旅游胜地等，无不说明玩是人类的天性。容忍孩子尽情地玩，并加以适当地引导，才是正确的育子之道。

故事二：

德国神童卡尔·威特的父亲，在院子里专门为小威特修了一个人造游戏场。他在院子里铺着60厘米厚的沙子，周围栽着各种花草树木。小威特在这里观花、捉虫子，培养出了善于观察、善于思考的习惯和热爱大自然的感情。他还做了各种木块，让小威特用这些木块叠房子、盖城墙、架桥梁……威特的父亲从不为了整理房间而破坏孩子的游戏，而是让孩子尽情地、快乐地享受游戏带来的乐趣，保护着孩子丰富的想象力。

我们从望远镜的发明到卡尔·威特的成长，不难发现一个具有普遍意义的启示：家长和老师要注意保护孩子玩的天性，通过带孩子亲近大自然、做游戏、玩智力玩具等孩子最喜欢的“休闲方式”，来培养孩子善于观察、善于思考的良好习惯和动手能力。同时还要注意选择教育性比较强的能增长孩子智力的玩具，从小培养孩子的丰富想象力、动手能力与良好的思维习惯。

人类社会的进步过程，从一定意义上说就是不断“异想天开”的过程。美国莱特兄弟小时候“异想天开”要上天，1903年，他们制成飞机实现了人类的首次机械飞行，真的上了天。人在几千年前就幻想过“顺风耳”和“千里眼”。1895年俄国波波夫发出了世界上第一份电报，1925年美国贝尔·德明发明了机械扫描电视，人真的能听到千里之外的声音，看到千里之外的物象了。

成人在考虑问题时，常受到许多潜在因素的限制，但孩子却不同，他们可以让思维插上翅膀尽情驰骋，常常会想出出人意料的答案，这是很可贵的。一位心理学家做了这样一个实验：在一张白纸上用黑墨水滴了一个黑点，问成年人这是什么，答案几乎是一样的：一个黑点。问幼儿园的小朋友，有的说这是一只断了尾巴的蝌蚪，有的说是一只压扁的臭虫，有的说是一顶帽子，有的说是一粒黑芝麻，答案有很多。

有时孩子会向大人提出一些天真的问题，大人不能一笑置之，更不能随意地加以嘲笑，而应正面鼓励并积极引导孩子大胆地想！在条件可能的情况下，还应设法促使孩子动手参与活动，让他们在活动中去寻求答案，以发展其求新求异的思维能力。

苏格拉底成功的秘诀——耐心守候

会等待的人一切都能得到。

——（古希腊）柏拉雷

有学生问古希腊大哲学家苏格拉底，怎样才能修学到他那般博大精深的学问。苏格拉底听了并未直接作答，只是说：“今天我们只学一件最简单也是最容易的事，每个人都把胳膊尽量往前，然后再尽量往后甩。”苏格拉底示范了一遍，说：“从今天起，每天做300下，大家能做到吗？”学生们都笑了，这么简单的事有什么做不到的？过了一个月，苏格拉底问学生：“哪些学生坚持了？”有九成的学生骄傲地举起了手。

一年后，苏格拉底再一次问大家：“请告诉我，最简单的甩手动作还有哪几位同学坚持了？”这时，整个教室里只有一个学生举起了手，这个学生就是后来成为古希腊另一位大哲学家的柏拉图。

人人都渴望成功，人人都想得到成功的秘诀。可以说，成功的秘诀看来很简单，但取得成功是不容易的。这个故事告诉我们，即使是最简单的事如果不能坚持下去，成功的大门绝不会轻易地开启。成功的秘诀是：坚持，坚持，再坚持。

下面这个故事又说明了什么呢？

美国一家报纸曾刊登了一则园艺所重金悬赏纯白金盏花的启事，在当地一时引起轰动。高额的奖金让许多人趋之若鹜，但除了棕色的与金色的之外，白色的金盏花并没有被人培育成功。一段时间之后，这件事早被人们抛到九霄云外去了。20年后的一天，当年那家刊登启事的园艺所收到了一封热情的应征信和100粒“纯白金盏花”的种子。

令人难以置信的是，寄种子的是一位年已古稀的老妇人。为了不让老妇人失望，人们将这些种子种下了。一年后，一大片纯白色的金盏花在微风中摇曳，让人瞠目结舌。

原来，老人是位爱花人。当她偶然看到那则启事后，便怦然心动。她的决定遭到了8个子女的一致反对。毕竟，一个连专家都无法完成的事，让一个压根儿就不懂遗传学的体弱老人去做，岂不是痴人说梦。老人还是痴心不改，她将普通的金盏花种子撒下，从开出的金盏花中挑选颜色最淡的，任其自然枯萎，以取得最好的种子。次年

再从中选取颜色最淡的花的种子……日复一日，年复一年，老人的丈夫去世了，儿女远走了，生活中发生了很多的事，但唯有种出白色金盏花的愿望在她的心中根深蒂固。

终于，在20年后的一天，她在那片园中看到了一朵如银似雪的白色金盏花，并获得100粒“纯白金盏花”的种子。

有人说，机会需要等待。其实，等待机会的这种等待是积极的等待，而非“守株待兔式”的守候。等待是一种耐心，是一种坚持不懈的追求。即使一粒最普通的种子种在心里，也能长出奇迹。

所以，大人教育孩子时不要急于求成，如果你指望孩子一教就会，一会就再也不用教了，那你必定会后悔。只要你愿意给孩子机会和时间，让孩子在你的教育辅助下慢慢成长，总有一天他们会长大，长成令你倍感骄傲的孩子。

陶行知与四块糖——宽容教育

> 人类本质中最殷切的要求是：渴望被肯定。
>
> ——（美国）詹姆士

故事一：

陶行知有一天发现学生王友用泥块砸自己的同学，他当即制止了王友，并令他放学后到校长办公室。

放学时陶行知来到校长室，发现王友已等在门口。陶行知立即掏出一块糖果送给他：“这是奖给你的，因为你按时来到这里，我却迟到了。”

王友带着怀疑的眼神接过糖果。

陶行知又掏出一块糖果放在他手里："这也是奖给你的，因为我不让你再打人时，你立即就住手了，这说明你很尊重我。"接着陶行知又掏出第三块糖果塞进王友手里："我调查过了，你砸他们，是因为他们欺负女学生。这说明你很正直，有跟坏人作斗争的勇气！"

王友哭了："你打我两下吧，我错了，我砸的不是坏人，是我的同学呀……"

陶行知满意地笑了，他随即掏出第四块糖果递给王友："为你正确地认识错误，我再奖给你一块糖果……我的糖完了，我看我们的谈话也该完了。"

故事二：

当代著名教育家魏书生老师处罚学生用三种方式：犯了小错误，罚他给全班同学唱支歌；犯了比较重一点的错误，要去做一件好事来补偿；犯了严重错误，写一份五百字的说明书。魏老师还向学生说明，说明书不是检讨书，犯错误的学生可以为自己辩护。如果确实认识到自己的错误，写明犯错误的心理活动过程就行了。

魏老师的这个提议自然得到全班同学的一致表决通过。从此，有人迟到了，作为小错误看待，他要在自习课上给大学唱支歌，既训练了唱歌的本领，又提高了当众表演的能力。当然，唱歌时心中还隐隐地升起一种羞愧感。至于犯了重一点的错误，需要自己去寻找做好事的机会，比如，给班级洗窗帘什么的。

上述两个故事中，陶先生与魏老师的成功就在于他们都有一颗宽容的心。教师对犯错学生的宽容，最能引发起学生心中的愧疚感，并对老师产生感激之情，从而下意识地改掉自己的毛病。因此，宽容教育是最成功的教育形式，带着爱心与宽容走进学生心中的教师，必将成为最成功的教育大师。

卡耐基与比西奇——夸奖教育

人类本性最深的需要是渴望别人的欣赏，因此我们要多夸奖别人。

——（美国）拿破仑·希尔

故事一：

有一次，卡耐基正在教学，在场听课的学生中有一位来自匹兹堡的学生，他叫比西奇。比西奇在上课过程似乎显得特别笨，在每个方面都似乎差人一等。因此，比西奇感到很沮丧。

下课以后，比西奇带着失望的心情来到卡耐基的办公室，对卡耐基说："先生，我想退学。"

"为什么？"卡耐基奇怪地问。

"我……我感觉比别人笨多了，根本学不会你的教程，这样一来，我完全是浪费时间而已。"

"我觉得不是这样的，比西奇！"卡耐基说，"在我的感觉中，这半个月来，你比以前进步明显，在我的心目中，你是个勤奋而又成功的学生。"

"真的是这样吗？先生，你真的是这么认为的吗？"比西奇略带惊喜地问。

"当然，当然是真的！而且，在我看来，在不久的将来，或许就在毕业的时候，你就会取得非常优异的成绩。"

看到比西奇的神情明显好转了不少，卡耐基继续说："在我小的时候，人们都认为我是个笨孩子，那时的我是多么的忧郁！后来，我摆脱了忧郁，同时也摆脱了‘笨’，你比我当年强多了！”

经过这一段对话之后，比西奇内心深处升起了希望。他凭着自己的努力和卡耐基的赞美终于学完了全部教程，毕业时成绩虽不很优异，但也足以让人刮目相看了。

故事二：

一位叫马尔科姆·达尔科夫的人，一直从事广告促销方面的专业创作，并取得了相当的成功。他深情地回忆起24年前那位改变他人生的女老师的故事：

小时候的达尔科夫是位生性极为内向的、胆怯、害羞的男孩。他几乎没有朋友，对什么事都缺乏信心。那是1965年10月的一天，他的中学女教师露丝·布劳奇在班上布置作业。学生们已阅读了《杀死一只知更鸟》一文，老师要求学生接着那篇小说的最后写续文。他无法回忆起女老师布劳奇给的评分是多少，但他至今仍清晰地记得，而且永生难忘的是布劳奇老师在他作文的页边空白处写下的那四个字“写得不错”。

他说：“在读到这些字之前，我不知道我是谁，也不知道将来要干什么了。读了她的批注之后，我回到家，就写了一篇短篇小说，这是我梦寐以求，但从来不相信自己能做的事。”

从此，在中学时代剩下的日子里，达尔科夫用课余时间写了大量的短篇小说，经常将它们带给布劳奇老师评阅，布劳奇老师不断地给予鼓励，批改一丝不苟，态度和蔼可亲。不久，他担任了中学报纸的编辑工作，他的信心与日俱增，开始了一种充实的、富有收获的生活。

在中学建校30周年的联欢会上，达尔科夫对已经退休在家的布劳奇老师说，如果没有老师那四个令人鼓舞的字，他也许今天不会成为作家。

夸奖应该真诚与实事求是，夸奖别人最忌讳的是用不太真诚的态度说出敷衍的话。千万记住，人是喜欢被夸奖、被人欣赏和赞美的。当别人夸奖他比别人更强或某方面做得特别好时，那他会变得乐不可支，卡耐基与比西奇的谈话之所以获得成功，是因为他深谙比西奇的心理。他能够用自己小时候的例子，让比西奇相信他说的是大实话，因而产生了心灵共鸣，并让比西奇付之行动，取得成功。因此，大人用真诚的态度、站在孩子的立场、设身处地地谈话，是最成功的谈话策略，因为能够产生心灵共鸣的教育才是最有效的教育，也才有可能真正将孩子教育成人、成才。

如果我们的老师都愿意在学生的作业簿上多写一些“写得不错”“有进步”“真是太好了”“好样的”等激励性的批注，那么在我们的学校里，将有更多的学生走上成功之路。

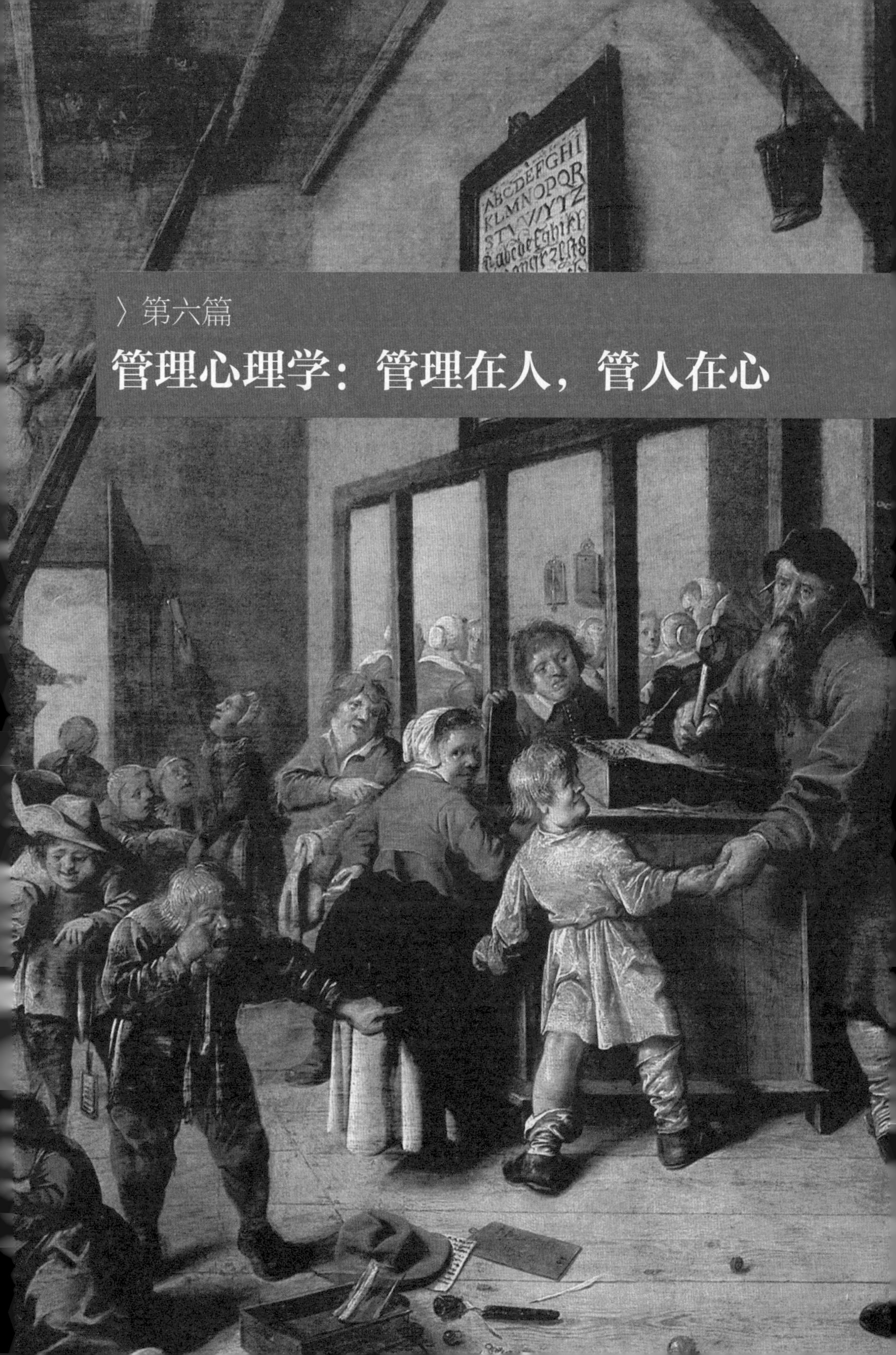

〉第六篇

管理心理学：管理在人，管人在心

第一章
一呼百应的秘密——领导者心理

麦当劳的椅子——走动管理

造人先于造物。

——（日本）松下幸之助

雷·克拉克是麦当劳公司的创始人，他有个习惯，就是不喜欢在办公室办公，他把大部分时间用在了“走动管理”上，到所有分公司和部门走走、看看、听听、问问，听取大家对工作的意见。

麦当劳公司曾有一段时间面临严重的亏损，克拉克用他的“走动管理”在各公司发现了一个很严重的问题——官僚作风盛行。公司的各部门经理都有一个很不好的习惯，喜欢靠在舒服的椅背上对员工指手画脚，把很多时间浪费在抽烟、喝咖啡和闲聊上。

克拉克为此十分生气，于是他下令：“把所有经理的椅背都锯掉，马上执行。”

命令下得很快，执行得也很快，不出一个星期，每个经理的椅背都被锯掉了。

锯掉椅背后，经理们对克拉克的做法很不理解，甚至还很恼火。椅背锯掉了就不能像以前那样舒服地靠着它抽烟喝咖啡了，于是大家都走出办公室，学着老板的做法到各部门基层走走、看看、听听、问问，很快他们就发现了管理中的问题，顿悟了克拉克锯掉椅背的用意。于是，他们及时调整管理方案，现场解决问题，终于使公司扭亏为盈。

走动管理体现了上级对下级或对客户的一种关怀。通过面对面的接触，管理者常常可以更好地对下级进行指导，与下级直接交换意见，特别是能够听取下级的建议，了解到各种问题，从而能更有效、更及时地采取相应的措施。

走动管理是世界上流行的一种创新管理方式，它主要是指企业领导深入基层，体察民意，了解情况，与员工打成一片，共创业绩。随着社会的发展，这种管理风格已日益显示出其具有的优越性。

1. 能产生联动效应，即主管动，下属也跟着动

既然领导都已经做出表率了，那么下属自然也会紧跟领导步伐，加强走动管理。

2. 投资小，收益大

现在，人们都在努力提高效率，走动管理不需要太多的资金和技术，就可提高企业的生产力。

3. 看得见的管理

最高主管到达生产第一线，与员工见面、交谈，期望员工能够提出意见，能够认识他，甚至与他争辩是非。

4. 实现真正的现场管理

日本为何有世界一流的生产力呢？有人认为是建立在追根究底的现场管理上。其实，日本企业的主管及其幕僚们每天要洗三四次手，原因是这些人的手是在现场东摸摸、西碰碰弄脏的。主管每天马不停蹄地到现场走动，下属也只好陪在其左右了！

5. 更能获得人心

优秀的企业领导要常到职位比他低几级的员工中去多听一些“不对”，而不是只听“好”的。不仅要关心员工的工作，叫得出他们的名字，还要关心他们的衣食住行。这样，员工会觉得领导重视他们，工作起来自然十分卖力。一个企业有了员工的支持和努力，业绩一定会蒸蒸日上。

杜邦公司的三驾马车——集权与分权

权力是腐蚀人的，绝对的权力就会造成绝对的腐蚀。

——（英国）阿克顿

杜邦公司在美国经济发展中具有举足轻重的作用，历经两个世纪的兴盛，是美国最大的财团之一，如今更是全球商业界的巨人。

历史上的杜邦家族是法国富爵王室的贵族，1789年法国大革命中，老杜邦带着两个儿子逃到美国。1802年，他们在美国建立了火药厂，历经200多年的发展，杜邦公司经营的产品和服务达1800多种，经营范围涉及衣、食、住、行、用等各个方面，拥有员工16万余人。

19世纪，杜邦公司实施的是单人决策式管理，领导者对公司实行强权控制，事无巨细亲自过问，使公司一度陷入危机，差点转卖给杜邦家族以外的人经营。

到了19世纪末20世纪初，杜邦公司决定抛弃单人决策式管理，实行集团经营模式，建立执行委员会。由于采取了新的措施，公司再度兴旺起来。但此时，杜邦公司依然属于高度集权式管理。

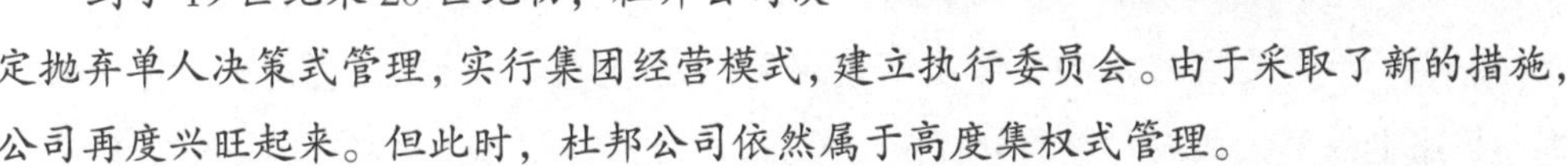

第二次世界大战之后，杜邦公司步入多元化经营阶段，但由于高度集权式管理的局限，多元化经营使公司遭到严重亏损。经过分析，杜邦公司实行了组织创新，由集团式经营向多分部体制转变，总部下设分部，分部下设各职能部门，这一时期，集权已开始向分权转变。

20世纪60年代初，杜邦公司又面临一系列困难：许多产品的专利保护期纷纷期满，在市场上受到日益增多的竞争者的挑战，道氏化学、孟山都、美国人造丝、联合碳化物等公司相继成为杜邦公司的劲敌。1960～1972年，美国物价指数上升4%，批发物价指数上升25%，杜邦公司产品的平均价格却下降了24%，竞争使杜邦公司遭受了重大损失。这一时期，掌控多年的通用汽车公司10亿多美元的股票被迫出售，美国橡胶公司也转到了洛克菲勒手下，当时的杜邦公司可谓是危机重重。

1962年，被称为“危机时代领跑者”的科普兰担任公司第十一任总经理。但是在1967年底，科普兰把总经理一职让给了非杜邦家族成员的马可，这在杜邦公司历史上是史无前例的，财务委员会议议长也由他人担任，科普兰只担任董事长一职，从而形成了“三驾马车式”的组织体制。1971年，科普兰又让出了董事长一职。

杜邦公司是一个家族企业，有一条不成文的规定，那就是家族之外的人不得担任最高管理职务，为了确保杜邦家族“肥水不流外人田”，甚至实行同族通婚，因此科普兰的举动在杜邦公司历史上，无疑是划时代的变革。但是科普兰对此举动自有他的解释，他说：“三驾马车式体制，是今后经营世界性大规模企业不得不采取的安全措施。”

事实证明，科普兰的革新是非常成功的。

现在，企业的兴盛越来越依靠群体的努力和团队的协作，管理者已没有时间坐下来听每一位下属的报告。管理者必须学会成功地下放权力，让每一位下属都有机会为完成工作作出贡献。

集权是指一切决策权均集中在上级机关，下级机关必须依据上级的决定和指示行事；分权是指下级机关在自己管辖的范围内，有权自主决定做什么和怎么做，上级不必干涉。

当企业规模发展到一定阶段，规模与效率的冲突就变得日益明显。这时，集权还是分权就成了企业管理中一个复杂而艰难的问题。处理集权与分权的关系，既要防止“失控”，又不能“统死”。

集权与分权是一对欢喜冤家，既互相矛盾，又密不可分。怎样才能化解它们之间的恩怨，使之发挥最大的整体协调效应呢？要达到这一目标，可遵循这样一条原则：战略上的集权和战术上的分权。

在现实的企业管理中，关于集权与分权的发展趋势是：最大限度地放权，实行扁平化管理。其主要依据有以下几条：

（1）随着社会生产力的发展，世界产品市场正逐步由卖方市场向买方市场转移，市场需求向多样化、个性化方向发展，市场划分越来越细，企业对市场变化做出反应的时间要求越来越短，市场机会稍纵即逝。同时，企业做出正确决策所需的信息量越来越多，也越来越详细，必然要求充分发挥基层组织的主动性和创造性，充分利用其自主权来适应他们所面对的不断变化的情况。

（2）如果决策集中在最高层组织，则传递有关决策信息的成本会越来越大，所需时间会越来越长，不利于企业对市场需求变动做出快速反应。

（3）即使最高层领导的经验丰富、判断力极强，但如果决策职能过分集中，则会造成其负担过重，陷入具体事务而不能脱身，也就没有时间做出更重要的决策。

为了更好地适应市场，发挥多样化经营的优势，企业应该及时调整组织结构。

肯德基的特殊顾客——激发动力

最好的CEO是通过构建他们的团队来达成梦想，即便是迈克尔·乔丹也需要队友来一起打比赛。

——（美国）查尔斯·李

肯德基公司的子公司遍布全球60多个国家，然而，肯德基公司在万里之外，又是怎么管理好子公司的呢？

一次，上海肯德基有限公司很意外地收到了3份总公司寄来的鉴定书，对外滩快餐厅的工作质量分3次鉴定评分，分别为83、85、88分。公司中外方经理都为之瞠目结舌，这三个分数是怎么评定的，后来他们才得知，肯德基公司雇用、培训了一批人，让他们佯装顾客进入店内检查评分。从表面上看，这些“特殊顾客”和普通顾客一样，毫无差别，因为他们都来无影、去无踪，这就使快餐厅经理、员工时时感到某种压力，丝毫不敢疏忽。这就是肯德基公司管理的高明之处。

很多企业都在宣传“老板在与不在都一样”，这句话说起来容易，做起来却难了。有的企业，当老板在的时候，有些员工就装模作样，表现卖力，等老板前脚刚走，他们就在办公室里大闹天宫了。于是，老板会在这个时候杀个回马枪，刚好逮个正着。这种情况毕竟是少数，因为老板没有这么多精力去跟员工玩游击战，所以，要想管理好企业，主要还是确立制度。如果建立了一套完善的制度，让员工意识到，无论何时都必须认真工作，那么员工就不会偷懒了。所以，要想达到这种效果，管理者就必须采取一些措施，时刻给员工一点儿压力、一点儿动力，以保持他们不懈的进取心。

正确只能把事情做对，而用心才能把事情做好。尤其对于直接服务于顾客的企业来说，更应以责任感作为管理的核心。

为了让员工树立起一种责任感，除了向肯德基学习，找一些特殊的顾客替自己监督外，你还可以采取下面的几种方法：

1. 把“我的事”变成“你的事”，把“我解决”变成“你解决”

老板不要轻易地亲自去帮员工解决问题，除非解决该问题超出了员工的权力范围和能力范围。这样既培养了员工的责任感，也培养了员工的工作技能和独立解决问题的能力。

2. 经常对员工的表现予以肯定

老板的肯定方向就是员工的价值取向。没有人不期望得到老板的肯定。老板应着重了解顾客对员工的评价，凡对顾客服务好、受顾客广泛好评的，老板就要肯定，可以公开表扬，也可以加薪、晋级，还可以送礼物。总之，要让努力的人更努力、不努力的人知道努力的方向。

3. 树立榜样

在自己的团队中，树立一个榜样，对激发员工的责任心有着深远的影响。社会上的榜样太遥远，身边的榜样不仅容易学习，更有一种直接的压力和动力。

洛克菲勒的女婿与世界银行的副总裁——资源整合

> 你不能衡量它，就不能管理它。
>
> ——（美国）彼得·德鲁克

在美国的一个农村，住着一个老头，他有三个儿子。大儿子、二儿子都在城里工作，小儿子和他在一起，父子俩相依为命。突然有一天，一个人找到老头，对他说：“尊敬的老人家，我想把你的小儿子带到城里去工作。”老头气愤地说：“不行，绝对不行，你滚出去吧！”这个人说：“如果我在城里给你的儿子找个对象，可以吗？”老头摇摇头：“不行，快滚出去吧！”这个人又说：“如果我给你儿子找的对象，

也就是你未来的儿媳妇是洛克菲勒的女儿呢？”老头想了又想，终于被儿子当上洛克菲勒的女婿这件事打动了。

过了几天，这个人找到了美国首富石油大王洛克菲勒，对他说：“尊敬的洛克菲勒先生，我想给你的女儿找个对象。”洛克菲勒说：“快滚出去吧！”这个人又说：“如果我给你女儿找的对象，也就是你未来的女婿是世界银行的副总裁，可以吗？”于是，洛克菲勒同意了。又过了几天，这个人找到了世界银行总裁，对他说：“尊敬的总裁先生，你应该马上任命一个副总裁！”总裁先生摇头说：“不可能，这里这么多副总裁，我为什么还要任命一个副总裁呢？”这个人说：“如果你任命的这个副总裁是洛克菲勒的女婿，可以吗？”总裁先生当然同意了。

故事里的“说客”非常善于利用身边的有利条件进行整合。一个普通的乡下小伙子竟然成了大富豪的女婿、银行的副总裁，不得不说是这个人一手造就的。世界上没有垃圾，垃圾是放错了地方的宝物；世界上没有庸才，庸才是放错了地方的人才。把东西、人才放到适当的地方，会产生四两拨千斤的奇效，这就是资源整合的魅力。在企业管理中，资源整合也是一个重要的内容。实现资源整合是企业发展的一个重要途径。在资源整合中，一个重点就是人力资源的整合。

其实，“资源整合”在我们生活中无处不在。人们都听过“一个好汉三个帮，一个篱笆三个桩”这句话，这实际上表现的就是一种人力资源的整合。

随着市场竞争格局的变革，企业面临着各种各样的激烈挑战，如全球化经营、技术进步、内涵式扩大再生产、通过增长获取利润及应变能力等。在克服各种激烈挑战和应对企业危机的过程中，人力资源的有效整合是关键所在。企业要想提高危机管理水平，人力资源的有效整合是关键。实践证明，企业面临的挑战和危机需要企业各部门管理者采用新的方式来运作人力资源。换句话说，新的竞争局面所引发的企业危机，需要对人力资源的行为及智能采取新的思考方式，即在真正意义上实施人力资源的有效整合，提高企业管理水平，从而在激烈的竞争和挑战中不断取得成功。

三年前的选择——长远选择

绝不能在没有选择的情况下，做出重大决策。

——（美国）艾柯卡·李

有三个人要被关进监狱三年，监狱长为了表示宽容，于是决定满足他们每人一个要求。美国人爱抽雪茄，要了三箱雪茄；法国人最浪漫，要了一个美丽的女子相伴；犹太人说，他要一部与外界沟通的电话。

三年过后，第一个冲出来的是美国人，嘴里鼻孔里塞满了雪茄，大喊道："给我火，给我火！"原来他忘了要火了。接着出来的是法国人，只见他手里抱着一个小孩子，美丽女子手里还牵着一个。

最后出来的是犹太人，他紧紧握住监狱长的手说："这三年来我每天与外界联系，我的生意不但没有停顿，反而增长了200%。为了表示感谢，我送你一辆劳斯莱斯！"

三年前的选择决定了三年后的未来。因此，管理者要时刻接触最前沿的信息，了解最新的市场趋势，做出正确的战略选择，以便创造更好的未来。

并非做任何事、做任何决定，都能保证没有一点儿失误而绝对正确，每个人都一样，常常会在情况不明之中做出错误的选择。在实际的管理工作中，一定要注意避免这些错误的发生。一般来说，容易使人产生错误而被误导的情形主要有以下几种：

1. 真理并非掌握在多数人手中

会议中当老板讲完或同仁发言时，迫于老板的威严或不愿与同仁争执而伤和气，不少人总是随声附和，讲出雷同或不痛不痒的意见。这往往会使会议主持者和决策人难以了解真实情况，以此做决定自然会脱离实际。

2. 别被美妙的字眼迷惑

有两个投资合作项目，一个成功的机会是80%，另一个有20%失败的可能，你选哪一个呢？多数人会选中前者，原因很简单，成功的字眼顺眼，使人兴奋。实际上这两个项目成功与失败的概率对等，只不过前者只提成功，后者强调了失败。

3. 不过分迷信经验

许多管理者总爱用老办法来处理新问题。过去的辉煌已变为历史，不一定就适合当前已经变化了的世界，何况从来就没有每仗必胜的将军。如果你仍用以前的经验来指导目前的生意，期望从中找到共同之处，那只会使你失去更多认识新事物，把握其特殊性的机会。

4. 不忽略基础数字

真正准确的报表应该来自各个车间或部门。有的管理者却往往忽视了报表的作用，认为来自各方的信息和数字，只要与自己的主张对路，业务上就没问题了，不愿多下功夫去挖掘更深一层的信息。

微软的英明之处——果断决策

一个成功的决策，等于90%的信息加上10%的直觉。

——（美国）沃尔森

1975年微软公司创立之初，当时的决策者比尔·盖茨和艾伦就敏锐地洞察到PC机系统软件将会有巨大的市场发展空间。

于是，他们果断地将企业的主导业务定位于PC机系统软件的开发上，并且倾己所有，从一位发明家那里买下了DOS操作系统软件的版权。微软公司正是凭借对这套以DOS操作系统为基础的系列产品以及后来的windows操作系统的开发，迅速发展成为全球最大、市值最高的软件公司。

到了20世纪90年代，当互联网的大潮开始涌动时，微软公司的管理层又一次洞察到互联网的巨大商机，投入大量人力、物力开发出互联网浏览软件Explorer。1997年底，微软公司更是果断地以3.5亿美元的天价，购并了硅谷一家成立不足两年、员工仅有26人、主导业务仅为提供免费邮件业务的小公司——Hotmail公司。

在谈判过程中，从接触到最终签约的时间不足3个月，微软公司董事长比尔·盖

茨更是亲自出马，坐在谈判桌前，与仅有20余名员工的Hotmail公司年轻的创始人就购并条款进行面对面的谈判，创造了一个关于风险投资与企业购并领域的经典案例。微软公司也正是借助于Hotmail所带来的注册用户和迅猛增长的业务，使自己旗下的www.msn.com网站，一跃成为全球注册用户最多和访问量最大的三大网站之一。微软公司再一次执住了时代之牛耳。

优秀的企业管理者，应该具备果断决策的素质，凡是自己认定的事情就要立即采取行动。这样才能抓住成功的机遇。

相反，如果一个人对事物、工作缺乏一种积极的自觉、主动的态度，他们在选择行动目的时，则不太懂得它的重要意义，也不清楚可能的后果，经常是患得患失。因此，就很难做出正确的决断来。

一个人果断决策的力量，与这个人许多方面有着密切的关系，比如才智、知识、判断能力、思考能力和对事物的理解能力等都是分不开的。一个人如果没有果断决策的能力，那么他的一生就像茫茫大海上的一叶孤舟，永远漂泊在狂风大浪的大海里，达不到目的地。

第二章

团队协作——团队建设心理

修网还是找出破网原因——二八法则

把我们顶尖的20个人才挖走，那么我告诉你，微软会变成一家无足轻重的公司。

——（美国）比尔·盖茨

一座破旧的庙里住着两只蜘蛛，一只在屋檐下，一只在佛龛上。一天，旧庙的屋顶塌了，幸运的是，两只蜘蛛没有受伤，它们依然在自己的地盘上忙碌地编织着蜘蛛网。没过几天，佛龛上的蜘蛛发现自己的网总是被搞破。一只小鸟飞过，一阵小风刮起，都会让它忙着修上半天。它去问屋檐下的蜘蛛："我们的丝没有区别，工作的地方也没有改变。为什么我的网总会破，而你的却没事呢？"屋檐下的蜘蛛笑着说："难道你没有发现我们头上的屋檐已经没有了吗？"

修网自然很重要，但了解网破的原因更重要。经常会看见忙得团团转的领导者，这些在管理中充当救火队员的领导者就像那只忙碌的蜘蛛一样，没有考虑过问题的根源是什么。

现代经济已进入高速发展的时期，而经济发展主要依靠管理和技术这两个轮子。在国外，经济学家认为西方工业现代化是“三分靠技术，七分靠管理”。众多的企业通过改进管理、创新求实成为世界知名企业。

管理者应该运用二八法则，把工作分出轻重缓急，条理分明，才能在有效的时间内创造出更多的财富。

二八效率法则同样适用于人力资本管理。实践表明，一个组织的生产效率和未来发展，往往决定于少数关键性的人才。基于此，如何构建高效率的人力资本管理制度就十分有意义。下面几项行动建议，供人力资本决策者参考，也许可助一臂之力。

（1）精挑细选，发现“关键少数”成员。

（2）千锤百炼，打造核心成员团队。发现“关键少数”成员十分重要，但更重要的是把“关键少数”整合起来，从中选择核心成员，建立决策、管理、创新工作团队。

（3）锻炼培训，提高“关键少数”成员的竞争力。

（4）有效激励，强化“关键少数”成员的工作动力。

运用二八法则管理人力资源，有可能使人力资本的使用效率提升一倍。

作为一名领导，必须懂得加强人的信心，切不可动不动就打击部属的积极性。应极力避免用“你不行、你不会、你不知道、也许”这些字眼，而要经常对你的下属说“你行、你一定会、你一定要、你会和你知道”。信心对人的成功极为重要，懂得加强部属信心的领导，既是在给你的部属打气，更是在帮助你自己获取成功。领导者不是独裁者，在领导之际，尊重人权，重视个体，友善地询问和关切地聆听相当重要。

金无足赤，人无完人。领导者过分苛求完美，下属们就会常常伴随着莫大的焦虑、沮丧和压抑。事情刚开始，他们就担心失败，生怕干得不够漂亮而不安，这就妨碍了他们全力以赴地去取得成功。而一旦遭遇失败，他们就会异常灰心，想尽快从失败的境遇中逃离。他们没有从失败中获取任何教训，而只是想方设法让自己避免让领导者失望。很显然，背负着如此沉重的精神包袱，他们是很难做出好的成绩的。

现代化管理学主张对人实行功能分析：“能”是指一个人能力的强弱，长处短处的综合；“功”是指这些能力是否可转化为工作成果。结果表明，宁可使用有缺点的能人，也不用没有缺点的平庸“完人”。

所以，领导者在管理的过程中找到“关键少数”的成员是必要的，这就要求必须建立合理的制度，从而防止人员流失。此外，敢于启用优秀人才、淘汰不合格的员工、建立有效的激励机制，也是维持组织活力，保持组织核心竞争力的必要条件。

买回短吻鳄的海因茨——快乐管理

事业不可能胜过幸福和快乐。

——（美国）谢里·拉扎鲁斯

海因茨要去佛罗里达旅行，这是他公司所有员工都知道的事情。大家对他说："好好玩一玩，你太累了，一年到头也难得轻松一回，这回就放心玩吧，公司的事有大家顶着呢！"

不久后，海因茨就回来了，而且没玩几天。

"怎么这么早就回来了？"大家以为他在外面碰到了不愉快的事。

"你们不在，没有多大意思。"他对大家说。

他指挥一些人在工厂中央安放了一个大玻璃箱，员工们纷纷过去看，原来里面有一只大家伙，是短吻鳄，重达 800 磅，身长 14.5 英尺，年龄为 150 岁。

"怎么样，这个家伙看起来还好玩吗？"

"好玩。"许多人都说从来就没有看到过这么大的短吻鳄。

海因茨笑呵呵地说："这个家伙是我这次佛罗里达之行最难忘的记忆，也令我兴奋，请大家工作之余一起与我分享快乐吧！"

原来，海因茨是为员工们买回来的，他不喜欢一个人观赏这个动物，就干脆把它买回来。这个海因茨就是亨利·约翰·海因茨——一个年销售额高达60亿美元的超级食品王国亨氏公司的创始人。

愉悦的老板肯定会有一个快乐的企业。在企业管理中，管理者有了快乐，别忘了与员工一起分享，这样才有利于进行团队建设，鼓舞士气，提高企业的凝聚力。

如果管理者想与员工分享快乐，不妨试试以下的做法：

1. 如果员工的工作单调，试试给工作添加些乐趣和花样。

2. 对于如何做工作，只给出一些提议，由员工自己选择去做。

3. 在企业里提倡并鼓励责任感和带头精神。

4. 鼓励员工之间的互相协作。

5. 有很大的庆祝活动时，别忘记让员工参加。

6. 日常闲谈中多表示赞赏，让员工知道管理者是关心他的。

7. 在员工过生日时，给他一份礼物或让其休息，员工自然会对企业产生一种亲切感。

如果一个管理者能做到以上几点，视员工为企业的根本，那么，管理者就能更好地促进企业的发展。

三洋公司的"鲶鱼策略"——竞争意识

新经济时代，不是大鱼吃小鱼，而是快鱼吃慢鱼。

——（美国）钱伯斯

挪威人非常爱吃沙丁鱼，渔民们如能将活的沙丁鱼带到市场，不仅能吸引人们竞相购买，而且还可卖出高价，为此，渔民们想尽办法延长沙丁鱼的生存时间，却总不能成功。

然而，有一艘渔船却让沙丁鱼成功地活了下来，由于该船长对此秘而不宣，外人一直不知其做法。

直到他死后，秘密才被揭开，原来他在鱼槽里放了一条大过沙丁鱼几倍的鲶鱼，

沙丁鱼放入鱼槽后，发现了鲶鱼，非常紧张，于是左冲右突，跳跃不停，这么一来，沙丁鱼活蹦乱跳地被运回了渔港。

在企业管理中，这种“鲶鱼效应”被称为激励效应。对不同的人要采用不同的激励方法，或投其所好，或击其要害，均能激发员工的潜在工作能力，使其为企业的发展更加努力地工作。

只要组织招进了能干的人才，有的员工就会感到紧张，一紧张，他自然会积极进取，由此一来，整个团体就会生机勃勃。

日本三洋公司总经理三洋千代的用人之道可谓是“鲶鱼效应”的一个典范。1985年起，三洋公司陆续从丰田、松下、本田等公司引进了一些“鲶鱼”，并且还聘用了一些精明能干、思维敏捷、富有朝气的年轻人，进而刺激了公司内部人员的危机意识，打破了公司内一潭死水的局面，带来的是人人努力奋进、一片欣欣向荣的景象。这种做法主观上培养了员工的竞争意识，进而激发了他们的生存竞争意识、创造潜能，客观上大大地提高了公司员工的办事效率，促进了公司的迅速发展。

人一旦没有压力，就会缺乏前进的动力，这是人性中的弱点。人的潜能是很大的，只有合理地开发引导，才能将之逐渐释放出来。因此，不妨在团队中放几条“鲶鱼”，提高员工的生存竞争意识。

在现代企业管理中，如何避开竞争对手的优势，找到对手的软肋，然后针对他们的软肋发起相应的竞争攻势，这就要掌握在竞争中求生存的4种方法：

（1）有清晰的目标。即使在竞争临头、压力巨大之时，也不能迷失最终目标。

（2）注意所有的选择。我们应当意识到一个问题有不止一种的解决方案。你要评估所有的选择，千万不要将所有的鸡蛋放在一个篮子里。

（3）感知能力。对职位在你之上和在你之下的人，给予同样的关注。无论是大老板还是车间工人，对他们给出的信息都要很敏感。

（4）缓解压力。压力太大的人是不能做出快速反应的。听音乐、做瑜伽、看球赛……要找到适合自己的解压方法。

本田公司的团队——竞争型团队

把你的竞争对手视为对手而非敌人，将会更有益。

——（美国）罗莎贝斯·莫斯·坎特

日本本田公司的团队竞争管理做得非常出色。有一次，本田先生对欧美企业进行考察，发现许多企业的人员基本上由三种类型组成：一是不可缺少的干将，约占两成；二是以公司为家的勤劳人才，约占六成；三是终日东游西荡，拖企业后腿的蠢材，占两成。本田先生发现自己公司的人员中，缺乏进取心和敬业精神的人员也许还要多些。那么如何使前两种类型的人增多，使其更具有敬业精神，而使第三种类型的人减少呢？如果对第三种类型的人员完全淘汰，一方面会受到工会方面的压力，另一方面又会使企业蒙受损失。其实，这些人也能完成工作，只是与公司的要求与发展相距远一些，如果全部淘汰，显然是行不通的。

后来，本田先生决定进行人事方面的改革，因为他想到了一个很好的办法，那就是引入竞争机制。他首先从销售部入手，因为销售部经理的观念离公司的精神相距太远，而且他的守旧思想已经严重影响了他的下属。经过周密的计划和努力，本田先生把松和公司销售部副经理、年仅35岁的武太郎挖了过来，担任本田公司销售部副经理。到任后，武太郎凭着自己丰富的市场营销经验和过人的学识以及惊人的毅力和工作热情，受到了销售部全体员工的好评，原销售部经理也因为职位受到威胁而改变了工作作风，结果公司的活力大为增强，销售情况出现了转机，月销售额直线上升，公司在欧美市场的知名度不断提高。销售部作为企业的龙头部门，也带动其他

部门提高了工作热情和活力。

竞争型团队因其自身具有强大的竞争力，日益成为企业管理中的重点，每个企业都想依靠强大的团队竞争力赢取市场。

如果想为企业建立起竞争型的团队，那么以下几点管理者是绝对不能忽视的：

1. 明晰目标

在内部竞争中要让员工知道到底在竞争什么。成功的团队不但清楚部门的目标是什么，更重要的是能和企业的发展目标相结合。

2. 树立评选标准

为了鼓励企业部门之间的团队竞争，企业应确定优秀部门、优秀员工、优秀管理人员的评选标准，并认真实施。通过设置内部群体之间的有序竞争去激发团队的活力，使企业的每一位员工始终处于精神饱满的工作状态中。

3. 推行绩效管理

企业压力机制的有效性，关键在于员工的薪酬、发展和淘汰机制与绩效管理系统挂钩的紧密程度。事实上，科学有效的绩效管理系统提供的结果能够真正起到“奖龙头、斩蛇尾”的效果，从而创造出压力的机制和氛围。

4. 要有制度保障

制度保障是让竞争在团队中真正发挥作用的重要一环。让员工在制度的保护下，重视竞争、参与竞争。值得注意的是，在建立内部竞争机制的时候，成员相互之间应是竞争而不是斗争。

第三章
知人与善任——管人用人心理

福布斯的用人策略——人尽其才

能用他人智慧去完成自己工作的人是伟大的。

——（美国）旦恩·皮阿特

福布斯集团的老板马孔·福布斯是一个十分善于用人的管理者。在福布斯集团工作，只要你有才干，你就能够被安排在合适的岗位上，让你大显身手。

大卫·梅克是一个才华出众的人，但他的管理风格让很多人都无法接受。他对人冷漠，从来不留情面，而且非常严厉。比如，在下属们忙着组稿时，他总会传话说："在这期杂志出版之前，你们中有一个人将被解雇。"

听到这话，大家都很紧张。

有一次，一个员工实在紧张得受不了，就去问大卫·梅克："大卫，你要解雇的人是不是我？"

没想到大卫·梅克竟说："我本来还没有考虑谁将被解雇，既然你找上门来，那就是你了。"就这样，那名员工被解雇了。

但马孔·福布斯恰好看重大卫·梅克的才华和严厉，他将大卫·梅克放在总编辑的位置上。大卫·梅克在任总编辑期间，最大的贡献是树立了《福布斯》"报道真实"的美誉。在那之前，《福布斯》曾多次被指责报道不真实。

为了保证报道的真实性，大卫·梅克专门让一批助理去核实材料。这些助理必

须找出报道中的问题，否则就将被解雇。

《福布斯》在20世纪60年代就能够与《商业周刊》《财富》齐名，报道真实，正是其最大的竞争优势。

马孔·福布斯还有一个用人的典型例子就是对其亲弟弟的使用。

他的弟弟华里士·福布斯是哈佛大学的工商管理硕士，并且有一定的工作经验。作为一个家族企业，如果把华里士·福布斯委以重任，一点儿都不过分。

但马孔·福布斯让弟弟到投资部担任副主管，还亲自向投资部的主管雷·耶夫纳保证，投资部的事情全权交给雷·耶夫纳，华里士·福布斯的职权仅仅限于处理业务。华里士·福布斯也高兴地接受了这样的安排，并且与雷·耶夫纳相处得很好。

马孔·福布斯这样安排，是因为他弟弟的长处在于企划方面，而不在于从事高层管理工作方面。

用最合适的人胜过用最优秀的人，精明的企业管理者对待人才要做的就是将合适的人才放在合适的位置上。

世间并没有一成不变的准则。面对不同的事物，我们需要不同的评判标准，对于人才的管理尤其明显。一个对其他企业相当有用的人对自己的企业来说并不一定有用，而把一个看似无用的人摆对地方也许就能创造出意想不到的收益。

聪明的管理者应该学会发现人才的优点，使得人尽其才，尽量避免人才浪费。

西华公司市井之中寻奇才——用人标准

将合适的人请上车，不合适的人请下车。

——（美国）詹姆斯·柯林斯

美国著名的西华公司（原名萨耶·卢贝克公司）的创始人理查德·萨耶是做小本生意起家的，他的事业发展到后来那么兴旺，连他自己都感到吃惊。他的成功之处在于他善于发现和使用人才。

他和搭档卢贝克开了间萨耶·卢贝克公司。他们实行了多种经营，突破了运输代理范围。当他们的生意越做越大时，却发现自己已无力管理好公司，因此就想找个人帮他们管理，但是过了好长一段时间他们都没找到合适的人。

突然有一天，萨耶下班回到家时，看到桌子上放着一块妻子新买的布料。

“你要的布料我们店里多得很，你干吗还花钱去买别人的呢？”他有点儿不高兴，因为他经营的小店确实有很多同样的布料。

“这种布料的花式很特别，流行！”妻子说。

“就这种布料，也能流行起来？它不是去年上市的吗？一直都不好卖，我们店里还压着很多哩。”

“卖布的这么说的，”妻子说，“今年的游园会上，这种花式将会流行。瑞尔夫人和泰姬夫人到时将会穿这种花式的衣服出场。这可是秘密哦，你不要告诉其他人。”

萨耶感到有些好笑，所谓的流行不过是卖布人的谎言罢了，抬出当地的两位贵妇人也不过是种促销手段罢了，想不到他这样精明的商人竟有这么一个轻易上当的妻子。

“你真的不能说出去哦。”妻子又强调。

萨耶摇摇头，没当回事，也没有打听那个卖布的人是谁，甚至当萨耶店里的那种花式的布料被人买走时，也没有引起他的注意。

到了游园会开幕那一天，果然如妻子所言，当地最有名望的两位贵妇瑞尔夫人和泰姬夫人都穿上了那种花式的衣服，其次是他的妻子和其他极少的几个女人穿了，那天，他的妻子出尽了风头。

更奇特的是，在游园会上，每一个女人都收到了一张宣传单：瑞尔夫人和泰姬夫人所穿的新衣料，本店有售。

这哪是什么新衣料啊？萨耶突然开窍了：这一切，都是那个卖布的商人安排的！手段不同凡响啊！

第二天，萨耶和卢贝克带着宣传单，到那家店去，想看一下那个商人到底是谁。远远地，他们就看见那家店被女人们挤得水泄不通。等他们挤进去时，却看到一张招贴：

“新衣料已售完，新货明日运到。”

那些妇人害怕第二天买不到衣料，都纷纷预付衣料款。伙计一边收钱，一边还假意说：“不收了不收了，怕明天到的衣料不够。”

其实，那种布料自去年以来，一直是积压货，整个镇上多得不得了——当然，已经全部集中到那个神秘商人那里去了。商人故意说明天才到货，不过是刺激跟风的女人们，让她们快些交钱，不要挑三拣四罢了。

萨耶和卢贝克一下子对那个商人佩服得五体投地。

“这个人就是我们要找的人，不管他是老是少，也不管他是男是女！”萨耶说。

但当他们见到那个商人时，却不禁哑然失笑：那个商人竟然是他们的老熟人路华德——经常和他们做生意的人。

由于没有深交，他们对路华德没有什么印象，可这回仔细一瞧，竟觉得路华德身上具有一种强大的吸引力。萨耶和卢贝克意识到，路华德如今的生意虽然做得比他们两个的小多了，但这个人的才能在他们两个之上，如果不能成为伙伴，日后必然成为他们最强大的对手。

后来，出身于市井小店的路华德对萨耶和卢贝克充满了感恩之情，工作十分投入，很快就做出了卓越的成绩。他和萨耶、卢贝克一起奋力拼搏，公司业绩蒸蒸日上，

10 年时间，营业额增长了 600 多倍。

技能、知识很容易被教会，才干则不容易被教会。不同职业和岗位所需要的才干各不相同，作为企业的管理者要想成就大事，就必须找有才干的人为己所用，并且不必计较他是否毕业于名牌大学。

作为企业的管理者要学会“识才”和“量才”。用人无非是使用人、利用人、重用人三种。但怎样把握“使用”“利用”和“重用”的关系，弄清什么样的人应该使用、什么样的人可以利用、什么样的人必须重用，这是一门很难把握的领导艺术。

每个企业都有人才，只是人才是多面性的、多重性的，单方面具有专长的人才比比皆是，巧妙地利用每个人各自的特长和专长是管理者应该考虑的问题，这就是识才，即利用人才。重用是一种带有战略性的用人抉择，被重用的人才要求德才兼备，品格与素质的高低往往决定着这个企业的业绩。重用的恰当与否，通常会对事态的发展产生极其重要的影响。重用和使用是有严格界限的，做领导的要使大多数的下属去做基础工作，却不能重用大多数人做指挥员；没有指挥员的队伍将会群龙无首，指挥员太多，做基础工作的员工太少，就会出现各持己见、互不相让、推诿扯皮、缺乏信任的现象。

作为管理者，要最大限度地使用人才，经常考虑怎样才能合理使用绝大多数的员工，从而稳住绝大多数人的心，使他们真心实意地为管理者所用。

松下的用人制度——用人不疑

> 用他，就要信任他；不信任他，就不要用他。
>
> ——（日本）松下幸之助

松下幸之助说：“用他，就要信任他；不信任他，就不要用他。”松下幸之助是这么说的，也是这么做的。

松下每次观察企业内部的员工时，都觉得他们比自己优秀，当他对他们说“我对这事没自信，但我相信你一定能胜任，所以就交给你去办吧”时，对方由于感觉受到重视，不仅乐于接受，而且一定能把事情办好。

1926 年，松下电器公司首先在金泽市设立了营业所。金泽这个地方，松下没有

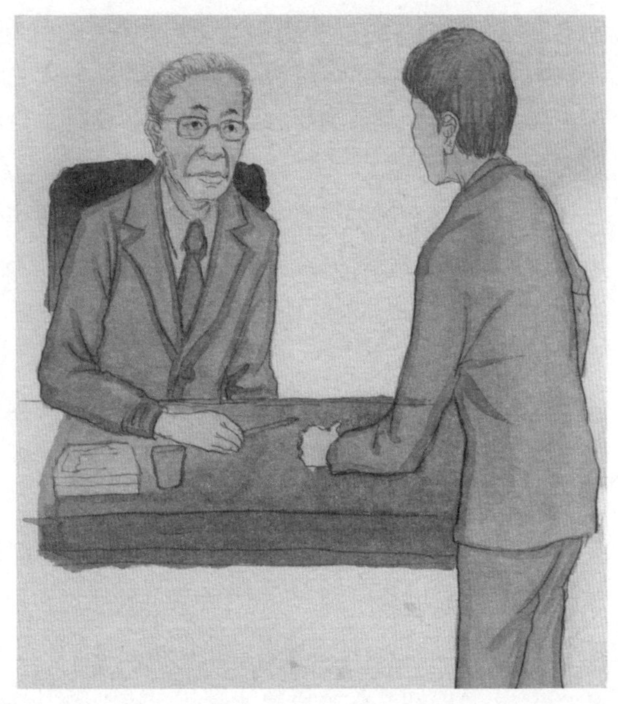

去过，但是经过多方面的考虑，他觉得有必要在那里成立一个营业所。有能力去主持这个新营业所的高级主管为数不少，但是，这些老资格的人却必须留在总公司工作，以免影响总公司的业务。

这时候，松下想起了一个年轻的业务员，这个人刚满20岁。松下认为年轻并不意味着做不好。

于是，松下决定派这个年轻的业务员担任筹备金泽营业所的负责人。松下把他找来，对他说："这次公司决定在金泽设立一个营业所，我希望你去主持。现在你就去金泽，找个合适的地方，租下房子，设立一个营业所。资金我已准备好，你拿去进行这项工作好了。"

听了松下这番话，这个年轻的业务员大吃一惊。他惊讶地说："这么重要的职务，我恐怕不能胜任。我进入公司还不到两年，等于只是个新来的小职员，也没有什么经验……"他脸上的表情有些不安。

可是松下对他有足够的信任，所以，松下几乎以命令似的口吻对他说："没有你做不到的事，你一定能够做到的。放心，你可以做到的。"

事实证明，松下的判断没有错，这个员工一到金泽，就立即开展工作。他每天都把进展情况写信告诉松下。没多久，筹备工作就绪，于是松下又从大阪派去两三个员工，正式开设了这个新的营业所。

"用人不疑、疑人不用"，管理者对下属就应给予充分的信赖，以此来激发下属的积极性和创造性，从而达到获取最大人才效益的目的。

在实际工作中，管理者对下属表示信任的方式有很多种。

（1）在大庭广众之下，有意制造最隆重的气氛，将最困难、最光荣的重要工作交给某个下属，使他觉得这是上级对他的最大信任。

（2）在下属发生某些工作失误，特意赶来向上级解释时，故意装作对此不感兴趣，打断他的汇报，并让他“好好休息”，甚至还“额外”给他一点儿不过分的安抚和照顾，暗示他继续大胆干，不要为此而背上思想包袱。

（3）在听到别人对下属的不公正非议时，当即旗帜鲜明地予以驳斥，并且一如既往地使用下属。

（4）不以一时的胜败论英雄。在下属屡遭挫折，工作进展不大时，绝不因此而抹杀他过去的功绩，怀疑他固有的才能，草率地中途换人，而是及时向下属提供必要的支持和帮助，消除他心中的阴影和疑点，尽快帮助他恢复战胜困难的信心和勇气。

（5）有意“免检”下属从事的某项工作，甚至对下属在工作中偶尔出现的小过失佯装不知，只要下属能知错改错，不再重犯，就不予细究。通过这种宽容的做法，使下属切实感到管理者对他的充分信任。

（6）在制订计划以及执行、检查、总结等管理过程中，管理者应尽量鼓励下属参与这些活动，让他们充分发表自己的意见。通过最大限度地满足他们愿意参与的心理，来增强他们对管理者的信任感。

（7）有时间就找下属随便聊聊，在闲聊中，应有意识地表示自己理解下属的工作动机和所作所为。这种在日常接触中培养起来的信任关系，往往比正式谈话中建立起来的感情更亲密、更自然，也更牢固。

（8）当下属确实因某些客观原因而遇到挫折和失败时，管理者应敢于承担自己的责任，绝不可不分青红皂白地将责任全部推到下属身上，让下属充当替罪羊。只有下属具有安全感，才能真正感受到上级对他的充分信任。

索尼公司的内部跳槽——鼓励竞争

以爱为凝聚力的公司比靠畏惧维系的公司要稳固得多。

——（美国）赫伯·凯莱赫

有一天晚上，索尼公司董事长盛田昭夫按照惯例走进员工餐厅与员工一起就餐、聊天。他多年来一直保持着这个习惯，以培养员工的合作意识及与他们的良好关系。

这天，盛田昭夫同往常一样在餐厅吃饭，他忽然发现一位年轻员工郁郁寡欢，闷头吃饭。于是，盛田昭夫就主动坐在这名员工对面，与他攀谈。

几杯酒下肚之后，这位员工终于敞开了心扉："我毕业于东京大学，有一份待遇十分优厚的工作。进入索尼之前，我对索尼公司崇拜得发狂。当时，我认为进入索尼，是我一生的最佳选择。但是，现在才发现，我不是在为索尼工作，而是在为课长干活。坦率地说，我的这位课长是个无能之辈，更可悲的是，我所有的行动与建议都要由课长批准。我自己的一些小发明与改进，在课长眼里却成了'癞蛤蟆想吃天鹅肉'，对我来说，这名课长就是索尼。我十分泄气，心灰意冷。这就是索尼？这就是我崇拜的索尼？我居然放弃了那份优厚的工作来到这种地方！"

这番话令盛田昭夫十分震惊，他想，类似的问题在公司内部员工中恐怕不少，管理者应该关心他们的苦恼，了解他们的处境，不能堵塞他们的上进之路，于是产生了改革人事管理制度的想法。

盛田昭夫立即着手处理这件事情，不久后，索尼公司开始每周出版一次内部小报，刊登公司各部门的"求人广告"，员工可以自由而秘密地前去应聘，他们的上司无权阻止。另外，索尼公司原则上每隔两年就为员工调换一次工作，特别是对于那些精力旺盛、干劲十足的人才，不是让他们被动地等待工作，而是主动给他们施展才能的机会。

在索尼公司实行内部招聘制度以后，有能力的人才大多能找到自己中意的岗位，而且人力资源部门可以很容易地发现那些流出人才的上司所存在的问题。

作为管理者，就应该鼓励内部竞争。只有鼓励内部竞争，才能冲破惰性和陈腐势力的束缚，营造一个"人人争当先进"的良性竞争局面。

鼓励竞争的方法多种多样，常见的有以下 4 种：

1. 果断起用有竞争力的人才，尽量避免"掐尖行为"

在"掐尖行为"最猖獗的时候，有魄力的管理者为了迎头反击习惯保守势力的"掐尖行为”，往往干脆采取“及时起用”的用人战术，十分果断地将业绩突出的人才尽快提拔到关键性的工作岗位上来，造成既成事实，使热衷于造谣中伤的人自感没趣，被迫偃旗息鼓，草草收兵。采用此法的关键在于事前要做好必要的考察了解工作，必须看准冒尖者。

2. 在关键时刻公开宣传具有竞争力人才的业绩

具有竞争力的人才感到最痛苦和难熬的时期，就是刚取得一些突出业绩，立即招来满城风雨的微妙时期。面对歪风，一个有正义感的管理者绝不能袖手旁观，无动于衷，此时此刻，他对具有竞争力的人才最有力的鼓励和支持，莫过于选择一个适当的场合向全体员工公开宣传这些人才的业绩。这样做，往往能收到澄清事实、驱散流言、主持公道、鼓励竞争的奇效。

3. 对业绩显著的人才给予适度的表彰和鼓励

在精神和物质上给富有竞争力的人才以适度的鼓励，不仅有利于鼓舞少数竞争者的斗志，激励他们更快地成长，而且也在公众面前树立起一批具有说服力和示范作用的榜样。

鼓励竞争时，管理者必须善于选择最有效的鼓励手段，最关键的鼓励时刻，最合适的鼓励场合，并且掌握最合理的奖励分寸，以此来扶植一大批有发展潜力的人才，并通过他们，带动更多的下属投入到良性的竞争之中。

为一个人才买下一家公司——留住人才

> 一个公司要发展迅速得力于聘用好的人才，尤其是需要聪明的人才。
>
> ——（美国）比尔·盖茨

福特汽车公司闻名于全世界，该公司有许多长处，其中一点就是非常重视人才。

一次，福特公司有一台马达坏了，公司所有的工程技术人员都没有办法修好，只好另请高明。

这个人叫思坦因曼思，曾是德国的工程技术人员，到美国后，一家小工厂的老板非常看重他的才能并雇用了他。

福特公司把他请来，他在电机旁听了听，于是要了一架梯子，一会儿爬上去，一会儿爬下来，最后在马达的一个部位用粉笔划了一道线，写上几个字：“这儿的

线圈多了 16 圈。”

果然，把这 16 圈线圈一去掉，电机马上又运转正常。亨利 · 福特因此对这个人非常欣赏，一定要把他聘请到福特公司来。

思坦因曼思拒绝福特说：“我所在的公司对我很好，我不能见利忘义，跳槽到福特公司来。”

福特马上说：“我把你供职的公司买过来，你就可以来工作了。”

最后，福特为了得到一个人才，竟不惜买下一家公司。

优秀的人才是企业重要的竞争力所在，因此管理者为了企业的发展，必须采取积极的措施留住人才。

下面是一些留住人才，使之发挥积极性的办法，具有很好的参考价值：

（1）委以更多的责任。

（2）付给丰厚的报酬。

（3）时常与他们谈一谈工作，取得认同。不过这些简单的方法还不能杜绝大部分企业里发生的人才外流现象。优秀的人才总是不断离开原来的企业而另攀高枝，不要忘记有的时候你是无能为力的。

（4）努力挽留要离去的人才。如果一个优秀的员工离开企业去接受另外一份工作，他的老板竟因全然不知而大吃一惊，这实际上是该企业管理不善的一个信号。企业里面应该有人事先就觉察到，并做出努力使这位不得意的员工回心转意。

（5）管理者要和人才交流思想。如果说一个经理有责任对其助手的思想状况敏感地做出反应，那么这个责任是两方面的：作为员工，他们应该向上级诉说自己的思想波动和要求；上级虽然难以探测他们的内心秘密，起码应该使员工能够接近自己，并使员工暴露他们的思想动态。

（6）快速提拔。有时候，管理者会有幸得到这样一个员工：其能力极高，以至于没有人怀疑他是否会沿着台阶一直升上去，问题只是升到什么位置以及以什么样的速度上升。管理者在提拔这样的员工时一定要多动脑筋，因为他很可能会给你的企业带来破坏。如果没有处理好这个问题，你不仅会失去他，同时还会得罪其他留在企业里的员工。不用说，这是一个高级的烦恼，但是不要轻视它。

（7）重视有前途的年轻人。在任何一家企业里，新聘用的那些刚刚大学毕业的优秀生最容易跳槽。他们是企业花了很大力气去争取的人才，是具有远大前程的人才。但令人悲哀的是，他们也是最容易被各个企业忽视的人才。

解决的办法是：在最初的 12 个月，将新员工看成是一笔投资。在这 12 个月里，观察、培训他们，让他们有机会接触企业最有能力的员工，促使他们负责一些稍稍超过其能力的项目。就像投资一样，这一项投资你不要希望立刻就收回利润。其实，他们在企业里待的时间越长，企业管理者所得到的回报就越高。

〉第七篇

商用心理学：经商有风险，心态是关键

第一章

摆正心态，从容赚钱——投资心理

从天堂到地狱和旅鼠现象——勿盲目跟风

对于一艘盲目航行的船来说，所有的风都是逆风。

——谚 语

故事一：

有一个石油勘探者，死了以后去阴间报到，他到一个路口看到一条路是去地狱，一条路是去天堂。他想，我这个人一辈子都不错，应该是去天堂，他就沿着天堂的路标一直走，终于找到了一个专门接收石油勘探者的大院。但是在门口守着的圣彼得说："你倒是有资格进这个院，问题是这里面满了，一个位子都没有了，因此，对不起，你可能得去地狱了。"这个勘探者说："能不能让我跟里面的人说一句话？"圣彼得说："这个可以。"他就大声地喊道："地狱发现石油了！"然后在里面的那些石油勘探者就蜂拥而出到地狱找石油了。这个时候圣彼得说里面空了，你可以进来了。然而这个人在那儿犹豫了半天，想进又止住了，他想了想以后说："算了，我还是跟他们走吧，没准儿那儿确实有石油。"

故事二：

有一种动物叫旅鼠，这种旅鼠是群居生活，而且繁殖量特别大。它们经常是一大群的旅鼠生活在一块儿，但是它们每年都要迁移。往哪儿迁移也不知道，反正有

带头的，往哪儿走后面一堆就跟着去了。最后走到了海边，一看是大海干脆就跳到海里边，在海里边也没有目标，于是游啊游，最后死在了海里。

投资中也存在这种旅鼠现象，也就是投资者像旅鼠一样毫无目的地追随大众选择时机和选择股票，从而引起股价大幅波动，结果使自己损失钱财的投资方式。特别是相当一部分人投资理财时有“跟风”的趋势。比如说看别人炒房挣了钱，自己也去买房准备出售；听说别人炒股赚了，也赶紧去买股票；发现买基金的人不少，也去当一回“基民”。盲目跟风是常见的一种投资心态。这是指投资者在自己没有分析行情或对自己的分析没有把握时，盲目跟从他人的心理倾向。心理学家认为，每个人都存在着一定程度的跟风心理。特别是在股市上，股市交易上的交易气氛，往往会或多或少地对投资人的决策产生一定的影响。到证券公司营业部现场从事交易的投资人，大概都有过被交易气氛所左右，最后身不由己地跟着气氛买进或者卖出的经历，因为投资人一般都不会拿自己的血汗钱去冒险。这种股民盲目跟风的心理决定了股市气氛。盲目跟风往往使投资人做出违反其本来意愿的决定，如果不能理智地对待这种从众心理，在错误思想的引导下做出错误的决定，则会造成严重的后果。

因此，为了规避炒股风险，维持股市的稳定，投资者必须克服盲目跟风的心理。要克服盲目跟风心理，首先必须掌握必要的股市基础分析和技术分析方法，对股市进行深入的研究，取得自己独立的见解。同时要加强自律，避免临时改变主意，要按自己的本来意愿操作。有的投资者总是跟在别人后面走，别人买他也买，别人卖他也卖。更有甚者，有的人干脆把钱交给别人，由他人代为操作，从不研究股市的动态，也不想为投资股市投入丝毫的精力，而心里却企图获得暴利，这是非常不现实的。投资者若想在股市生存和发展，必须下功夫研究股票投资知识，亲身下到“股海”中去学游泳，以此培养自己的分析能力，提高自己的操作水平，在实践中掌握股性，享受成功的喜悦，体验失败的痛苦。

猴子偷食——勿贪婪

贪婪的人饱不了，吝啬的人富不了。

——谚 语

在北非有一种猴子，非常喜欢偷食农民的粮食。当地农民发明了一种捕捉猴子的巧妙方法：把一只葫芦形的细颈瓶子固定好，系在大树上，再在瓶子中放入猴子们最爱吃的花生，然后等待猴子来偷花生。

到了晚上，猴子来到树下，见到瓶中的花生十分高兴，就把爪子伸进瓶子去抓花生。这瓶子的妙处就在于猴子的爪子刚刚能够伸进去，等它抓一把花生时，爪子却怎么也拉不出来了。贪婪的猴子绝不可能放下已到手的花生，就这样，它的爪子也就一直抽不出来，它就死死地守在瓶子旁边。直到第二天早晨，农民把它抓住的时候，它依然不肯放开爪子，直到把那花生放进嘴里才罢休。

许多人都会认为，那是愚蠢的猴子才会干的事情，聪明的人类怎么会上当，如此贪婪，甚至连命都不要呢？是的，聪明的人是不会为一把花生冒险的，但是，如果把花生换成股市里的巨额金钱呢？那么，像猴子一样吃亏上当、贪婪的人就不在少数了。

贪婪是情绪反应的另一极端，它在股市上的表现就是在最短的时间内赚很多的钱。谁都不会说自己的钱够用！在日常生活中，谁听说过有人嫌工资太高、福利太好的吗？无论得到什么、得到多少，人们总会编出理由来证明自己应该得到更多。这一方面出自人这种动物对争夺生存资源的自然反应，另一方面源自对自己的无知。在股票投资上，这种情绪是极其有害的。

首先，它会使人失去理性判断的能力，不管股市的具体环境，都勉强入市。不错，资金不入市不可能赚钱，但贪婪使人忘记了入市的资金也可能亏损。不顾外在条件，不停地在股市跳进跳出，是还未能控制自己情绪的股市新手的典型表现之一。

贪婪也使投资人忘记了分散风险。脑子里美滋滋地想象着如果这只股票翻两倍能赚多少钱，忽略了如果股票跌了该怎么办。新手的另外一个典型表现是在加股的选择上。买了 500 股 20 元的股票，如果升到 25 元，就会懊悔：如果当时我买 1000 股该多好！同时开始想象股票会升到 30 元，即刻又追涨买 2000 股，把绝大部分本金都投入到这只股票上。假设这时股票跌了 5 元，一下子从原先的 2500 元利润变成倒亏 2500 元。这时投资者失去思考能力，希望开始取代贪婪，他希望这是暂时的反调，股票很快就会回到上升之途，直升至 30 元。他可能看到亏损一天天地加大，每天都睡不好。

其实加股并不是坏事，只是情绪性地加股是不对的，特别在贪婪控制人的情绪时。是否被贪婪控制，自己最知道，不要编故事来掩饰自己的贪婪。

总之，要学会彻底遏制贪婪，要学会懂得放弃，有“舍”才有“得”，舍去一把“花生”，才能得到一条“性命”；舍弃无数的理念，才能用有限的生命、有限的时间，一心得到巴菲特价值投资理念的真谛，才能得到更多的“花生”。

普洱“地震”——勿投机

只有在潮水退去的时候，你才知道谁一直在游泳。

——（美国）沃伦·巴菲特

2007 年 7 月初，普洱茶降价潮席卷全国，各类品种价格普遍下跌了 20% ~ 50%。“疯狂”的普洱茶终究没能“疯”多久，2007 年 3 ~ 4 月间价格暴涨，有的品种甚至到了有价无市的地步，不少炒家用麻袋装着现金在树下等着茶农采摘新茶，到 2007 年

7月价格狂跌，普洱茶市被形容成遭遇“地震”“崩盘”，不过短短两三个月时间。

实际上，这是刚开始就应预见到的结果。普洱茶，说到底也就是一种茶，普通的消费品，算不上稀有罕见，也没有什么特别的医疗保健功能可使其身价让其他茶叶望尘莫及，至于有的品种像国家级古董、文物那样“有价无市”，就更是有违市场规律。这个道理不难想明白，普洱茶市场上的泡沫也不难识破，但不少人眼里只看到别人赚钱了，心里只想着自己也要发财，于是不顾一切地扎进去，跟风炒普洱，结果损失惨重。

投机不等于投资。投机成功，往往使人一夜暴富。然而，天底下从来就不存在包赚不赔的买卖，投机既然有如此高利益的回报，就必然存在着更高的风险。一旦投机失败，可能连本带利赔光，甚至可能欠下巨额债务。

巴菲特在投资过程中一直坚持着一个原则：要投资而不要投机。这也是他的投资哲学。

巴菲特不是靠在股市上低买高卖、炒作股票成为巨富的，恰恰相反，他一贯坚决反对投机炒作。有些投资者，幻想通过炒作每年从股市上赚30%甚至更多，若干年后，也就成为“巴菲特第二”了，这是一个严重的误解。巴菲特控股的上市公司的平均收益率，确实在几十年的漫长时间里，保持了23.6%的增长速度，但这种增长不是靠市场炒作获得的，而是靠公司扎扎实实的业绩得来的。

巴菲特致富的核心武器是投资，而不单单是长期持股。巴菲特笃信投资，一贯反对投机。他鼓励长期投资，确实长期拥有几只股票，但前提是这些企业真正值得长期投资。他完全不会接受投资风险，只有在确认没有任何风险的前提下才会出手。

他认为如果一项投资有风险，要求再高的报酬率也是没用的，因为那个风险并不会因此而降低。他只寻找风险几乎接近零的行业和公司。

他在给股东的年度报告中明确地说："我不会拿你们所拥有和所需要的资金，冒险去追求你们所没有和不需要的金钱。"

巴菲特认为，投机是不可取的。对个人投资者来说，投机风险太大。由于投机强调的是低买高卖，投资者很容易浪费时间和精力去分析经济形势，去看每日股票的涨跌。投资者花的时间越多，就越容易陷入思想的混乱并难以自拔。但在巴菲特看来，股票市场短期而言只是一个被投资者操纵的投票机器，而投资者的投资行为又都是非理性的，所以根本没法预测。而股票市场长期而言又是一个公平的天平，如果投资者购买的企业有潜力，那么长期来看企业价值必然会体现在股票价格上。所以巴菲特认为最好的方法就是以低于企业内在价值的价格买入，同时确信这家企业拥有最诚实能干的管理层。然后，永远持有这些股票就可以了。

投资才是致富的真谛，而并非投机。巴菲特在股市的成功，依靠的是他对基本面的透彻分析，而非对消息的巧妙利用。投资者一定要明白这一点。

看清"市场先生"的游戏——远离市场

不做研究就投资，和玩扑克牌不看牌面一样盲目。

——（美国）彼得·林奇

多年来，巴菲特远离喧嚣的华尔街住在奥马哈位于美国中部的内布拉斯加州的一个不大的城市。巴菲特常用的通讯工具就是两部电话，可以在必要时与不同的经纪人进行联系。

虽然巴菲特的投资帝国在不断发展壮大，但他说自己的投资策略多年来却几乎没有改变。巴菲特称，他把一天中的大部分时间用来思考和阅读。巴菲特的日程中从不安排会议。他很善于说不，了解自己喜欢什么。不管他做什么，结果都好得令人难以置信。日常，他喜欢坐在办公室里阅读和思索。他还有一些更喜欢做的事情，但是肯定不多。他常年居住在宁静的奥马哈——他出生的地方。他已同一群人交往熟了，所以他喜欢和这些人共处。他非常热爱自己的工作，与人谈起自己的工作时，他的态度也很谦虚平和。他感觉自己十分幸运，因为生而逢时，自己的才能可以获得如此高的认可。假如生活在其他的年代，他的技巧可能不会派上用场。

巴菲特习惯于一天大部分时间都待在自己的办公室里。办公室里没有电脑，也没有股票报价机或其他股票数据终端。电视机被调在了播放财经新闻的 CNBC 频道上，不过声音被关掉了。虽然他有时候在路上会带着手机，但他在办公室里从来不用。办公桌上没有计算器，他的计算大多数都是在脑子里完成的。他说，他的大部分投资决策并不需要很准确的数字作依据。在他办公桌后面的小柜子上有两部黑色电话机，直通他在华尔街的经纪商。

巴菲特能迅速地做出投资决策，省去了例行的决策会议以及顾问们建言献策的程序，他也不要求手下的经理们经常向他汇报工作。

巴菲特本人具有非凡的创造力、高尚的品格、敏捷的反应以及大家都喜欢的幽默感。多年来，那些与他一起共事的数十位企业经理，除了退休或者病故之外，都一直追随着巴菲特。

在伯克希尔公司 1995 年年度报告中，巴菲特说："伯克希尔公司在 1995 年通过企业收购接收了 1.1 万名新雇员，但是，我们总部的工作人员只从 11 个人增加到 12 个人，没有必要疯狂。"

到了 1998 年，他的确有点发疯，总部有 12.8 个人，这一年的公司年报写道："总部的工作人员已经从 12 个人扩大到 12.8 个人（我们聘用了一名新的会计师，他每周工作四天）。到了 2000 年，总部有 13.8 个人。"在 2000 年伯克希尔公司年报中，巴菲特这样写道："这个小小团队创造了很多奇迹。2000 年，它处理了与 8 个企业收购活动有关的全部细节，编制了大量的纳税申报表（我们的纳税申报材料厚达 4896 页），顺利举办了一场门票数量为 2.5 万张的股东年会，并把支票准确送达股东所指定的 3660 家慈善机构。"

巴菲特在他的办公室里阅读、打电话，同他的经理们、朋友们和经纪人保持着联系，通常用简短而又风趣的短信回答那些

如雪片般飞来的信件。他非常喜爱信件，认真阅读每一封来信。有时候，甚至在助手们还未来得及把信件转交给他时，他自己就先取走信件。巴菲特出门在外时，由行政助理每天晚上打电话通报他当天新来的信件。

没有客人来访时，巴菲特就埋头工作，常常在办公桌旁吃饭，巴菲特一向以他最爱吃的汉堡包、薯条和可口可乐作为午餐，外加少量的牛排和双份的红烧肉。公司的大量工作都是在办公室完成的。

在描述伯克希尔公司的企业收购策略时，巴菲特曾对股东们说："收购策略非常科学。我们只需坐在办公室里等电话就行了。偶尔有人打错电话。"

有一次，在巴菲特向内布拉斯加大学的学生们发表演讲之前，有人问他："你在这里是否需要安全保护？"

他的回答是："我们不需要任何安全保护，只要求在门口检查出席者是否携带无核小果（原子弹）。"

巴菲特办公室里一直有一个飞镖盘，他说那是他的选股器："它不好使，我打算把它送给比尔·盖茨，让他拥有飞镖盘，这样我们就可以让他位居第二。"

对于巴菲特来说，股市的价格波动只是"市场先生"的游戏而已，它所能提供的是在"市场先生"情绪低落时给出的令人满意的报酬。他也确实常在股价大幅回落时大量买进自己了解的公司的股票。但是巴菲特认为，在他购买了某只股票之后哪怕证券市场关闭数年，对他的投资也不会造成影响，因此，他对股价平时的波动根本不关心，也不在意。所谓工夫在市场外，巴菲特远离了市场，他也由此战胜市场。

可口可乐的成功——顺应消费心理

投资不是简单地以钱赚钱，而是一门充满乐趣的艺术，是对一个人的灵魂和智慧的考验。

——（美国）沃伦·巴菲特

巴菲特非常重视一个企业是否具有持续竞争优势。他把这种持续竞争优势比喻成保护企业经济城堡的护城河。巴菲特认为，一家优秀的企业通常都有一条经济护城河。只有这样企业才能够保证具有较高的赢利水平，才能够为投资者带来丰厚的回报。

巴菲特非常喜欢具有经济护城河的企业。巴菲特曾经这么说过："我们喜欢拥有这样的城堡：有很宽的护城河，能够牢牢守护我们的城堡，即使有无数的竞争对手想抢占我们的市场，护城河也可以阻止外来者侵入。我们要确保经济护城河是不可能被竞争对方跨越的，每年都要努力拓宽我们的护城河，哪怕牺牲掉当年的赢利，也一定要使得我们的护城河越来越宽。"

巴菲特认为，如果一个公司要依靠一位超级明星来创造经营业绩，那么它就不是一个伟大的公司，它就没有经济护城河。就好像一个医院主要靠一位医术精湛的大夫获得收入和名声一样，一旦这位大夫被竞争对手挖走，医院立刻就丧失了赢利的资本。在巴菲特心目中，一个企业的护城河要达到这样的效果：在整个行业景气时能够获得高额利润，在整个行业不景气的时候依然能够获得丰厚的回报。

可口可乐公司就是一家具有稳固的经济护城河的企业。世界最大的百货公司沃尔玛在美国和英国的消费市场里进行实验，让消费者在不看品牌的情形下品尝可口可乐和Sam's Choice（沃尔玛自己的可乐品牌），消费者根本区分不出来哪个是可口可乐，哪个是Sam's Choice。因此沃尔玛百货公司开始推出它们自己的可乐品牌，和可口可乐自动贩卖机排在一起贩卖，售价仅为可口可乐的一半。但是顾客依然选择多花钱购买可口可乐，而不是Sam's Choice。这就是可口可乐的护城河。虽然市场上存在着很多可乐产品的竞争，但是对于大多数顾客来说，只要提到可乐，他们首先想到的就是这个老牌子可口可乐。

巴菲特认为，优秀的企业通常具有坚不可摧的护城河。而最深的护城河就是消费者心理。如果企业的产品、文化等能够充分俘虏消费者的心理，那么企业就一定可以获得巨大的成功。

所谓消费者心理，是指消费者在购买和消费商品过程中的心理活动。一般是，先接触商品，引起注意；然后经过了解和比较，产生兴趣和偏爱，出现购买欲望；条件成熟，作出购买决定；买回商品，通过使用，形成实际感受，考虑今后是否再次购买。当今社会正面临前所未有的激烈竞争，市场正由卖方垄断向买方垄断演变，消费者主导的营销时代已经来临。

企业在开发产品的时候，通常会对产品进行一系列的品牌规划。当产品进入市场与消费者面对面的时候，产品的品牌规划成功与否，主要就是要看消费者对产品的接受程度和购买心理。

消费者对品牌的熟悉程度常常影响他们的购物行为。当他们在购买产品的时候，通常首先会注意到他们熟悉的品牌，然后考虑是否购买。如果时间紧迫，这一因素对消费者的影响尤其显著。例如顾客想购买可乐，他首先想到的就是可口可乐和百事可乐。很多企业在广告上投入巨大。人们不仅能在电视上看到这些广告，在杂志、道路旁的宣传栏、网站等地方也都能看到这些广告的身影。而广告的目的就是为了让消费者熟悉品牌。

消费者之所以喜欢某种产品，是因为他相信这种产品会给他带来比同类产品更大的潜在价值。而潜在价值取决于产品的潜在质量，所谓潜在质量，它不是指质量监管部门检测出的质量，而是指消费者心中感受到的质量，是消费者主观上对一种品牌的评价。事实上，一种品牌之所以能够打开销路，常常不是因为它的真实价值，而是由于它的潜在价值。潜在价值具有独特性、独立性、可信性和重要性。潜在价值就是名牌效应，就是一种观念，这种观念已深深根植于消费者的心中。

一个企业要想做强做大，就要在充分了解消费者心理的基础上，认真做好产品的定位和品牌策略。只有深深打动消费者的心，企业才能够深深打动消费者的口袋。投资者在进行投资时，要尽量选择大家熟知的品牌企业。

第二章

大道至简——营销心理

亚历山大的鞋店——产品人性化

质量是维护顾客忠诚的最好保证。

——（美国）杰克·韦尔奇

亚历山大的鞋店开在城中心的商业街。商业街大小商铺鳞次栉比，各类商品琳琅满目，因此顾客如织，客源不断。不过，顾客往往看得多买得少，再加上商业街店租成本不菲，亚历山大的经营一度非常艰难。

亚历山大深知，要从竞争激烈的商业街杀出重围，不花点心思很难做到。不过，既然敢在此花血本租下旺铺，亚历山大也有他的把握。

对消费心理学有过深入研究的亚历山大明白，要获得顾客的青睐，必须要赋予产品以情感。亚历山大认为，市场既是店铺之间交战的战场，也是与消费者进行感情交流的场所。而要战胜对手，获得消费者的青睐，必须让自己的产品与众不同。

亚历山大经过调查与思考，认为当今很多消费者购买鞋子已不仅仅出于防冻和护脚的需要，而更多是为了显示个性和生活水准。“价廉”“质高”的老一套经营方式已不是产品畅销的唯一法宝了。所以，要促进鞋的销售，必须使鞋子像演员一样体现出不同的个性、不同的情感，以其独特鲜明的形象、独特的魅力吸引众多的“观众”。

于是，亚历山大决定实施一种人性化的营销模式。具体而言，亚历山大决定发挥自己的创意元素，打造独一无二的“情感鞋”。

亚历山大首先在进货时就有意挑选有特色风情的鞋，同时聘请了几个美术学院毕业的学生兼职，按照自己或顾客的创意，对简单的鞋子进行一些小的改造，对鞋子本身以及它的包装都作出个性化的“彩绘”处理，改变传统鞋类单一的设计风格，将设计风格引向多元化。而在陈列方面，亚历山大分化出“男人味”和“女人味”、“狂野”和“优雅”、“老练”和“青春”等不同风格的鞋子，在款式、色彩的配置等方面使鞋子的风格趋于多元化。

同时，亚历山大还给每双鞋取了一个独特的名字，诸如“爱情”“愤怒”“欢乐”“眼泪”等，有名字的鞋子仿佛有生命的物体，令人耳目一新，回味无穷。这些情感的表现形态，有式样的别致性，也有色彩和谐性；有简繁之别，也有浓淡之分。这些充满生命和情感特征的“情感鞋”，在不同消费层次中广泛宣传，迎合了不同顾客的需求。

果然，带有不同情感的“亚历山大”式“情感鞋”，在消费者当中广为流传，不少顾客都慕名来到亚历山大的小店，想要寻找一双属于自己的“情感鞋”。而亚历山大也凭着“给产品赋予感情色彩”的诀窍，为自己的小店带来了持续的销售高潮。

亚历山大的鞋店除了提供质优价廉的鞋子外，最大的制胜点还在于“情感鞋”的定位。每一双充满人情味的鞋子，给顾客带来的不仅仅是防冻、护脚的体验，更重要的是让鞋子与顾客的个性融为一体，让顾客的装扮更具生命力和情感特色。

产品刚投入市场时，最先靠的是产品的独特性和价格优势，随之而来的是质量的角逐。然而，随着市场竞争的激烈，市场中同类产品趋多，产品质量相差无几时，单纯靠价格和质量已经不容易打开产品的销路，这时就要采用更高级的营销战术，通过剖析顾客的情感心理，从而达到更好的营销效果。

优秀的营销懂得超前而正确地把握消费者的心理需要，对消费者的个性化需求做出积极的响应。成功的营销不仅仅是提供实用实惠的产品，还要使自己的产品具有人情味，让每一个产品都有自己的生命，以其独特的款式、包装、色彩、名称等吸引消费者。这样可以促使消费者对产品产生喜爱之情，用购买的产品来标榜自己的独特个性。

福特公司的抽奖活动——活动促销

卓越的人一大优点是：在不利与艰难的遭遇里百折不挠。

——（德国）贝多芬

活动促销是一种常用的促销手段，通过举办与产品销售有关的活动，吸引顾客的注意与参与，能够有效地促进产品的销售。

20 世纪 70 年代，美国经济不景气，人们的收入水平普遍有所下降，各家庭已经不再像从前那样经常频繁地购买和更换汽车了。几乎所有汽车公司的汽车销售量都有所下降，福特汽车公司的领导人意识到，如果不设法开创新的局面，公司的前景将会非常黯淡。

福特汽车公司在经过一番仔细的市场调研之后，发现最有可能购买福特汽车的客户，是那些已经拥有了福特汽车的家庭，因为他们了解并信任福特汽车的品质和性能，在接受调查时都纷纷表示如果有可能，愿意再买一辆新的福特汽车。于是，福特汽车公司决定将这次促销的目标顾客定位在过去 4 年中所有已经购买了福特汽车的老客户。

为了吸引这些老客户，福特汽车公司在全国各大主要媒体，例如报纸、电视台、广播等上面进行了铺天盖地的广告宣传，向他们发出了福特汽车促销的信息；同时，为增加对老客户的吸引力，福特公司还专门设置了 80 万个奖项，希望老客户光顾福特汽车的各家专卖店，借此来制造福特汽车热销的浪

潮。具体安排促销内容如下：

（1）向老客户直接邮寄函件，里面附有当地经销商的汽车维修折价券。

（2）在向老客户直接邮寄函件的同时，寄出数以万计的抽奖券，并在抽奖券上说明此次奖品共计 1000 万美元，欢迎大家踊跃参加。

（3）在广告宣传中说明头等奖赠送两辆福特汽车，此外还有许多其他的奖品。如果所中的奖品没有被领走，可以继续抽奖，直到被领走为止。

福特汽车公司开展这次抽奖促销活动的目的，一方面是为了增加福特汽车的销售量，另一方面也可以促进福特汽车的维修业务，掌握用户对福特汽车的意见，加强同汽车专卖店的联系，使这些专卖店积极配合福特汽车公司的促销活动。

抽奖促销活动举行之后，福特汽车公司的上述各项目标基本实现，有的甚至出人意料。例如，有超过 30 万的新老顾客前往福特汽车公司的各家专卖店参观展览，大约有 10%的人购买了新的福特汽车，使福特汽车的销售量比上年增加了 30%；同时，经销商的参与率也比上一年增加了 1 倍多，从而大大提高了福特汽车公司的知名度，加深了福特汽车在消费者心目中的印象。

福特公司采用的是活动促销中的“抽奖促销”，通过抽奖的方式，吸引顾客的注意与参与。抽奖与促销是指顾客在购买商品或消费时，对其给予若干次奖励机会的促销方式。可以说，抽奖与摸奖是消费加运气并获得利益的活动。这种促销活动的其他形式还有很多，例如刮卡兑奖、摇号兑奖、拉环兑奖、包装内藏奖等。

除了抽奖促销外，活动促销还包括新闻发布会、商品展示会、娱乐与游戏、制造事件等。

（1）新闻发布会，活动举办者以召开新闻发布的方式来达到促销目的。这种方式十分普遍。它是利用媒体向目标顾客发布消息，告知商品信息以吸引顾客积极去消费。

（2）商品展示会，通过举办展销会、订货会或自己召开产品演示会等方式来达到促销目的。这种方式每年可以定期举行，其不但可以实现促销目的，还可以沟通网络，宣传产品。这种方式亦可以称之为“会议促销”。

（3）娱乐与游戏，通过举办娱乐活动或游戏，以趣味性和娱乐性吸引顾客并达到促销的目的。娱乐游戏促销，需要组织者精心设计，不能使活动脱离促销主题。特别是当产品不便于直接广告的情况下（如香烟），这种促销方式更能以迂为直，曲径通幽。如举办大型演唱会、赞助体育竞技比赛、举办寻宝探幽活动等。

（4）制造事件，即通过制造有传播价值的事件，使事件社会化、新闻化、热点化，并以新闻炒作来达到促销目的。“事件促销”可以引起公众的注意，并由此调动目标顾客对事件中关系到的产品或服务的兴趣，最终达到刺激顾客去购买或消费。如果制造出的事件能够引起社会的广泛争议，那么，“事件促销”就会取得圆满结果。

西屋公司的“W”标签——品牌标签

美即好效应：印象一旦以情绪为基础，这一印象常会偏离事实。

——（美国）丹尼尔·麦克尼尔

早在1700年，欧洲就印制出了用在药品和布匹上作为商品识别的第一批标签。所以严格地说，标签是用来标志商品的分类或内容，像是我们给产品定义的关键字词，便于你自己和他人查找和定位自己目标的工具。

当然，标签发展至今，所包含的内容已远不止这些。除了发挥识别作用以外，标签还能够起到描述产品、防止假冒伪劣、树立品牌形象等作用。因此，越来越多的公司开始注重自己的产品标签。

美国西屋公司是一个老公司，距今已有近百年的历史。该公司自1900年第一个商标问世以来，先后已经更新了6次品牌标志，基本上平均每十年更新一次。

美国西屋电器公司的品牌标志是杰出的设计家P.兰得设计的，他的设计标准是要使这个品牌标志既体现西屋电器公司的企业形象，又要表现公司经营事业的范围与性质。

在设计家精心的设计下，西屋独行的标志现身了。这个目前世界上著名的品牌标志，其中心是一个“W”。“W”下方是一个长方形的盒子，内有“西屋电器”字样，显然是怕别人把“W”看成是倒过来的“M”。这是西屋最早的标志。

到 1940 年品牌标志的周围又写出了“西屋电器”字样，“W”下方的长方形变成了一条横线，1953 年“西屋”字样又被除去，到了 1960 年才采用目前这个品牌标志的样子，它是用白色印在该公司所谓“西屋蓝”的浅蓝色的底面上。今天凡是西屋电器产品都使用这一品牌标志，最小的一种标志刻在该公司所制的微小电子零件上，需用 20 倍的显微镜才能看清楚这直径为 6‰英寸的小玩意儿上的品牌标志，这可能是世界上最小的品牌标志；而最大的一个品牌标志竖立在印第安纳州该公司变压器厂前面的圆环中，有三层楼房那么高，是其最小品牌标志的 7 万倍。

西屋公司品牌标志的变化，由繁到简，始终是围绕其公司首写字母“W”而使图形逐渐改变的，而在更换时间上，或是当推出新产品，或老产品更新改造，或包装、信封、信纸等有标记的用品用完，或招牌、交通工具需重新上漆等情况下进行的，因为此时是换用新品牌标志的合理或最佳时期。这样既可以节省开支，又容易保持原来的商誉。

品牌是数字、图形及其组合而构成的商品或服务的标本。一个成功的品牌图形设计，能够体现鲜明的时代特征和生命力，美国西屋图形设计的演变印证了这一说法。

现代企业和产品在市场上的竞争，表现为除了要在商品质量和销售上拉开距离，还要在品牌和其他知名度上拉开距离。这就意味着，哪个企业具有好的品牌设计并通过广告宣传，能够先在消费者心理上占有一个位置，并树立良好的形象，哪个企业就能在市场竞争中取得主动。“西屋”品牌正是这样做的，因而在同行业和同类产品中成为佼佼者，进而逐渐成为品牌。

产品品牌标签的内容包括：制造者或销售者的名称和地址；产品名称；商标；成分；品质特点；包装内数量；使用方法及用处、编号；贮藏应注意事项等。制作标签时要注意它能发挥哪些作用，最低限度也要方便消费者识别产品或品牌。另外，企业必须保证它们的标签已包含了所有必要的信息。

不过，品牌标志并非长期绝对不变的。随着社会的发展、经济的繁荣、竞争的加剧、生活方式及时尚流行的变化，品牌标志的内容、图形也会受到挑战。企业要使品牌标志及产品体现时代感和适应消费心理的变化，也需要把品牌标志改变得更加完美。

聚合选址——商圈

利用市场的愚蠢，进行有规律的投资。

——（美国）沃伦·巴菲特

经常光顾麦当劳或肯德基的人不难发现，麦当劳与肯德基经常在同一条街上选址，或在同一商场相邻门面，或在街道两侧相隔不到100米。不仅麦当劳与肯德基布局如此，许多商场、超市的布局也同样偏好比邻而居。

销售时，不是应当尽量避免与竞争对手正面冲突吗？集结在一起意味着更激烈的竞争，可能导致恶性压价或是相互诋毁。为什么麦当劳、肯德基要比邻而居呢？

许多聪明的商家就是喜欢聚合经营，在一个商圈中争夺市场。

因为聚集的同一商圈，能够聚集大量的消费者“人气”，吸引更多的顾客前来购买。分散经营使商家无法获得与其他商家的资源共享优势，市场风险明显增大，获利能力下降。

不少人会有这么一种误解，在某一条商业街区或市场街，如果自己的店铺与众不同，做的是独门生意，那么生意一定会非常红火，也一定能够赚到大钱。这种思想认识不是没有一定的道理，但是从当前的市场情况来看，各种商品大都是集中经营，比如建材市场就是专门销售建筑材料，衣帽市场就是专门经营穿戴用品，化妆品市场就是专门经营化妆品，木材市场就是专门经营木材，蔬菜市场就是专门经营蔬菜，等等。尽管集中经营存在竞争风险，但从消费者的心理角度来看，他们会形成一个思想定位，那就是“对号入座”。比如，消费者想购买化妆品，他绝对不会跑到建材市场或者木材市场。换句话说，如果零售商把经营烟酒的店铺放在建材市场，尽管只仅有你一家这样的门市，是独门生意，那么在这样的一个“商圈”之下，你的生意肯定不会有多好，因为消费者根本不会想到建材市场还有经营烟酒的店铺。

聚合选址当然存在竞争，如果要生存和发展，就必须提升自己的竞争力。虽然麦当劳和肯德基总是处在同一商圈中，但都有各自的品牌个性和核心竞争力，经营上各有特色。

在某地聚集了甲、乙、丙三巨头连锁家电超市，聚合的市场使三家巨头家电

销售商在激烈竞争的同时寻求着特色的发展之路。

甲电器推广智能手机，推出以退换保障、质量保障、价格保障和额外支出保障为基础的四大保障体系，以服务和价格的双重优势吸引顾客。

乙电器在其连锁店内开设了各类音像制品的销售柜台，拓展经营业务范围，同样也起到了招揽客户的作用。另外，还推广“普惠制”，让各类电器的消费者都能够实实在在地得到经济上的优惠，而不是某一类家电的购买者。

丙电器倡导“天天促销”，让消费者能够每天都得到实惠，并根据刚迁入新居客户的实际住房条件和经济条件，量身订制家电配置方案，带来了销售额的直接增长。

我们在面对面的激烈竞争中，会更积极创新地制定个性化的服务和策略，抢滩消费市场。我们常常看到，超市中的酸奶、方便面专柜前，同类型品牌的销售员也积聚成一个“小商圈”，对前来选购酸奶、方便面的顾客极力招揽，这个喊“大降价”，那个喊“免费尝”，最后一天的叫卖声一个比一个大，甚至原本没有这方面购买预算的消费者也会被吸引过来，进行选购。其实我们在销售中，无须害怕竞争，应当学会利用商圈来热销自己的商品。

便利店的王者之途——便利商机

与人方便，与己方便。

——谚 语

7-11 的店铺遍布美国、日本、中国、新加坡、马来西亚、菲律宾、瑞典、墨西哥、巴拿马、挪威、加拿大、澳大利亚、印尼等国家和地区，全球店面数目逾 3 万家，是全球最大连锁店体系。

7–11便利店，它最早的出生地不是在日本，而是在美国。它原本是一家专门销售冰块的公司，但是因为周围的居民对该公司要求越来越多，比如能否买到面包啊、酸奶啊什么的，公司觉得这也不错，干脆就顺着消费者的要求做了下去。这一做不打紧，这条路线还真的选择对了，结果一不小心就成了美国便利店的原创。

1973年，日本的铃木敏文付出销售额的1%获取了7–11的地域特许经营权。从那以后，日本7–11就像三月的樱花，随着季节的推移，逐渐逐渐地开满日本大地：1980年，开出了1000家，1984年2000家，1990年4000家，1995年6000家，1999年8000家，2001年9125家。它的势力范围简直无孔不入，无所不在。到2001年，日本7–11在全世界开出的店铺达22648家。到了现在，7–11已经成为便利店里的王者。

可以说，7–11的胜出原因就在于它与众不同的营销概念。它做了反一般常规的经营手法。它没有像其他小店一样，从生产商的角度来组织店铺，而是以顾客为中心来开店和调整商品种类。我们看不到7–11有什么特别的地方，而且价格并不便宜，甚至还可以说比其他小店贵得多。但是因为它在为消费者提供便利这方面做得非常之好，所以每日客源不断，深受顾客的青睐与好评，并在广大民众中树立了良好的口碑。

便利店能否生存的第一条件就是方便性，可以说这是一个便利店充满生命力的原因所在。每日24小时通宵营业即为便利店的主打。随着人们生活的不断需要，便利店的服务范围也在不断扩大，现在的日本便利店集日杂百货、代收水电费、邮递等业务于一体。甚至不久的将来，在日本便利店买汽车也不会令人惊奇。

7–11在店址的选择上，最根本的出发点就是便捷，即在消费者日常生活行动范围内开设店铺，如距离生活区较近的地方、上班或上学的途中、停车场、办公室或学校附近等。任何地方都有位置优劣之分，7–11要让店铺在最优位置生根。如有红绿灯的地方，越过红绿灯的位置最佳，它便于顾客进入；有车站的地方，车站下方的位置最好，来往顾客购物方便；有斜坡的地方，坡上比坡下好，因为坡下行人走得较快，不易引起注意。7–11 还尽量避免在道路狭窄处、小停车场、人口稀少处及建筑物狭长等地建店。

我们会发现，很多上班族也许并不喜欢 7–11 里的便饭，但是当发现周围并没有合适的地方买饭时，他们就会选择就近将就。并且 7–11 的卫生条件也让很多白领一族十分放心。

7–11 推行的是 24 小时营业制度，因为根据店铺地点的不同，每家店铺的黄金营业时间也不同。比如靠近公司周边的 7–11，每天早晨和中午是一天的黄金时段。在这期间会有大量的白领到 7–11 来买便当和饮料。靠近居民区的 7–11，夜间往往是黄金时段，因为很多大城市加班的白领都是在回家途中的便利店购买食物。7–11 充分发挥了人无我有、人有我全的原则，一切以顾客的需求为中心，处处从消费者群体的购物习惯和消费嗜好出发，考虑到顾客站着购物不易看到下层商品的实际，将货架下层摆放醒目让顾客一目了然。根据单身一族的生活习惯，7–11 贴心地推出了饭团、各种便当、各种生活用品等适销对路商品，将便利店完全融入顾客的“生活情景”中，让货柜上的商品“自然地”向顾客招手。

从 7–11 这个成功的故事中我们可以发现，在小店的经营理念中，价格便宜固然重要，但是方便顾客更为重要。如何把顾客的需要自动送入他们的视线之中，为他们提供最大限度的便利，才是店主们最需要重视的问题。

第三章

双赢是最高境界——公关心理

航空公司的客户满意度——客户投诉

客户是上帝。

——谚 语

一些客户的“叛离”原因很简单，仅仅是因为没有处理好他们的投诉。

曾有一段时间，英国某一家航空公司发现乘坐该航空公司飞机的乘客越来越少。后经调查，发现乘客越来越少的原因主要是公司不能很好地处理乘客的抱怨。而客户的抱怨主要是因为航空公司有许多的规定没有让乘客知道，乘客在旅行过程中妨碍了乘务人员的工作，乘务人员就责怪乘客。

根据航空公司对客户做的调查，如果对客户的抱怨处理得当，67%的抱怨客户会再度搭乘该航空公司的班机。平均一个商务乘客，一生如果都搭乘该公司的航班，可创造约150万美元的营业额。照这么算，那么任何能改善客户服务的做法，都是最好的投资。所以，该公司针对客户的抱怨做了以下的补救措施：

第一，装设了录影房间，不满意的客户可以走进该房间，直接通过摄影机向航空公司总裁马歇尔本人抱怨。

第二，耗资679万美元，安装了一套电脑系统来研究客户的喜好。航空公司再针对客户的喜好做出理想的服务方式。

第三，设立品质服务专员。航空公司设定服务品质标准，由专门的服务人员监督和实行。品质服务专员的任务就是搜集客户的抱怨、分析客户的抱怨、解决客户的抱怨。

经由以上的措施，航空公司的客户满意度从45%提升到60%，空载率明显减少了。

其实，客户向企业提出投诉是对企业的信任，因为他们相信企业能够为他们解决问题，同时也是客户在给企业一个补救的机会。也就是说，如果企业此时能够用心地帮助他们排除困难，大多数客户最终还是会选择留下来的。

那么，在处理客户投诉时究竟要注意哪些问题呢？简单地归纳为如下几点：

1. 对客户投诉的跟踪

无论是客户亲自来访投诉还是打电话投诉，处理时都必须做好记录，每一笔记录都必须跟进完毕。管理层每日必须查看客户投诉的记录，并对超过一天未能解决的问题予以关注。

2. 客户投诉每周总结

每周对客户投诉进行总结，总结各类引起客户投诉的原因，列出赔偿金额。

3. 客户投诉日总结

每日晨会或周会上固定分享客户服务方面的信息，特别是处理客户投诉方面的经验和教训，使所有的人员都知道如何对待客户的抱怨和掌握处理客户投诉问题的技能。

4. 定期总结

发掘在处理客户抱怨中出现的问题：对产品质量问题，应该及时通知生产方；对服务态度与技能问题，应该向管理部门提出，加强教育与培训。

5. 追踪调查客户对于抱怨处理的态度

处理完客户的抱怨之后，应与客户积极地沟通，了解客户对于企业处理的态度和看法，增加客户对企业的忠诚度。

投诉问题的解决需要自上而下的配合与努力，而这个“疑难杂症”的解除必将使得客户的满意度、忠诚度提升。维护客户的忠诚是个细致且复杂的工作，需要多方面的努力，而处理好客户的投诉问题绝对是个重要的细节。投诉的问题解决了，企业的信誉度也就提高了。

争与不争有差别——合作态度

一致是强有力的，而纷争易于被征服。

——《伊索寓言》

销售员：“您好，我想同您商量有关您昨天打电话说的那张矫形床的事，您认为那张床有什么问题吗？”

客户：“我觉得这种床太硬。”

销售员：“您觉得这床太硬吗？”

客户：“是的，我并不要求它是张弹簧垫，但它实在太硬了。”

销售员：“我还没弄明白。您不是原来跟我讲您的背部目前需要有东西支撑吗？”

客户：“对，不过我担心床如果太硬，对我病情所造成的危害将不亚于软床。”

销售员：“可是您开始不是认为这床很适合您吗？怎么过了一天就不适合了呢？”

客户：“我不太喜欢，从各个方面都觉得不太适合。”

销售员：“可是您的病很需要这种床配合治疗。”

客户：“我有治疗医生，这你不用操心。”

销售员：“我觉得你需要我们的

矫形顾问医生的指导。”

客户：“我不需要，你明白吗？”

销售员：“你这个人怎么……”

从上面的例子中可以看出，这位销售员在解决客户的投诉时，首先要面对的肯定是客户的病情与那张矫形床的关系，若说话不慎就可能触动客户的伤疤，让他不愉快，那么即使他非常需要也不愿意对你做出让步。客户提出投诉，意味着他需要更多的信息。销售员一旦与客户发生争执、拿出各种各样的理由来压服客户时，他即使在争论中取胜，却也彻底失去了这位客户。

为了使推销有效益，你必须尽力克制情绪，要具备忍耐力，要不惜任何代价避免发生争执。不管争执的结果是输是赢，一旦发生，双方交谈的注意力就要转移，而客户由于与你发生争执而变得异常冲动，是不可能有心情与你谈生意的。争执会带来心理上的障碍，而且必然会使你无法达到自己的目的。

所以，当客户对你的产品或服务提起投诉，并表示出异议时，你千万不能直截了当地反驳客户。假如你很清楚客户在电话上讲的某些话是不真实的，就应采用转折法。首先，你要同意对方的观点，因为反驳会令对方存有戒心。然后，你要以一种合作的态度来阐明你的观点。

客户：“我们已决定不购买这种机器了。由于政府已禁止进口，所以这种机器的零件不会太好配。”

销售员：“噢，是这样。我明白了。但您是否敢肯定您的信息准确呢？我想请问一下，关于禁止进口的消息您是从哪里听到的？”

销售员心里明白政府仅仅采取强制手段限制某些产品进口，他对这点很有把握，因为了解所有对贸易有影响的法令是销售员所必须做的，而客户讲的话很容易站不住脚。但假如销售员告诉客户说，他的话是毫无根据、胡编乱造的，就会冒犯客户。

如果客户因为不放心产品或服务而说了几句，行销人员就还以一大堆反驳的话。这样一来，不仅因为打断了客户的讲话而使客户感到生气，而且在争执的时候还会向对方透露出许多情报。当客户掌握了这些信息后，行销人员就会处于不利的地位，客户便会想出许多退货或要求赔偿的理由，结果给公司和行销人员本人带来很大的损失。因此，销售员要用合作的态度避免争执，寻找解决之道，切不可以针尖对麦芒，弄得一发不可收拾。

卖烟草的李克——心理公关

一个好的服务员，会为企业争取好多客人、好多生意。

——李嘉诚

李克经营卷烟已经十多年了，在他刚开店的那会儿，如果遇到顾客对卷烟提出异议时，没等顾客说完他就不客气地回绝了。因为那时候他想反正自己不卖假烟，也不怕你到处乱说，更不怕你投诉。可李克一直以这种简单粗暴的方式处理问题，不少顾客便再也不来李克的店里买烟了。

李克知道这样下去不行，经历过以上这些教训，李克决定改变态度，开始认真地处理顾客的异议。十几年的卷烟生意让李克明白，只有合理地处理顾客的异议，消除顾客的疑虑，才能让他们成为常客。

有一次，一位顾客在李克店里买了一条红梅烟，当场抽了一根说感觉味道不对，要求李克给他换一条。但是如果李克换给他，换了之后顾客就很可能会误认为李克开始给的是假烟，被识破之后才被迫换给他的。对此，李克很耐心地给他做解释，指着墙上的烟草零售许可证告诉他自己是A类诚信用户，并言之凿凿说明自己的烟一定货真价实。

顾客听了之后依然半信半疑。李克猜出了顾客的心思，恰好李克的店离烟草专卖局也不远，于是李克主动提出带着这条烟去莫定真伪的建议。鉴定结果出来了，这条烟是真品。

顾客的疑虑彻底打消了。从那以后，李克卖的烟一定是真品烟的消息也不胫而走，这反倒帮李克做了无形的广告。李克庆幸自己没有像曾经一样，因为嫌麻烦而对之前那位顾客的纠缠置之不理，才有了日后更长久的“不麻烦”……

顾客异议的处理是需要讲究方式的，不要以为自己的东西好就没有问题了。因为你觉得好没用，要顾客觉得好他才会认可你的商品。李克从身正不怕影子歪的强硬，到后来的动之以情晓之以理的处理方式，为他的店面销售赢得了良好的信誉。而信誉是店面存在的招牌，店面的名声太臭对商品的销售是非常致命的。如果顾客都不愿意来你这里买东西，那你的这个店也就没有存活下去的根基了。

所以在面对顾客异议的时候，店主们一定要找出引起顾客不满的缘由，并进行艺术性的处理。一般情况下，引起顾客异议的原因有以下几种：

1. 顾客自身的原因

（1）顾客自身的偏见、成见或习惯

偏见、成见往往不合逻辑并带有强烈的感情色彩，对于这种异议靠讲道理的方法往往难以清除。通常情况，为了不影响销售，应尽可能地避免讨论偏见、成见和习惯问题。在无法避免的情况下，应采取一些适当的方法把话题引向别处，或用委婉的方式进行说明。

（2）顾客的心境不良

这种情况下，顾客有可能提出种种异议，甚至是怀有恶意，借题发挥，大发挥骚。如果顾客真的属于胡搅蛮缠、无理取闹，也不能一味纵容而应采取适当措施维护自己的权益。

（3）顾客的自我表现

有些顾客很爱表现自己知识丰富、有主见，因此可能会提出种种问题来为难店主，这种情况店主应给予谅解，并适当采取谦虚的态度耐心倾听。否则容易刺伤顾客的自尊心和虚荣心，从而引发他们的不满。

2. 商品自身原因引起的投诉

商品本身质量出现问题，比如功能欠缺、价格不当等，或者有些商品的销售证据不够充分，顾客自然会提出种种异议。对于这类异议，首先应该实事求是地进行处理，在商品销售时应尽量提供更多的证据，对品质不良商品应设法改进或直接下柜不再销售等。

另外需要注意的是，当顾客提出异议的时候，一定要做到仔细倾听顾客抱怨，以便随后处理。绝对不能在顾客刚开始倾诉时，就打断其说话或立即加以反驳，这样做会使顾客更不愉快。在倾听时，最好是运用一些肢体语言，表现出自己对顾客的关注与同情。例如目光平视顾客，表情严肃地点头，使顾客充分意识到你在默认他的问题；只有让对方说话，才能了解问题的症结所在。

在倾听了顾客的异议以后，要时刻站在顾客的立场上来回答问题，即支持顾客的观点，使顾客意识到被重视。这种倾听的方式，能有效消除对方的不满情绪，对进一步掌握问题的症结很有帮助。

可口可乐进入中国市场——心理满足

心比思想更有权威。

——（匈牙利）裴多菲

20世纪80年代初，美国可口可乐公司想进入中国市场。起初，该公司高层人员对可口可乐能否占领中国市场信心不足。中国是个有悠久喝茶传统的国家，茶的味道和可口可乐毫无共同之处，中国消费者能接受可口可乐的味道吗？可口可乐公司先以免费试喝的方式在北京、上海、广州三大城市进行街头调查。但调查的结果令他们很失望，70%的人不能接受这种味道，说喝起来像咳嗽糖浆，很难喝，能接受的只有10%，还有20%的人没有表示明确的态度。就在可口可乐公司对中国市场几乎失去信心的时候，该公司一位高层人员运用换位思维，重新进行了一次免费试喝的街头调查。

可口可乐这位高层人员认为，因为中国长期处于封闭状态，所以一般民众对美国一无所知。要想让中国消费者接受可口可乐这一产品，就必须使中国消费者站在美国消费者的位置上看待可口可乐这一产品。因此，这位可口可乐高层人员在进行第二次街头免费试喝调查前，从宣传美国文化开始，突出可口可乐是美国文化的象征，是美国人几乎每天都要喝的饮料，美国人喝可口可乐喝了几十年，美国的科技、经济也飞速发展了几十年。这个广告暗示消费者，美国人是喝可口可乐长大的，是喝可口可乐聪明起来的，也是喝可口可乐发展起来的。

通过宣传，第二次调查结果和第一次截然相反，表示能接受的达到了70%，不能接受的下降到20%，没有表示意见的占10%。可口可乐公司得到这一信息后信心大增，随后，他们就投入了大量的人力、物力、财力，在强大的宣传攻势下，将可口可乐打进了中国市场。从此，可口可乐的形象在中国消费者心目中与日俱增，很快它就横扫了中国饮料市场，成为中国市场中销量最大、最受欢迎的品牌饮料之一。

可口可乐的味道并没有变，只是因为宣传中多了美国文化的元素，满足了人们对美国元素稀缺的心理需求。这种理念也是星巴克咖啡、光合作用书房营销成功的一个灵魂支柱。星巴克的咖啡不一定比其他地方的好喝，但是它的小资情调却深刻地影响了我们的文化触觉。但是正如他们内部人士所说的——星巴克，一切与咖啡无关。光合作用书房并不大，但是他们相信那些整天面对电脑屏和手机屏的顾客，一定会更加向往书店里提供的真实接触和自由行动的空间。因此它将书店与咖啡厅结合，但在赢利上并不强调咖啡厅，只在空间组合和功能配套上营造出咖啡厅的感觉，创造出一种“悦读”的氛围。无论你抱着何种目的来到这里，都可以呼吸到来自“光合作用”的“氧气”。所以它在规模庞大、川流不息的大书城模式和方便低价的网上书店模式之外，创造了年销售额上亿的业绩，它所营造出的情调也成了20 ~ 40岁受过良好教育的都市人的休憩场所。它成功的原因就是淡化了“产品”这个概念，满足了人们的心灵需求。

海尔的选择——灾难公关

托利得定理：测验一个人的智力是否属于上乘，只看脑子里能否同时容纳两种相反的思想，而无碍于其处世行事。

——（法国）托利得

很多年前，海尔曾用公关行为消除了灾难，一时间成为美谈。1985年的一天，有位消费者到海尔的工厂购买冰箱，结果挑了很多台都有毛病，最后勉强拉走一台。张瑞敏意识到海尔的产品质量普遍存在问题，于是派人到库房检查，结果发现400

多台冰箱中有76台存在各种各样的缺陷。张瑞敏当即作出了一个令人吃惊的决定，砸掉这些冰箱！而且谁生产的谁来砸！张瑞敏本人抡起大锤亲手砸下第一锤！当时一台冰箱的价格800多元，相当于一名职工两年的收入。很多职工在砸冰箱时泪流满面。

这一砸冰箱的壮举，震动了海尔所有的人。从此，所有海尔人的脑海中都铭刻着质量意识。3年以后，海尔人捧回了我国冰箱行业的第一块国家质量金奖。随着海尔品牌知名度的不断提高，砸冰箱事件为媒体广泛传播，海尔注重产品质量、科学管理企业的形象马上就树立起来，并不断被美化。

有人觉得当年张瑞敏把海尔的冰箱给砸了，不是说报道、宣传给大家看，坏了就坏了，而是要有很好的心态看待这个灾难，这个灾难企业必须解决，最后想到的是把灾难变成优势。千万别一开始就说企业要把这个公关灾难变成一件好事，如果心态是这样的话，今后员工会不断地制造灾难。公关不是目的，解决问题才是最重要的。千万别把灾难当公关看，出现质量问题千万不要觉得自己可以通过告诉媒体“扳”回来，质量问题就是质量问题，必须把质量问题解决完毕，而公关只是一个副产品。

由上述故事，我们似乎可以明白一些道理，那就是当企业真的面对灾难时，不要急于否定和消极看待，而要转换角度，破釜沉舟，或许山穷水尽之后会迎来一条光明大道。

第四章
要懂得应对之策——谈判心理

销售顾问的技巧——预先设局

凡事预则立，不预则废。

——《礼记·中庸》

刘明是某电脑公司的销售代表，他这次来跟国税局的李主任谈判的目的主要是推销公司的服务器。

“李主任，国税局的信息系统是怎么构架的？”

“我们有办公系统和税务管理系统。税务管理系统是我们的业务系统，这次采购的服务器就是用于这套系统。”

“我听说你们的办公系统使用得非常成功。我相信这次管理系统的建设也将会取得成功。您对这次计划采购的服务器有什么要求呢？”

“这批服务器用于存

储和计算税务的征收情况，所以最重要的就是服务器的可靠性。”

“对。所有重要的数据都存储在服务器的硬盘内，数据的丢失将会带来很大的损失。您想怎样提高服务器的可靠性呢？”

“首先，我们要采用双机系统，所以服务器要支持双机系统。其次，服务器的电源、风扇要有冗余。另外存储系统要采用磁盘阵列，支持 RAID5。”

“您是倾向于使用内置的磁盘阵列，还是外置的磁盘阵列？”

“外置的。外置的更可靠一些。”

“这样，就有双保险了。您对于服务器还有其他的要求吗？”

“处理能力。我们要求服务器至少配备两个 CPU，PCI 总线的带宽为 133 兆以上；I/O 系统采用 80 兆以上的 SCSI 系统。”

“我们的产品满足这些要求都没有问题，您为什么需要这样的配置呢？”

“我们的数据量增加很快，现在我们的服务器每秒钟需要处理 500 笔操作，我估计 3 年以后可能达到 1000 笔。我是根据现在服务器的处理能力估算出来的。”

“噢。您希望服务器能够满足 3 年的要求？”

“这是局长的要求。”

“这个配置正好是现在的主流。除了可靠性和处理能力以外，其他的要求呢？”

“服务也非常重要，我们要求厂家能在 24 小时内及时处理出现的问题。”

“对，服务非常重要，我们一直将客户服务作为最重要的指标。其他方面呢？”

“没有了。”

“让我总结一下。首先您希望服务器具备很好的可靠性，支持双机系统，冗余的电源和风扇，支持 RAID5 的磁盘阵列。其次，您对处理能力的要求是双 CPU，主频高于 800 兆，总线带宽大于 133 兆，I/O 速度大于 80 兆。另外，您还要求厂家能在 24 小时内及时处理故障，对吗？”

“不错。”

两周之后，刘明为客户提供了符合要求的服务器。

谈判人员可以通过提问获得一些信息，包括客户是否了解你的谈话内容，客户对你的公司及你推销的产品有什么意见和要求，以及客户是否有购买的欲望。

在这个案例中，销售员刘明很好地充当了顾问的角色，在拜访李主任之前，刘明就进行了深入思考。要想拿下这个客户，就要了解其需求，于是他设计了一系列的问题，做好了充分的准备。

在与李主任谈判的过程中，刘明按照自己事先设计好的问题一步步提问，把客户的思维始终控制在自己的计划内。当他了解了客户的需求后，自然就能够为客户提供符合其需求的产品，让客户满意。

满足客户的需求就是满足自己的需求，因此，了解客户的需求是关系到交易是否能成功的首要工作。所以，如果你要谈判成功，要获得更多的签单，你就必须提升自己的策划能力，善于巧妙地设计问题。

在行家面前弄巧成拙的露丝——巧妙报价

耐心是应付任何情况的巧妙办法。

——（奥地利）卡夫卡

某公司急需引进一套自动生产线设备，正好销售员露丝所在的公司有相关设备出售，于是露丝立刻将产品资料快递给该公司老板杰森先生，并打去了电话。

露丝："您好！杰森先生。我是露丝，听说您急需一套自动生产线设备。我将我们公司的设备介绍给您快递过去了，您收到了吗？"

杰森（听起来非常高兴）："哦，收到了，露丝小姐。我们现在很需要这种设备，你们公司竟然有，太意外了……"

（露丝一听大喜过望，她知道在这个小城里拥有这样设备的公司仅她们一家，而对方又急需，看来这桩生意十有八九跑不了了。）

露丝："是吗？希望我们合作愉快。"

杰森："你们这套设备售价多少？"

露丝（颇为洋洋自得的语调）："我们这套设备售价30万美元……"

客户（勃然大怒）："什么？你们的价格也太离谱了！一点儿诚意也没有，咱们的谈话就到此为止！"（重重地挂上了电话）

双方交易，就要按底价讨价还价，最终签订合同。这里所说的底价并不是指商品价值的最低价格，而是指商家报出的价格。这种价格是可以浮动的，也就是说有讨价还价的余地。围绕底价讨价还价是有很多好处的。举一个简单的例子。

早上，甲到菜市上去买黄瓜，小贩 A 开价就是每斤 5 角，绝不还价，这可激怒了甲；小贩 B 要价每斤 6 角，但可以讲价，而且通过讲价，甲把他的价格压到 5 角，甲高兴地买了几斤。此外，甲还带着砍价成功的喜悦买了小贩 B 几根大葱呢！

同样都是 5 角，甲为什么愿意磨老半天嘴皮子去买要价 6 角的呢？因为小贩 B 的价格有个目标区间——最高 6 角是他的理想目标，最低 5 角是他的终极目标。而这种目标区间的设定能让甲讨价还价，从而获得心理满足。

如果想抬高底价，尽量要抢先报价。大家都知道的一个例子就是，卖服装有时可以赚取暴利，聪明的服装商贩往往把价钱标得超出进价一倍甚至几倍。比如一件皮衣，进价为 1000 元，摊主希望以 1500 元成交，但他却标价 5000 元。几乎没有人有勇气将一件标价 5000 元的皮衣还价到 1000 元，不管他是多么精明。而往往都希望能还到 2500 元，甚至 3000 元。摊主的抢先报价限制了顾客的思想，由于受标价的影响，顾客往往都以超过进价几倍的价格购买商品。在这里，摊主无疑是抢先报价的受益者。报价时虽然可以把底价抬高，但是这种抬高也并不是无限制的，尤其在行家面前，更不可大意。

案例中的销售员觉得自己的产品正好是对方急需的，而将价格任意抬高，最终失去对方的信任，导致十拿九稳的交易失败，对销售员来说也是一个很好的教训。

如果销售员在和客户谈判时，觉得不好报底价，则完全可以先让对方报价。把对方的报价与自己心目中的期望价相比较，然后随时调整自己的价格策略，最后得到的结果可能是双方都满意的。

谈判专家的策略——后亮底牌

一个人必须知道该说什么，一个人必须知道什么时候说，一个人必须知道对谁说，一个人必须知道怎么说。

——（美国）彼得·德鲁克

不知道对方的底牌时，可以保持沉默，让对方先开口，亮出底牌，最后再采取策略。

理赔员："先生，我知道你是交涉专家，一向都是针对巨额款项谈判，恐怕我无法承受你的要价。我们公司若是只付 100 美元的赔偿金，你觉得如何？"

（谈判专家表情严肃，沉默不语）

理赔员（果然沉不住气）："抱歉,请勿介意我刚才的提议，再加一些，200 美元如何？"

谈判专家（又是一阵长久的沉默）："抱歉，这个价钱令人无法接受。"

理赔员："好吧，那么 300 美元如何？"

（谈判专家沉思良久）

理赔员（有点慌乱）："好吧，400 美元。"

谈判专家(又是踌躇了好一阵子,才慢慢地说):"400 美元？……喔,我不知道。"

理赔员（痛心疾首）："就赔 500 美元吧。"

（谈判专家仍在沉思中）

理赔员（无奈）："600 美元是最高期限了。"

谈判专家（慢慢地）："可它好像并不是我想要的那个数。"

理赔员："如果说 750 美元还不是你想要的，那我也没有办法了。"

谈判专家（沉思一会儿后）："看来咱们的谈判无法进行下去了。"

理赔员："800，只能到 800，否则咱们真的谈不下去了。"

谈判专家："好吧，我也不想为此事花更多的时间。"

谈判专家只是重复着他良久的沉默，重复着他严肃的表情，重复着说那句老话。最后，谈判的结果是这件理赔案终于在 800 美元的条件下达成协议，而谈判专家原来只准备获得 300 美元的赔偿金。

当我们不知道对方的底牌时，保持沉默是一个不错的主意！

爱迪生在做某公司电气技师时，他的一项发明获得了专利。一天，公司经理派人把他叫到办公室，表示愿意购买爱迪生的专利，并让爱迪生出个价。

爱迪生想了想，回答道："我的发明对公司有怎样的价值，我不知道，请您先开个价吧。""那好吧，我出 40 万美元，怎么样？"经理爽快地先报了价，谈判顺利结束了。

事后，爱迪生满面喜悦地说："我原来只想把专利卖 500 美元，因为以后的实验还要用很多钱，所以再便宜些我也是肯卖的。"

让对方先开口，使爱迪生多获得了 30 多万美元的收益。经理的开价与他预期的价格简直是天壤之别。在这次谈判中，事先未有任何准备、对其发明对公司的价值一无所知的爱迪生如果先报价，肯定会遭受巨大的损失。在这种情况下，最佳的选择就是把报价的主动权让给对方，通过对方的报价，来探查对方的目的、动机，摸清对方的虚实，然后及时调整自己的谈判计划，重新确定报价。

机智的克林顿——制造悬念

好奇的目光常常可以看到比他所希望看到的东西更多。

——（德国）莱辛

克林顿·比洛普是美国著名的推销行家，在创业初期，为了多赚一点钱，他曾为康涅狄格州西哈福市的商会推销会员，并借此他敲开了该市各企业领导人士的大门。

有一次，他去拜访一家小布店的老板。这位老板是第一代土耳其移民，他的店铺离一条分隔东哈福市和西哈福市的街道只有几步路的距离。结果，这个地理位置成了这位老板拒绝加入商会的最佳理由。

"听着，年轻人，西哈福市商会甚至不知道有我这个人。我的店在商业区的边缘地带，没有人会在乎我。"

"不，先生，"克林顿·比洛普坚持说，"您是相当重要的企业人士，我们当然在乎您。"

"我不相信，"老板坚持己见，"如果你能够提出一点证据反驳我对西哈福市商会所下的结论，那么我就会加入你们的商会。"

"先生，我非常乐意为您做这件事，"比洛普注视着老板说，"我可不可以和您约定下一次会面的时间？"

老板一听，觉得这是摆脱比洛普最容易的方式，于是毫不犹豫地说："当然，你可以约个时间。”

“嗯，45分钟之后您有空吗？”克林顿·比洛普说。

老板十分惊讶，他没想到克林顿·比洛普要在45分钟之后再与他会面。

惊讶之下，顺口说了，“嗯，我会在店里。”

“很好，”克林顿·比洛普说，“我会在45分钟后回来。”

克林顿·比洛普快速离开布店，然后直接往商会办公室冲去。他在那里拿了一些东西之后，又到邻近的文具店买了该店库存中最大型的信封袋。带着这个信封袋，克林顿·比洛普再次来到布店。他把信封放在老板的柜台上，开始重复先前与老板的对话。在谈判的过程中，老板的目光始终注视着那个信封袋，猜想里面到底装了什么。

最后，他终于忍不住了，就问：“年轻人，我可不想一直和你耗下去，这个信封里到底装了什么？”

克林顿·比洛普将手伸进信封，取出了一块大型的金属牌。“商会早已做好了这块牌子，好挂在每一个重要的十字路口上，以标示西哈福商业区的范围。”克林顿·比洛普带着老板来到窗口说：“这块牌子将挂在这个十字路口上，这样一来，客人就会知道他们是在西哈福区内购物，这便是商会让人知道您在西哈福区内的方法。”

老板的脸上浮现一丝笑容。克林顿·比洛普说：“好了，现在我已经结束了我的讨价还价了，您也可以把您的支票簿拿出来好结束我们这场交易了。”

老板便在支票上写下了商会会员的入会费。

开门见山、直奔主题是一种谈判方法，出其不意、欲擒故纵也是一种谈判方法，而后者往往比前者更能促成交易。

在这个故事中，年轻时的克林顿·比洛普为了生计，成为康涅狄格州西哈福市的商会推销会员。这次他的目标客户是一家小布店的老板，而这家店正好位于一条分隔东哈福市和西哈福市的街道旁边，这个位置成了布店老板拒绝加入商会的理由："西哈福市商会甚至不知道有我这个人，我的店在商业区的边缘地带，没有人会在乎我。"这是一种客户理性思考后得出的结论。

克林顿·比洛普采用了欲擒故纵的谈判策略："我可不可以和您约定下一次会面的时间？"这让客户放松了警惕，以为可以就此摆脱他，于是就同意了，说明此时客户理性防范意识减弱。

令他没想到的是，克林顿·比洛普竟然说："45 分钟之后您有空吗？"这让布店老板非常惊奇，也给他留下了悬念。之后，克林顿·比洛普先回商会办公室"拿了一些东西"（事先已经准备好），然后又去商店买了一个最大型的信封。当他回到客户的面前时，并不急于说明信封内的东西，这让客户的好奇心越来越浓（客户的感性思维逐渐占据主导地位），以至于最后主动询问，这正是克林顿·比洛普要达到的效果。最后，谜底揭开，客户不得不认同他的做法，终于答应入会。

可见，在谈判的过程中，如果能留一点悬念给客户，让客户对你的下一步行动感到好奇，那么，在揭示悬念的同时，交易也自然会完成。

第五章

买和卖的艺术——推销心理

销售过程中的尴尬与技巧——以诚动人

> 生命不可能从谎言中开出灿烂的鲜花。
>
> ——（德国）海涅

正值家电卖场淡季，一位表情严肃的顾客走进某家电销售专区。

销售人员小赵：“先生您好！欢迎光临 ×× 家电大卖场，我们正在搞淡季大促销活动，请问您需要购买什么家电？”

顾客看都没看小赵一眼，径自走进家电卖场。

小赵有些尴尬，然后就在距顾客 4 米远处不时观察顾客的需求。

没过多久，顾客看了一会儿，摸了摸一款数码摄像机。

销售人员小赵忙上前去：“呵呵！您要购买相机啊，这款相机正值厂家促销，是今年柯达公司力推的主力机型，像素1200万，防抖功能很好……”

“哦！我随便看看。”顾客打断了小赵的介绍。

过了几分钟，顾客什么也没说就走出了家电卖场。

销售员笑颜以对，可顾客却毫无反应、一言不发或冷冷回答一句“我随便看看”，这种场面其实非常尴尬。因为这类顾客对销售人员的冷淡往往是出于情感上的警戒，要化解这种警戒，销售人员应该从顾客行为中尝试分析顾客类型，然后利用情感感化法朝着有利于活跃气氛和购买的方向引导。

作为销售人员，每天都能遇到这样的顾客，冷冰冰地进来，对销售员爱答不理，顶多抛出一句“我随便看看”，让销售员热脸贴了冷屁股，场面比较尴尬，不知道如何是好。其实，这些类型的顾客不外乎以下3种情形：

一是对要买的产品比较熟悉，没必要让销售人员介绍，自己看就行了，顶多讨价还价和支付的时候需要销售人员。

二是顾客只是来收集一下所要购买产品的信息，比如要购买的产品到底是什么样子的，各家卖场报价是多少等各种对比信息。

三是随便逛逛，看着玩。

因此，针对不同的顾客，销售人员应该采取不同的方法来接近顾客，而不是一种方法撞到南墙不回头。

很明显，“没关系，您随便看看吧，需要什么帮助叫我就行”之类的话是错误的，因为销售人员没有主动去顺势引导顾客需求，从而减少了顾客购买产品的可能性。

此外，顾客对销售人员都有戒备心理，生怕刚来就中了销售人员的圈套，因此他们都对销售人员非常消极。作为销售人员，你可以尝试从以下几个方面接近顾客：

（1）找好接近顾客的时机。这个时机往往不是在顾客刚进店的时候，而是在顾客浏览商品时对某一件家电比较感兴趣的时候，此时你可以根据顾客感兴趣的商品，大致联想出顾客想要什么类型的商品，因势利导，成功率往往会比较高。

（2）在顾客挑选商品的过程中，不要像盯贼似的跟着顾客，更不要顾客走到哪里销售人员就跟到哪里；不要问一些无关痛痒的话题。

（3）在一段时间后要尝试积极引导顾客。如果再次询问顾客时顾客还是回答“我随便看看”，销售人员就要尽量朝着有利于活跃气氛的方向进行。

面对冷淡型顾客，销售人员的信心常会被对方冰冷的口气摧毁，或者被对方的沉默不语打垮，其销售热情也会降到零点。其实顾客冰冷的口气并不代表顾客是个毫无情感的人。销售人员需要做的就是用情感去感化他们。

推销的失败与成功——洞察关注点

只要你能帮助别人得到他们想要的，你就能得到一切你想要的。

——（美国）金克拉

书店里，一对年轻夫妇想给孩子买一些百科读物，销售员过来与他们交谈。以下是当时的谈话摘录。

客户："这套百科全书有些什么特点？"

销售人员："你看，这套书的装帧是一流的，整套都是这种真皮套封烫金字的装帧，摆在您的书架上非常好看。"

客户："里面有些什么内容？"

销售人员："本书内容按字母顺序编排，这样便于资料查找。每幅图片都很漂亮逼真，比如这幅，多美。"

客户："我看得出，不过我想知道的是……"

销售人员："我知道您想说什么！本书内容包罗万象，有了这套书您就如同有

了一套地图集，而且还是附有详尽地形图的地图集。这对你们一定大有用处。”

客户：“我是为孩子买的。”

销售人员：“哦，原来是这样。这套书很适合小孩子的。它有带锁的玻璃门书箱，这样您的孩子就不会将它弄脏，小书箱是随书送的。我可以给您开单了吗？”

（销售人员作势要将书打包，给客户开单出货。）

客户：“哦，我考虑考虑。你能不能找出其中的某部分比如文学部分，让我们了解一下其中的内容？”

销售人员：“本周内有一次特别的优惠抽奖活动，现在买说不定能中奖。”

客户：“我恐怕不需要了。”

对客户来讲，“值得买的”不如“想要买的”，客户只有明白产品会给自己带来好处才会购买。在销售时，如果销售人员只把注意力放在销售产品上，一心只想把产品推给对方，甚至为了达到目的不择手段，这样，失去的可能比得到的更多。因为你可能推出了一件产品，但从此失去了一个客户。

这位销售人员给客户的感觉是太以自我为中心了，好像他需要的就是客户需要的。他完全站在自己的角度上对产品进行理解，然后强加于客户，让客户感觉：这样的书是你需要的，而不是我需要的。

以上的失败只是源于销售人员的疏忽，他自顾自地说话，没有仔细想一想对方的需求，其实客户已给过他机会，只可惜他没有及时抓住这样的信息。因此，一场不欢而散的谈话所导致的失败结局也就在所难免。

所以，在推销某一产品的时候，销售员不要只是说明产品的特点，而要强调产品能为客户带来哪些好处。

客户张科长：“我 10 分钟后还有一个会议要开。”

吴昊：“好的，张科长，我会在 10 分钟内把更适合贵企业的建议案说完，绝不耽误您的时间。”

“一辆好的配送车，能比同型货车增加 21% 的载货空间，并节省 30% 的上下货时间。根据调查显示，贵企业目前配送的文具用品体积不大，但大小规格都不一致，并且客户多为一般企业，数量多且密集，是属于少量多次进货的形态。一趟车平均要装载 50 家客户的货物，因此上下货的频率非常高，挑选费时，并常有误拿的情形发生。如何正确、迅速地在配送车上拿取客户采购的商品，是提高效率的重点。这点张科长是否同意？”

张科长：“对，如何迅速、正确地从配送车上拿出下一家客户要的东西是影响配送效率的一个重要因素。”

吴昊：“配送司机一天中大部分时间都在驾驶位上，因此驾驶位的设置要尽可能舒适，这是配送司机们一致的心声。”

张科长：“另外，车子每天长时间在外行驶，车子的安全性绝对不容忽视。”

吴昊：“张科长说得很对，的确，一辆专业配送车的设计，正是要满足上面这些功能。本企业新推出的 ×× 型专业配送车，正是为满足客户对提高配送效率而专门开发设计出来的。它除了比一般同型货车超出了15%的空间外，并设计有可调整的陈放位置，可依空间大小的需要调整出 0 ～ 200 个置物空间，最适合放置大小规格不一致的配送物，同时能活动编号，依号码迅速取出配送物。贵企业目前因为受制于货车置货及取货的不便，平均每趟只能配送 50 个客户，若使用此种型号的配送车，可调整出 70 个置物空间，经由左、右门及后面活动门依编号迅速取出客户所要的东西。

“配送车的驾驶座，如同活动的办公室。驾驶室的位置调整装置能依驾驶人的特殊喜好而作适当的调整。座椅的舒适度，绝对胜过一般内勤职员的椅子，并且右侧特别设置了一个自动抽取式架子，能让配送人员书写报表及单据，使配送人员能感到企业对他们的尊重。

“由于配送车在一些企业并非专任司机使用，而采取轮班制，因此，车子的安全性方面的考虑更显重要。×× 型配送车有保护装置、失误动作防止、缓冲装置等。电脑安全系统控制装置，能预先防止不当的操作给人、车带来的危险。贵企业的配送人员也常有轮班、换班的情形，使用本车能得到更大的保障。”

张科长：“×× 型配送车听起来不错。但目前我们的车子还没到企业规定的汰旧换新的年限，况且停车场也不够。”

吴昊：“科长您说得不错。停车场地的问题，的确给许多成长的企业带来一些困扰。贵企业业务在处长的领导下，每年增长 15%，为了配合业务成长，各方面都在着手提升业务效率。若贵企业使用 ×× 型配送车，每天平均能提升 20%的配送量，也就是可以减少目前 1/5 的配送车辆，相对地，也可以节省 1/5 的停车场地。

“贵企业的车子目前仍未达企业规定的使用年限，淘汰旧车换新车好像有一些不合算。的确，若是贵企业更换和目前同型的车子，当然不合理，可是若采取 ×× 型专业配送车，不但可以因提高配送效率而降低整体的配送成本，而且还能节省下停车场地的空间，让贵企业两年内不需为停车场地操心。

“据了解，目前贵企业 50 辆配车中有 10 辆已接近汰旧换新年限，是否请科长先同意选购 10 辆 ×× 专业配送车，旧车我们会以最高的价格估算过来。”

在吴昊充分进行了利益解说之后，客户同意签订购车合同。

在本案例中，吴昊通过对客户的调查发现了他们对配送车的需求特征，就是要提高效率。而提高效率的关键点在于客户配送的东西大小规格都不一致，导致每一辆车的装载量少、装卸速度慢。

在明确了客户的具体需求后，吴昊便有针对性地解说他们公司所提供的配送车的利益点："它除了比一般同型货车超出了 15% 的空间外，并设计有可调整的陈放位置……同时能活动编号，依号码迅速取出配送物。"

在客户说明原来的车还没有到企业规定的以旧换新的年限且停车场也不够时，吴昊更是抓住时机说明使用 ×× 配送车的利益点。最后，吴昊根据客户的实际情况，建议将其中 10 辆接近汰旧换新年限的车换成 ×× 型专业配送车。

在整个销售解说过程中，吴昊一直牢牢地把握住客户的需求并结合自己产品的特性和利益来解说 ×× 型专业配送车，让客户在利益需求思考下作出购买决定。

根据对实际销售行为的观察和统计研究，60% 的销售人员经常将特点与好处混为一谈，无法清楚地区分；50% 的销售人员在做销售陈述或者说服销售的时候不知道强调产品的好处。销售人员必须清楚地了解特点与好处的区别，这一点在进行销售陈述和说服销售的时候十分重要。

那么推销中强调的好处都有哪些呢？

（1）帮助顾客省钱。

（2）帮助顾客节省时间。效率就是生命，时间就是金钱，如果我们开发一种产品可以帮顾客节省时间，顾客也会非常喜欢。

（3）帮助顾客赚钱。假如我们能提供一套产品帮助顾客赚钱，当顾客真正了解后，他就会购买。

（4）安全感。顾客买航空保险，不是买的那张保单，买的是一种对他的家人、他自己的安全感。

（5）地位的象征。如一块百达翡丽的手表拍卖价 700 万人民币，从一块手表的功用价值看，实在不值得花费，但还是有顾客选择它，那是因为它独特、稀少，能给人一种地位的象征。

（6）健康。市面上有各种滋补保健的药品，就是抓住了人类害怕病痛死亡的天性，所以当顾客相信你的产品能帮他解决此类问题时，他也就有了此类需求。

会听客户话外音的大卫——窥探心理动向

鳄鱼在水里，却总在窥探着陆地。

——柬埔寨名言

销售过程中及时领会客户的意思非常重要。只有及时领会客户的意思，读懂其弦外之音，才能有针对性地给予答复，消除其顾虑，并为下一步的销售创造条件。

大卫是伊蓝公司的销售人员，这个公司专门为高级公寓小区清洁游泳池，还包办一些景观工程。伊蓝公司的产业包括 12 幢豪华公寓大厦。大卫为了拿下这个项目和伊蓝公司董事长史密斯先生交谈。

史密斯："我在其他地方看过你们的服务，花园弄得还算漂亮，维护修整做得也很不错，游泳池尤其干净。但是一年收费 10 万元，太贵了吧？"

大卫："是吗？你所谓'太贵了'是什么意思？"

史密斯："现在为我们服务的 C 公司一年只收 8 万元，我找不出要多付 2 万元的理由。"

大卫："原来如此，但你满意现在的服务吗？"

史密斯："不太满意，以氯处理消毒，还勉强可以接受，花园就整理得不太理想；我们的住户老是抱怨游泳池里有落叶。住户花费了那么多，他们可不喜欢住的地方被弄得乱七八糟！虽然给 C 公司提了很多次，可是仍然没有改进，住户还是三天两头打电话投诉。"

大卫："那你不担心住户

会搬走吗？”

史密斯：“当然担心。”

大卫：“你们一个月的租金大约是多少？”

史密斯：“一个月 3000 元。”

大卫：“好，这么说吧！住户每年付你 3.6 万元，你也知道好住户不容易找。所以，只要能多留住一个好住户，你多付 2 万元不是很值得吗？”

史密斯：“没错，我懂你的意思。”

大卫：“很好，这下，我们可以开始草拟合约了吧？什么时候开始好呢？月中，还是下个月初？”

史密斯：“我对你们的服务质量非常满意，也很想由你们来承包。但是，10 万元太贵了，我实在没办法。”

大卫：“谢谢你对我们的赏识。我想，我们的服务对贵公司很适用，你真的很想让我们接手，对吧？”

史密斯：“不错。但是，我被授权的上限不能超过 9 万元。”

大卫：“要不我们把服务分为两个项目，游泳池的清洁费用 4.5 万元，花园管理费用 5.5 万元，怎样？这可以接受吗？”

史密斯：“嗯，可以。”

大卫：“那现在我们可以开始讨论管理的内容了吧？”

史密斯：“嗯，是的。”

大卫能及时领会史密斯的话，巧妙地做出适当的回应，并适时地提出益于销售的有效方案，使事情朝好的方向发展。如果大卫没有及时领会史密斯的意思，就无法很好地解除对方的疑虑。

对于销售人员来说，客户的某些语言信号不仅有趣，而且肯定地预示着成交有望。很多销售人员在倾听客户谈话时，经常摆出倾听客户谈话的样子，内心却迫不及待地等待机会，想要讲他自己的话，完全将“倾听”这个重要的武器舍弃不用。如果你听不出客户的意图，听不出客户的期望，那么，你的销售就会跟射错了方向的箭一样徒劳无功。

要是一个销售员忙于闲谈而没有听出这些购买信号的话，那真的非常可惜。

除了领会客户的话外之音，还需要掌握一些沟通技巧，从客户的话语中挖掘深层次的东西；而在领会客户的意思以后，要及时回答；当客户犹豫不决时，要善于引导客户，及时发现成交信号，提出成交请求，促成交易。

一件“减价”的貂皮大衣——把握价格策略

> 与其你死我活，不如你活我也活——这就是双赢，是良性竞争。
>
> ——销售名言

爱占便宜追求的是一种心理满足，无可厚非，且每个人都或多或少地具有这种倾向，唯一的区别就是占便宜心理的程度深浅。我们所说的爱占便宜的人，通常是指占便宜心理比较严重的那部分人。

销售过程中，这类客户不在少数，他们最大的购买动机就是是否占到了便宜。所以，面对这类客户，销售员就是利用这种占便宜的心理，通过一些方式让客户感觉自己占到了很大的便宜，从而心甘情愿地掏钱购买。

在英国有一家服装店，店主是两兄弟。在店里，一件珍贵的貂皮大衣已经挂了很久，因为高昂的价格，顾客在看到价格后往往望而却步，所以，这件衣服一直卖不出去。两兄弟非常苦恼。

后来，他们想到了一个办法，两人配合，一问一答确认大衣的价格，但弟弟假装耳朵不好使将价格听错，用低于卖价很多的价格出售给顾客，遇到爱占便宜的人，大衣一定能卖出去。两人商量好以后，第二天清早就开始张罗生意了。

弟弟在前面店铺打点，哥哥在后面的操作间整理账务。一个上午进来了两个人，这个方法并没有奏效。

到下午的时候，店里来了一个妇人，在店里转了一圈后，她看到了那件卖不出去的貂皮大衣，于是问道：“这件衣服多少钱？”

作为伙计的弟弟再次假装没有听见，依然忙自己的。于是妇人加大嗓门又问了一遍，他才反应过来。

他抱歉地说：“对不起，

我是新来的，耳朵不太好使，这件衣服的价格我也不太清楚。您稍等，我问一下老板。”

说完，他冲着后面大声问道：“老板，那件大衣多少钱？”

老板回答：“5000英镑！”

“多少钱？”伙计又问了一遍。

“5000英镑！”

声音如此大，妇人听得很真切，她心里觉得价格太贵，不准备买了。而这时，店员憨厚地对妇人说：“老板说3000英镑。”

妇人一听，顿时非常欣喜，肯定是店员听错了，想到自己可以省下足足2000英镑，还能买到这么好的一件貂皮大衣，于是心花怒放，害怕老板出来就不卖给她了，于是匆匆付钱买下就离开了。

就这样，一件很久都卖不出去的大衣，按照原价卖了出去。

以上的案例中，两兄弟就是利用了妇人爱占便宜的心理特点，成功地将大衣以原价销售了出去。

对于爱占便宜型的顾客，可以善加利用其占便宜心理，使用价格的悬殊对比或者数量对比进行销售。占便宜型的客户心理其实非常简单，只要他认为自己占到了便宜，他就会选择成交。

利用价格的悬殊差距虽然能对销售结果起到很好的作用，但多少有一些欺骗客户的嫌疑，所以，在使用的过程中一定要牢记一点：销售的原则一定是能够帮助客户，满足客户对产品的需求，做到既要满足客户的心理，又要确保客户得到实实在在的实惠。只有这样，才能避免客户在知道真相后的气愤和受伤感，才能保持和客户长久的合作关系，实现双赢结果。

客户的担心——安全感

> 人生唯一的安全感，来自于充分体验人生的不安全感。
>
> ——（美国）派克

当你购买某一产品的时候，你最怕什么？质量不好？不安全？不适合自己？花冤枉钱？……是啊，几乎所有的消费者在面对不熟悉的产品时，都会有这些担心和害怕，怎么做才能让他们安心购买呢？

用心传递价值，让客户没有任何后顾之忧。

心理学研究发现，人们总是对未知的人、事、物产生自然的疑虑和不安，因为缺乏安全感。在销售的过程中这个问题尤为明显。一般情况下，客户对销售员大多存有一种不信任的心理，他们认定销售员所提供的各类商品信息，都或多或少包含一些虚假的成分，甚至会存在欺诈的行为。所以，在与销售员交谈的过程中，很多客户认为他们的话可听可不听，往往不太在意，甚至是抱着逆反的心理与销售员进行争辩。

因此，在销售过程中，如何迅速有效地消除顾客的顾虑心理，就成为销售员最重要的能力之一。因为聪明的销售员都知道，如果不能从根本上消除客户的顾虑心理，交易就很难成功。

客户产生顾虑的原因有很多，除了对产品性能的不确定外，主要有以下几点：

第一，客户在以往的生活经历中曾经遭遇过欺骗，或者买来的商品没有达到他的期望。

第二，客户从新闻媒体上看到过一些有关客户利益受到伤害的案例。新闻媒体经常报道一些客户购买到假冒伪劣商品的案例，尤其是一些伪劣家电用品、劣质药品或保健品，会给客户的健康甚至生命造成巨大的威胁。

第三，客户害怕损失金钱或者是花冤枉钱，他们担心销售员所推销的这种产品或者服务根本不值这个价钱。

第四，客户担心自己的看法与别人的会有不同，怕销售员因此而嘲笑他、讥讽他，或是遭到自己在意的、尊重的人的蔑视。

种种顾虑使得客户不自觉地绷紧了心中的那根弦，所以说，在面对消费者时，销售员要尽自己最大努力来消除客户的顾虑心理，用心向他们传递产品的价值，使他们打消顾虑。

消除客户的顾虑心理，首先要做的就是向他们保证，他们决定购买是非常明智的，而且购买的产品是他们在价值、利益等方面做出的最好选择。

一位客户想买一辆汽车，看过产品之后，对车的性能很满意，现在所担心的就是售后服务了，于是，他再次来到甲车行，向销售员咨询。

准客户："你们的售后服务怎么样？"

销售员："先生，我很理解您对售后服务的关心，毕竟这可不是一个小的决策，那么，您所指的售后服务是哪些方面呢？"

准客户："是这样，我以前买过类似的产品，但用了一段时间后就开始漏油，后来拿到厂家去修，修好后过了一个月又漏油。再去修了以后，对方说要收5000元

修理费，我跟他们理论，他们还是不愿意承担这部分费用，没办法，我只好自认倒霉。不知道你们在这方面怎么做的？”

销售员：“先生，您真的很坦诚，除了关心这些还有其他方面吗？”

准客户：“没有了，主要就是这个。”

销售员：“那好，先生，我很理解您对这方面的关心，确实也有客户关心过同样的问题。我们公司的产品采用的是欧洲最新AAA级标准的加强型油路设计，这种设计具有很好的密封性，即使在正负温差50度，或者润滑系统失灵20小时的情况下也不会出现油路损坏的情况，所以漏油的概率很低。当然，任何事情都有万一，如果真的出现了漏油的情况，您也不用担心。我们的售后服务承诺：从您购买之日起1年之内免费保修，同时提供24小时之内的主动上门服务。您觉得怎么样？”

准客户：“那好，我放心了。”

最后，客户买了中意的汽车。

从某种意义上来说，消除疑虑正是帮助客户恢复购买信心的过程。因为在决定是否购买的一刻，买方信心动摇、开始后悔是常见的现象。这时候顾客对自己的看法及判断失去信心，销售员必须及时以行动、态度和语言帮助顾客消除疑虑，加强顾客的信心。

消除顾客疑虑的最佳武器就是自信。优秀的销售员的沉稳和自然显现的自信可以重建顾客的信心。

除了自信的态度之外，另一个重要的武器便是言辞。比如有一位顾客原本想采购一种电子用品，但是他没有用过，不确定这个决定对不对。聪明的销售员会马上说：“我了解你的想法，您不确定这种电子产品的功能，怀疑是不是像产品说明书所说的，对不对？您看这样好不好，您先试用……”在关键时刻，销售员纯熟的成交技巧会让顾客疑虑全消。

在销售过程中，顾客心存顾虑是一个共性问题，如若不能正确解决，将会给销售带来很大的阻碍。所以，销售员一定要努力打破这种被动的局面，善于接受并巧妙地化解客户的顾虑，使客户放心地买到自己想要的商品。只要能把握脉络，层层递进，把理说透，就能够消除客户的顾虑，使客户产生安全感，最终使得销售成功进行。

电话销售人员的哀兵策略——利用同情心

一个人的同情要善加控制，否则比冷淡无情更有害得多。

——（奥地利）茨威格

电话销售人员："白总，我已经拜访您好多次了，您对本公司的汽车性能也相当的认同，汽车的价格也相当合理，您也听朋友夸赞过本公司的售后服务，今天我再次打扰您，不是向您销售汽车的。我知道您是销售界的前辈，我在您面前销售东西压力实在很大，大概表现得很差，请您以一颗爱护晚辈的心，指点一下，我哪些地方做得不好，让我能在日后改进。"

白总："你不错嘛，又很勤快，对汽车的性能了解得非常清楚。看你这么诚恳，我就坦白告诉你，这一次我们要替企业的10位经理换车，当然所换的车一定要比他们现在的车子要更高级，以激励士气，但价钱不能比现在贵，否则我短期内宁可不换。"

电话销售人员："白总，您实在是位好经营者，购车也以激励士气为出发点，今天真是又学到了新的东西。我给您推荐的车是由美国装配直接进口的，成本偏高，因此，价格不得不反映成本。但是我们公司月底将从墨西哥OEM进口同级车，成本较低，并且您一次购买10部，我一定说服公司尽可能地达到您的预算目标。"

白总："喔！的确很多美国车都在墨西哥OEM生产，贵公司如果有这种车，倒替我解决了换车的难题了！”

当销售人员山穷水尽、无法成交时，由于多次的电话拜访和客户多少建立了一些交情，此时，若面对的客户不仅在年龄上而且在头衔上都超过销售人员时，可采用哀兵策略，以让客户说出真正的异议。

而销售人员一旦确确实实地掌握了客户真正的想法，了解了客户的真正异议，只要能化解这个真正的异议，销售人员的处境将有 180 度的戏剧性大转变，订单也将唾手可得。

通常来说，使用哀兵策略，要遵循以下步骤进行：

1. 态度诚恳，说出请托的言辞。

2. 感谢客户，并真切恳请客户坦诚指出自己销售时有哪些错误。

3. 诱使客户说出不购买的真正原因。

4. 了解原因后，再度销售。

〉第八篇

职场心理学：不做“穷忙族”，以事业来改变命运

第一章
工作，是你做它而不是它做你——工作心态

郑袖计除美人——做事低调

出头的椽子先烂。

——谚 语

有句话说得好：“出头的椽子先烂。”这确实是客观世界中不争的事实。出头椽子，总是比不出头的椽子要承受更多的风吹雨打，日复一日，年复一年，自然也比别的椽子要腐败得早。

因此，人在风光尽显之时，若能够居安思危，用低调的盾甲保护自己，实在不失为明智的处世保身秘诀。反之，若不懂得低调自保，那后果可能就是将自己置于凶险的境地。因为“木秀于林，风必摧之”，“秀木”出头的机会多了，就会遭人嫉恨“摧折”，而且折了之后还未必能得到人们的怜悯和理解。实在是可叹而又无奈！

战国时期，楚怀王宠妃郑袖，才貌双绝，工于心计。当时，魏王从自己的利益出发，赠给楚怀王一个大美人，人称魏美人，娇嫩柔美，真乃绝顶佳丽，把个好色的楚怀王搞得神魂颠倒。

智深谋远的郑袖，看在眼里，恨在心上，她稍加思索，一计即上心头。于是，她便拿出女人温和、柔顺的性情，既不同魏美人争风吃醋，也不显示一点不满的情绪，而是像个知情达理的大姐姐，非常和善地对待魏美人，事事顺着魏美人的性子，

还在楚怀王面前赞美魏美人美丽。

魏美人初到楚国时还有些害怕郑袖，但是看到她一贯待自己很好，便没了戒备之心。一日，魏美人亲昵地告诉郑袖："姐姐，在异国他乡遇到您这样的好人，真是幸运哪！""快别这么说！"郑袖安慰魏美人道，"咱们是同事一夫，本是骨肉相连的一家人，姐姐不疼爱妹妹，谁来疼爱呢？常言道：家和万事兴。我们姐妹和睦相处，才是国君的幸事，而且，妹妹能给夫君快乐，我也快乐！"

魏美人闻此言，感动得热泪盈眶，说："姐姐，以后请多多指教小妹怎样使夫君快乐！""好说好说，今后我们姐妹和睦相处，互通一气，就不会出什么差池。"郑袖和颜悦色地回答魏美人的话。

楚怀王见这对如花似玉的宠妃和睦相处，无限欢欣，慨叹道："世人都说女人天生是醋做的，看来也不尽然。我的郑袖就不吃醋，她是真心爱我，她知道我喜欢魏美人，就主动替我照顾她、关心她，使她不思念故国，实在是贤内助啊！"

郑袖见自己的计谋已起作用，暗自高兴。一天魏美人来看郑袖，郑袖似无意地告诉魏美人："大王在我这儿说你非常称他的心，只是嫌你的鼻子略尖了点儿！""那可怎么办呢？姐姐！"魏美人摸摸鼻子，求秘方似的。

"这也没什么，"郑袖若无其事地说，"你以后再见到大王时，轻轻地把鼻子捂一下不就行了吗？"魏美人连称郑袖高明。

此后，魏美人每次见到楚怀王就把鼻子捂起来。楚王暗自惊奇，魏美人逢问必笑而不语。楚王便问郑袖，郑袖有意把话说个半截儿，含嗔带笑，欲言又止。楚王一直追问，郑袖便装着不情愿的样子，说道：“她说她受不了你身上的那种狐臭味！”

“什么！寡人乃一国之尊，她竟敢嫌弃寡人？真乃无理！”草菅人命、喜怒无常的楚王大怒，一掌击在几案上，喊道：“来人！快去把那贱货的鼻子割下来！”魏美人的鼻子被割掉了，既丑陋，又吓人，永远被打入冷宫。郑袖用计除去了她的情场对手，恢复了她在王宫独自受宠的地位。

正所谓“显眼的花草易招摧折”，自古才子遭嫉、美人招妒的事难道还少吗？所以，无论你有怎样傲人的资本，你都没炫耀显露的必要。要知道，人性往往有阴暗的一面，一旦你大意了，张扬了，你或许本身并没有夸耀逞强的意思，但别人早已看在眼里，妒在心上，觉得你比他们优秀，自然看你不顺眼。如若这时你还不能及时醒悟，赶紧用低调的策略保护自己，你就是在将自己置身于吉凶示卜的旋涡急流当中，最终会被暗箭所伤。

所以，我们在职场中，在工作的过程中要学会掩藏自己的锋芒，千万不可过于高调，否则不仅工作会受到影响，说不定还会因为遭人嫉妒而失去工作机会，实在是得不偿失的。

石苞的故事——心态平和

脚正不怕鞋歪，身正不怕影斜。

——谚 语

人的一生难免会遇到些曲折，也会因人与人之间的观念差别而被人误解。面对这种不如意的境况，人的心情也容易变得低沉。但是不被理解的时候就觉得委屈，就抱怨命运的不公平，却不思自己是否足够努力，这就不对了；只是怨天尤人，是什么事情也做不好的。想想别人误解了自己，自怨自艾岂不是拿别人的错误惩罚自己？遇到了不公正的对待，要豁达大度，不要以一事一时的顺利为念，应该看到社会的发展，什么事情都不是一成不变的。所以，人在遇到不顺心甚至走下坡路时，更要慎重而乐观地对待。

西晋的石苞面对皇上的误解和不公平的待遇，就能心底无私、坦然相对，使晋武帝终于自省，也消除了自己的不平之境。

石苞是西晋初期一位著名的将领，晋武帝司马炎曾派他带兵镇守淮南，在他的管区内，兵强马壮。他平时勤奋工作，各种事务处理得井井有条，在群众中享有很高的威望。

当时，占据长江以南的吴国还依然存在，吴国的君主孙皓也还有一定的力量，他们常常伺机进攻晋朝。对石苞来说，他实际上担负着守卫边疆的重任。

在淮河以北担任监军的是个名叫王琛的人。他平时看不起贫寒出身的石苞，又听到一首童谣说："皇宫的大马将变成驴，被大石头压得不能出。"石苞姓石，所以，王琛就怀疑这"石头"就是指石苞。这样妄加猜度地怀疑他人，陷人于不公之中，实在是歧视人的不义之举。

后来，他秘密地向晋武帝报告说："石苞与吴国暗中勾结，想危害朝廷。"在此之前，风水先生正好也曾对武帝说："东南方将有大兵造反。"等到王琛的秘密报告呈上去以后，武帝便真的怀疑起石苞来了。正在这时，荆州刺史胡烈送来关于吴国军队将大举进犯的报告。石苞也听到了吴国军队将要进犯的消息，便指挥士兵修筑工事，封锁水路，以防御吴国的进攻。武帝听说石苞固城自卫的消息后更加怀疑，就对中军羊祜说："吴国的军队每次来进攻，都是东西呼应，两面夹攻，几乎没有例外的。难道石苞真的要背叛我？"羊祜自然不会相信，但武帝的怀疑并没有因此而解除。凑巧的是，石苞的儿子石乔担任尚书郎，晋武帝要召见他，可他经过一天时间也没有去报到，这就更加引起了武帝的怀疑。于是，武帝想秘密地派兵去讨伐石苞。

武帝发布文告说："石苞不能正确估计敌人的势力，修筑工事，封锁水路，劳累和干扰了老百姓，应该罢免他的职务。"接着就派遣太尉司马望带领大军前去征讨，又调一支人马从下邳赶到寿春，形成对石苞的讨伐之势。

石苞对王琛的诬

告和武帝的怀疑本来一点不知情，看到武帝派兵来讨伐他时，还莫名其妙。但他想：“自己对朝廷一向忠心耿耿、坦荡无私，怎么会出现这种事情呢？这里面一定有严重的误会。一个正直无私的人，做事情应该光明磊落、无所畏惧。”于是，他采纳了手下孙铄的意见，放下身上的武器，步行出城，来到都亭住下来，等候处理。

武帝知道石苞的举动以后，顿时惊醒过来：讨伐石苞到底有什么真凭实据呢？如果石苞真要反叛朝廷，他修筑好了守城工事，怎么不作任何反抗就亲自出城接受处罚呢？再说，如果他真的勾结了敌人，怎么没有敌人前来帮助他呢？想到这些，晋武帝的怀疑一下子打消了。后来，石苞回到朝廷，还受到了晋武帝的优待。

有句俗语叫作：“脚正不怕鞋歪，身正不怕影斜。”从石苞的故事我们能得知，在大是大非面前，更要冷静地对待和妥善地处理各种矛盾。对于自己所遇到的不公平遭遇，要勇于忍受，不要因此而惊恐不安或是气愤不已。只要心底无私、坦然相对，真相总有大白的一天。

工作中常常会有一些不公平的事情，其实如果我们冷静思考，会发现在不公平的待遇下也能学到很多东西。

首先，我们要做的是学会忍受自己所遇到的不公平对待，心胸要宽广，不去计较那些小事，而应自我完善，努力工作。

其次，既然知道自己遭受不平时心中难免气愤，所以也应该能够理解他人在遇到不平时的心态。

再次，要平等对人，不能因为自己的行为让别人处于不平的境地。

最后，即使自己遇到不平、处于劣势，也不该因私废公，而应尽职尽责，做到问心无愧，如此才能让自己在职场中顺风顺水，获得提升。

曹丕以何取胜——争而不争

夫唯不争，故天下莫能与之争。

——老 子

中国古代著名思想家、哲学家老子说：“夫唯不争，故天下莫能与之争。”争与不争，只是两种不同的姿态。与人无争者，心境坦然，得与不得的结果无异，这种心态之下，反而所获甚多。不争，就是最强有力的争。

现实中利益有限，很多人争得头破血流也最多能抢到有限的一部分，而且还会招人厌恶。冷静达观，显出礼让的态度，在道义上得到众人的赞同、推崇，却往往能比争抢者得到更多。

东汉末年，曹操选立世子时，二子曹丕为世子，但三子曹植更有才华，文名满天下。于是曹操一时间难以定夺。

曹丕是极不甘心自己的太子之位被弟弟夺走的，他想拼死一争，却又明知自己的才华远在曹植之下，胜数极微。曹丕就向他的贴身大臣贾诩讨教。贾诩说：“您有德行和度量，像个寒士一样做事，兢兢业业，不要违背做儿子的礼数，这样就可以了。”

一次曹操亲征，曹植又在高声朗诵自己做的歌功颂德的文章来讨父亲欢心，并显示自己的才能。而曹丕却伏地而泣，跪拜不起，一句话也说不出。曹操问他什么原因，曹丕便哽咽着说：“父王年事已高，还要挂帅亲征，作为儿子心里又担忧又难过，所以说不出话来。”

一言既出，满朝肃然，都为太子如此仁孝而感动。相反，大家倒觉得曹植只知道为自己扬名，未免华而不实，作为一国之君恐怕难以胜任。结果还是“按既定方针办”，世子还是原来的世子。

曹操死后，曹丕顺理成章地登上了魏国皇帝的宝位。

对掌权者来说，下级做事的态度会比做了多少更重要。在其他人争先恐后之时，自己显出“不争”的冷静，反而更能得到上级的认可和信任。

所以，在职场之中，很多时候没有必要急功近利，而应该适当表现得与世无争一些。如此一来，你的淡定反而会容易引起领导的关注，领导甚至会觉得，你不争的态度正是上位所必须的条件。如此一来，你争而不争的态度反而为你赚取了晋升的机会。

赵德昭的“远虑”——目光长远

仁人者正其道不谋其利，修其理不急其功。

——董仲舒

董仲舒曾说过：“仁人者正其道不谋其利，修其理不急其功。”这句话告诉我们做人不能鼠目寸光、急功近利，而要高瞻远瞩、深谋远虑。尤其是在关键时刻，更要保持清醒的思维和敏锐的洞察力，参透得失、宠辱不惊。

公元979年初，宋太宗御驾亲征北汉，北汉皇帝刘继元走投无路，只好投降。面对这巨大的胜利，宋太宗心花怒放，难以自持，他不顾兵疲财缺的现状，主张乘胜伐辽，收回被辽占据的燕云十六州。

宋朝大将潘美反对此议，他对宋太宗恳切地说：“我军大胜，此刻也不能志得意满，轻敌冒进。眼下尚需稳定形势，巩固胜果，士卒也需休整。”

没等宋太宗说话，总侍卫崔翰却越众而出，大声说：“此乃天赐良机，岂可轻易放弃呢？陛下进兵之举甚合民心，必群起响应。我军又是得胜之师，当无坚不摧，伐辽必有胜算。”

宋太宗本来求胜心切，又听崔翰这样讲，便不再犹豫了，宋军遂大举北进。宋军快到高梁河时，遭到辽军的伏击，损失惨重，宋太宗也不知去向。

当时，宋太祖赵匡胤的长子、武功郡王赵德昭也随宋太宗亲征。他手下的将领猜测宋太宗不是被杀，就是被俘，于是私下商议立赵德昭为帝。众将讨论过后，齐聚赵德昭的帐中，为首者当面劝赵德昭说：“皇上失踪，想必已经蒙难。如今军心不稳，大敌当前，大王如不当机立断，承继大统，恐怕变乱不止。恭请大王迅速登上帝位，号召天下。”

赵德昭面对众将拥立，一时心动。他努力使自己镇静下来，没有轻言可否。

宋太祖赵匡胤去世时，没有把皇位传给自己的儿子赵德昭，却遵循母亲的遗命，让弟弟赵匡义做了皇帝。这个事实曾让赵德昭心中郁闷。赵德昭的一位亲信劝他不可这样，这位亲信说：“事已至此，大王纵有千般怨言，也无力回天了。大王现在的举动，皇上必定极为关注，皇上怎会容忍一个心怀不满的臣子呢？再说，大王当

不上皇帝也未必就是坏事，只要大王看透荣辱，顺天应命，也不会感到做个逍遥亲王有什么不快。”

赵德昭一下领悟了亲信的真意。自此，他天天纵歌饮酒，对宋太宗极其恭敬，宋太宗对他并不怀疑，君臣相安无事，相处得十分融洽。

今日面对此变，赵德昭虽口里没有说什么，心里却是千回百转。他思忖这件事关系太大，万不可因贪求帝位而犯下致命之祸。他又想太宗虽是失踪，终究不能肯定他已蒙难，如果自己轻率即位，太宗若没死，自是不能放过他了，如此自己连性命都将不保。

赵德昭越想越怕，他先前的窃喜之情一扫而光。他决定以静制动，慎重行事，于是他故意做出生气的样子说：“皇上生死未明，大敌当前，你们不思报国杀敌，却在这儿胡言乱语，动摇军心，这是忠臣所为吗？我是皇上的臣子，誓死效忠皇上，岂能受你们唆使，干下这大逆不道之事？你们真是昏了头了！”

众将本想赵德昭定然接受，自己也可有拥立之功，飞黄腾达，谁知赵德昭却出言训斥，他们都瞠目结舌，不知如何应对。他们虽自称有罪，但心中怅然若失，面有不快之色。

赵德昭见之一凛，为了安抚众将，不令他们疏远自己，他又低声说：“你们的好意我心领了，可荣辱之事，岂可盲动？再说赵氏江山谁做皇帝都是一样，我岂能趁皇上危难而行己私呢？倘若皇上真的遭遇不幸，为了宋室江山，我还是不会令各位失望的。”

众将气消，皆服其义。第二天早上，宋太宗被杨业父子救回，安然无恙，众将又深服赵德昭慎重之行了。

自古能真正做到深谋远虑的人，必有宽阔的胸襟和高超的智慧。他们不为一时的荣辱所左右，因此其行为才不会失常失态，凡事才能作出正确的判断和应对之策。其实，荣辱不仅是暂时的，也是相对的，若是一味好荣厌辱，将之完全对立起来，则会把理智拒之门外，让情绪取代清醒的判断，难以冷静从事，其结果难免出现偏差。因此，职场中人在荣辱得失面前，尤其是在“接近成功”的时候，更应放下过于强烈的急功近利的思想，用“远虑”的谨慎冷静来淡化心中的浮躁，从而实现进退有度，生命旷达自如。

但是，现实的职场中，有太多的急功近利者，他们目光短浅，只求眼前利益，“近利”当前，根本迈不开步伐，这样的人是不可能在职场中混出什么名堂来的。我们一定要引以为戒，锻造自己长远的眼光，不可被小营小利所诱惑，而丧失了大好前程。

第二章

想“出头”，先要会“埋头”——新人潜伏

夫差与勾践——学会低调

会等待的人一切都会得到。

——（法国）拉伯雷

春秋时期，吴王夫差把勾践打败，吴国便趁机要越王勾践夫妇到吴国为奴仆。勾践将国事托给大夫文种，让范蠡随他到吴国。

有一回夫差大病，勾践亲自去见夫差，当着众人的面亲口尝了夫差的粪便，告诉夫差：“我曾经跟名医学过医道，刚才我尝了大王的粪便，味酸而稍微有些苦，这是得了医生所说的‘时气病’，此症一定能够好转，大王不用太担忧。”几天后，夫差的病果然好了，从此他对勾践有了很好的印象。

勾践在吴国吃尽了苦头。为此，文种贿赂伯嚭，送去珍宝美女。伯嚭进宫见夫差，说道：“勾践事吴两年，服侍大王也殷勤周到，现在您可知道他是真心归顺了吧！大王不如放他回去，要他多多进贡就是了。”勾践回国后，他靠自己耕种吃饭，靠妻子亲手织布穿衣，用绳悬一苦胆，日日尝之，以此提醒自己不要忘掉以前受的凌辱与苦难。勾践亲自参加耕种，王后也亲自织布，以此来鼓励人民发展生产。文种精通经济内政，范蠡擅长外交和军务。勾践充分信任他们，让他们各司其职。

公元前 482 年，吴王夫差带着精兵强将在黄池会盟中原诸侯，勾践乘机率精兵五万袭击吴国，打败吴国守军，杀了吴国太子。公元前 473 年，勾践再次攻吴，把

夫差包围在姑苏山上。夫差势单力薄，派公孙雄袒胸露背，跪行至越军求和。勾践不忍，欲许之。范蠡谏道：“当年大王兵败会稽，天以越赐吴，吴王不取，以致有今日；现在夫差兵败姑苏，天又以吴赐越，越岂能不取？大王卧薪尝胆，不就为有今日吗？愿大王三思！”不待勾践点头，范蠡果断地下令擂鼓进兵。不久，越军灭吴。夫差痛悔自己误信伯嚭之言，对伍子胥的忠言逆耳却听不进，于是他以布蒙面，伏剑自杀，临死前大叫一声：“伍相国，我没有脸面见你啊！”

勾践之所以能取得最后的胜利，在于他能隐藏自己的真实用心。勾践在吴国受尽千辛万苦也毫无抱怨，就是因为他明白当自己的力量无法达到自己追求的目标时，为了防止别人干扰、阻挠、破坏，而采取了一种低调的策略保护自己。这样才不容易引起他人的注意，才可以蓄积力量，最后一举成功。在激烈的职场竞争中也是如此，聪明的人要学会谨慎，不要轻易暴露自己的真实意图，低调做人做事，在服从上级领导的过程中等待机遇的到来。

三选二怎么选——团结意识

团结就是力量。

——谚 语

一家公司招聘员工，最后要从三位应聘人员中选出两个。他们给出的题目是这样的：假如你们三个人一起去沙漠探险，在返回的途中，车子抛锚了。这时，你们只能选择四样东西随身带着。你会选什么？这些东西分别是：镜子、刀、帐篷、水、火柴、绳子、指南针。其中帐篷只能住两个人，只有一瓶矿泉水。

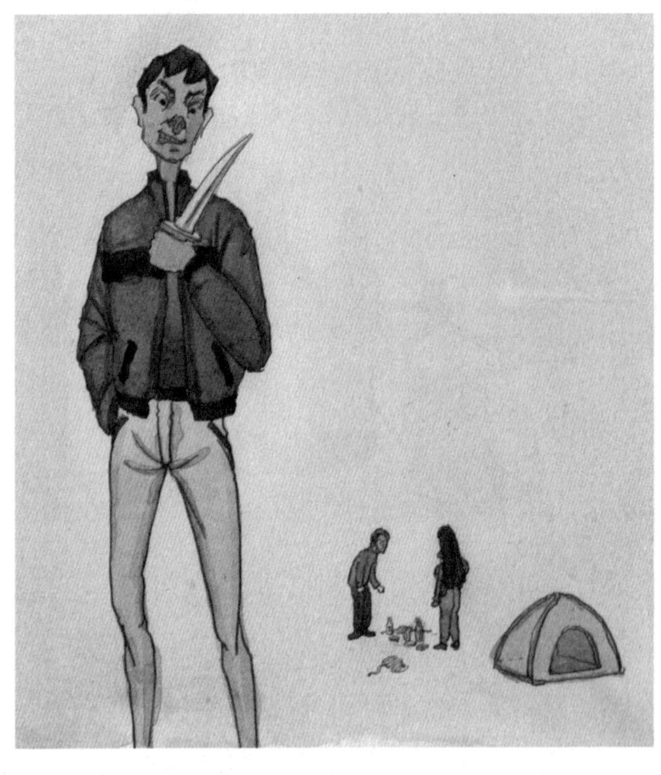

甲男选的是：刀、帐篷、水、火柴。

面试经理问他："为什么你第一个就要选刀？"

甲男说："害人之心不可有，防人之心不可无。这帐篷只够两个人睡，水只有一瓶，万一有人为了争夺生存机会想害我呢？所以，我把刀拿到手，也就等于把主动权抓到了手中。"

乙女和丙男选的四样物品为：水、帐篷、火柴、绳子。

乙女解释说："水是必需品，虽然只够两个人喝，但可以省着点，相信也能够使三个人一起坚持到最后；帐篷虽然只能容纳两个人睡，但是可以三个人轮换着来休息；火柴也是路上必不可少的；而绳子可以用来把三个人绑在一起，这样在风沙很大、目不见物的时候，队伍就不会散了。"

丙男给出的解释与乙女相同。

最后，甲男被淘汰出局。

有位心理学家曾经做过一项十分有意思的实验。他让某一个人分别扮演专制型、放任型与民主型等三种不同角色的领导者，而后调查其他人对这三类领导者的观感。结果发现，采用民主型方式的领导者，他们的团结意识最为强烈。同时研究结果也指出，这些人当中使用"我们"这个名词的次数也最多。

事实上，我们在听演讲时，对方说"我认为……"带给我们的感受，远不如采用"我们……"的说法，因为采用"我们"这种说法，可以让人产生团结意识。小孩在做游戏时，常会说"我的""我要"等语，这是自我意识强烈的表现，在小孩子的世界里或许无关紧要，但若长大成人以后仍然如此，就会给人自我意识太强的不良印象，人际关系也会因此受到影响。

人的心理是很奇妙的，同样的事往往会因说话的态度不同，而给人完全不同的感觉。因此善用“我们”来制造彼此间的共同意识，对促进我们的人际关系将会有很大的帮助。“我没有做什么，同事们和我一样战斗在工作第一线，尤其领导更是起了带头作用，为我们做出了榜样。所以今天大家给我的荣誉，我觉得功劳不能归于一人，功劳是大家的。”在一些表彰会上，经常可以听到这样的语言。把“我”说成“我们”，一来显得自己谦虚，二来让领导和同事们听着都很舒服。

中国人有内敛的普遍个性。这种内敛个性成为我们基本价值判断的一部分。如果一个人过分强调自己，什么事都抢着去干，或者什么功劳都揽到自己头上，什么过错都推给别人，这样做很不利于职场发展。

喜欢鲜红色的女士——投其所好

> 不尊重别人感情的人，最终只会引起别人的讨厌和憎恨。
>
> ——（美国）戴尔·卡耐基

故事一：

一个夏日的上午，世界著名的巴黎希尔顿饭店来了一位女士，她直奔服务台，预订了一个豪华的套间，办好手续后便转身离开，到市内观光去了。

在这位女士离开之时，饭店经理注意到了这位女士穿戴极有个性：她身上穿的衣服、手拎的皮包、头上戴的帽子都是鲜红色，足见这位女士对鲜红色特别偏爱。

饭店经理灵机一动，有了一个好主意。他马上召集服务小姐，让她们以最快的速度重新布置那位女士预订的豪华套间，将整个套间的地毯、壁毯、灯罩、床罩、沙发窗帘等全换成那种鲜红色。

这位女士观光回来，推开自己预定的套间，惊奇地发现整个套间的色调竟是自己喜欢的鲜红色，顿觉欣喜无比。

第二天，她面带微笑地交给服务小姐一张 1 万美元的现金支票，并说以后有机会再到巴黎，一定再住希尔顿。希尔顿饭店经理正是由于能投其所好，从而取得了巨大的经济利益。

故事二：

达威尔诺想为纽约一家旅馆供应面包。

4 年期间每周他都去找旅馆负责人。他甚至在旅馆里租了间房间，住在那里，以便达成交易。不过，到底还是没能谈成。

“但后来，”达威尔诺说，“我考虑了人的相互关系的本质以后，我决定改变策略，弄清旅馆负责人对什么感兴趣。我了解到，他是美国旅馆服务员协会的成员。不仅是这一协会的成员，而且还是协会的主席。无论这一协会的代表大会在什么地方开，即便是跋山涉水，漂洋过海，他也会出席。于是，第二天见到他，我开始谈起这个协会。结果如何？他非常起劲地给我谈了半个小时。我一下子明白了，协会是他爱谈的话题，是他的嗜好。当时，我根本没谈面包的事。可没过几天，旅馆的财务管理员打电话给我，请我带样品和价目表去。‘我不知道，您和他在一起干了些什么’，财物管理员对我说，‘但是您可以相信，您现在可以和他达成协议了’。想想吧！我想达成这个协议已经有 4 年了。假如我能早点儿不费劲地了解到这个人对什么感兴趣和他想谈什么的话，早就达成协议了。”

爱抚宠物最基本的方法就是顺着它的毛轻抚，每当主人有这个动作时，猫就会眯起眼睛，并发出满足的叫声；狗呢，就快乐地摇起尾巴，甚至回过身来舔你的手你的脸，作为对你的回应。如果逆着毛摸呢？猫狗因为感觉不舒服，就算不咬你抓你，也会不高兴地跑开。

人其实也是如此，如果你能这么做，那么必然会与身边的同事及上司建立良好的人际关系。你如果能顺着对方的脾气与爱好和他们交往，即投其所好，对方自然会对你产生好感，在工作中，不断给予你帮助和支持。

但是，需要注意的是，千万不能毫无原则地逢迎别人，否则很容易让人产生反感。

总统的交流艺术——一见如故

有的人你和他长住一块儿，保持着亲密的关系，但从来不会推心置腹说心里话；而有些人，刚刚相识，就一见如故，彼此像忏悔一样把所有的秘密都泄露出来。

——（英国）撒缪尔·约翰逊

故事一：

威尔逊刚当选新泽西州州长后不久，有一次赴宴，主人介绍说他是“美国未来的大总统”，这本来是对他的一种恭维，而威尔逊又是怎样回应的呢？首先威尔逊讲了几句开场白，然后接着说：“我转述一则别人讲给我听的故事，我就像这故事中的人物。在加拿大有一群钓鱼的人，其中有位名叫约翰逊，他大胆地试饮某种烈酒，并且喝了很多。结果他们乘火车时，这位醉汉没乘往北的火车，而错搭往南的火车了。其他人发现后，急忙发电报给南开的列车长：‘请把那叫约翰逊的矮人送到往北开的火车上，他喝醉了。’约翰逊既不知道自己的姓名也不知道目的地是哪儿。我现在只确实知道自己的姓名，可是不能如你们所说的一样，知道自己的目的地是哪儿。”听众哈哈大笑。威尔逊接着又讲了一个滑稽的故事，使听众们心情非常愉快。从此，威尔逊的名声大振。

故事二：

富兰克林·罗斯福刚从非洲回到美国，准备参加1912年的参议员竞选。因为他是西奥多·罗斯福的表亲，又是一位有名的律师，自然知名度很高。在一次宴会上，大家都认识他，但罗斯福却不认识其他的来宾。同时，他看得出虽然这些人都认识他，然而表情却显得很冷漠，似乎看不出对他有好感的样子。

罗斯福想出了一个接近这些自己不认识的人并能同他们搭话的主意。于是他对坐在自己旁边的陆思瓦特博士悄声说道：“陆思瓦特博士，请你把坐在我对面的那些客人的大致情况告诉我，好吗？”陆思瓦特博士便把每个人的大致情况告诉了罗斯福。

了解大致情况后，罗斯福借口向那些不认识的客人提出了一些简单的问题，经过交谈，罗斯福从中了解到了他们的性格特点、爱好，知道他们曾从事过什么事业、

最得意的是什么。掌握这些后，罗斯福就有了同他们交谈的话题，并引起了他们的兴趣。在不知不觉中，罗斯福便成了他们的新朋友。

1933年，罗斯福当上了美国总统，他依然采取和不认识者“一见如故”的这种方法。著名的美国新闻记者麦克逊曾经对罗斯福总统的这种方法评价道：“在每一个人进来谒见罗斯福之前，关于这个人的一切情况，他早已了若指掌了。大多数人都喜欢顺耳之言，对他们做适当的颂扬，就无异于让他们觉得你对他们的一切事情都是知道的，并且都记在心里。”

威尔逊和罗斯福总统都是善用“一见如故”这种心理交流法的人。在我们的一生中，经常会遇到这种情况：必须和一群不认识的人打交道。打破与他们之间的界限，消除无形的隔膜，顺利地把自己的意见和思想传达、灌输给他们，使他们能欣然接受，并赞成拥护，甚至把他们变成自己的朋友，这需要不凡的智慧。

人与人之间的不同在于个人的性格兴趣，包括个人的习惯、个人的嗜好、个人的意见、个人的言谈举止等，只要细心地去了解和研究，抓住时机，引发他人的兴趣，使对方觉得你对他们非常关心，就会变不认识为认识，广交天下了。

所以，我们每一个职场新人都要学会与自己不认识的同事或领导“一见如故”，因为当你第一次和别人打交道时，双方都不免有些拘谨，有层隔膜。如果你能主动、大方地打破这层隔膜，对方也能很快融入进来，而你在别人心里也成了一个很容易亲近的人。此外，在职场之中，作为新人的你很需要得到周围人的帮助和支持。如果你和周围的人都能很快打成一片，那么当你需要帮助时，大家自然会对你伸出援手。

遵守规则——规矩办事

欲求倜傥超拔之才，则惧其放荡，而或至于无度；欲求规矩尺寸之士，则病其龌龊，而不能有所为。

——苏 轼

清代红顶商人胡雪岩每做一桩生意时，都履行应该遵守的商业规则，比如绿营兵军官罗尚德上战场之前在胡雪岩开办的阜康钱庄存了一笔银子，当胡雪岩开出存折时，他坚决不要，因为一来他相信胡雪岩的信誉，二来怕自己上战场后，凶多吉少，要不要存折无所谓。但胡雪岩坚持开出存折，称这道手续不能省略。客户存入款项钱庄必须开出存折，这是照规矩办事。又比如胡雪岩与古应春等人合伙卖蚕丝，一下子赚了十万两银子，除去必要的开支外，赚来的银子所剩无几。既然是合伙，胡雪岩仍然坚持分出红利，他说即使自己没有赚到一文钱，红利该分的还是要分。与合作伙伴均分红利，这也是照规矩办事。

正是因为胡雪岩照规矩办事，天下与他打交道的人无不信任他，所以，胡雪岩的生意也越做越大。事实上，每一件事的运作都有其自身的规则，按规矩做事是使事情正常进行下去的必要保证，也是赢得他人信任的基础。这也是上述故事告诉我们的道理。

规矩由人制定，更要由人遵守。规矩的意义和价值，体现在被执行、被遵守中。大家都守规矩，社会才能和谐；人人都按规矩办事，单位才能秩序良好、风清气正。

如果有规矩而不遵守，规矩就会变成多余的摆设，这比没有规矩还要坏。按规矩办事是一种很浅显、很基本的道理，但是，我们的职场新人，大多很年轻，很多时候免不了心浮气躁，容易在遇到具体事情时，想走“捷径”，视规矩为麻烦和障碍，视不守规矩为能耐和本事，到头来免不了受挫、吃亏，所以我们一定要引以为戒。

那么，职场新人应该怎样按规矩办事呢？首先，办事公开，信息透明，在你做事情的过程中，一定要将决策以及办事的程序尽量公开，相关的信息也要公之于众，并不断咨询请教领导或其他同事，让他们来监督你。其次，当你偶尔产生绕过、跳过规矩的想法时，也要立即遏制自己的念头，没有规矩，不成方圆。单位或企业订立规则不是没有理由的，虽然有时候规则可能会跟不上时代的变化，这时，你要做的不是自作主张，而是向领导提出自己的想法，询问领导具体的解决办法。这样一来，不仅领导会对你产生好感，你想办的事情也可以很容易地办成，一箭双雕的好事，何乐而不为呢？

最后，职场新人还需要注意的是，良好信誉的建立，与你能否坚持按规矩办事有着极为密切的关系，只有规规矩矩地做事，才能使人信服，建立信誉，使事情取得良好的结果。不顾章法、不按规矩办事的人，是没有人会相信他的，在职场中很难立足，也就很难获得真正的成功。

父子与驴——勿求面面俱到

对于丑恶没有强烈憎恨的人，也不会对美善有强烈的执着。

——茅 盾

一天，父子俩赶着一头驴进城，子在前，父在后，半路上有人笑他们：“真笨，有驴子竟然不骑！”父亲觉得有理，便叫儿子骑上驴，自己跟着走。走了不久，又有人说：“真是不孝的儿子，竟然让自己的父亲走路！”父亲赶忙叫儿子下来，自己骑上驴。走了一会儿，又有人说：“真是狠心的父亲，自己骑驴，让孩子走路，不怕把孩子累死？”父亲连忙叫儿子也骑上驴背，这下子总该没人有意见了吧！谁知又有人说：“两个人骑在驴背上，不怕把那瘦驴压死？”父子俩赶快溜下驴背，把驴子四只脚绑起来，一前一后用棍子扛着。经过一座桥时，驴子因为不舒服，挣扎了一下，结果掉到河里淹死了！

无论是在工作还是在生活中，要想做到面面俱到，是绝对不可能的。因为就做人而言，一个人无法顾及每一个人的面子和利益，常常是自己认为顾到了，别人却不这么认为，甚至根本不领情也有可能；在做事方面，一个人也不可能顾及每一个人的立场，每个人的主观感受和需要都不同，所以很难让每个人满意，总会有人不满。恪守自己的原则，做自己认为该做的事，会有人称赞你，也会有人骂你，但如果你想面面俱到，恐怕结果是每个人都笑你。

茅盾曾经说过：“对于丑恶没有强烈憎恨的人，也不会对美善有强烈的执着。”社会中总有一些善良的“羔羊”，对任何人、任何事都力求做到面面俱到，取悦于每一个人、执着于每一件事，即使栽了跟头也无怨无悔。他们对这个世界没有一丝一毫的敌意，妄图承受一切，让周围所有的人因为自己的存在而得益，这种想法是善良的，但就是这种善良与周全使他们在现实中处处碰壁。

还有一个耐人寻味的故事：

一位女士结婚不久就离婚了，离婚的原因听起来却像天方夜谭。用她丈夫的话说：“你对我们太好了，我们都觉得受不了。”原来这位女士非常喜欢关心照顾别人，甚至到了狂热的地步。每天除了正常的工作外，所有的家务，包括买菜、做饭、洗衣服、擦地板，等等，都由她一个人包办，别人绝不能插手，弄得丈夫、公公、婆婆觉得像住在别人家里一样。所有的好事几乎都被她做尽了。久而久之，全家人对其忍无可忍，终于提出要让她离开这个家庭，因为他们都感到心理不平衡。

人际交往中要有所保留，初入职场中的人常犯的一个错误就是“好事一次做尽”，以为自己全心全意为对方做事一定会关系融洽、密切。事实上并非如此。因为人不能一味接受别人的付出，否则心理就会失衡。“滴水之恩，涌泉相报”，这也是为了使关系平衡的一种做法。如果好事一次做尽，使人感到无法回报或没有机会回报的时候，愧疚感就会让受惠的一方选择疏远。留有余地，好事不应一次做尽，这也是平衡人际关系的重要准则。

如果想取悦别人，而且想和别人维持长久的关系，不妨适当地给别人一个机会，让别人有所回报，不至于因为内心的压力而疏远了双方的关系。“过度投资”，不给对方喘息的机会，就会让对方的心灵窒息。不面面俱到，留有余地，彼此才能自由畅快地呼吸，才能给心灵一个足够的空间来容纳彼此。

第三章

取悦你的上司，为自己的前途铺路——与上司相处

龚遂与韩信的不同命运——不抢风头

> 真正的谦虚只能是对虚荣心进行了深思以后的产物。
>
> ——（法国）柏格森

龚遂是汉宣帝时代一名贤良能干的官吏。当时渤海一带灾害连年，百姓不堪忍受饥饿，纷纷聚众造反，当地官员镇压无效，束手无策，宣帝派龚遂去任渤海太守。龚遂赴任后，安抚百姓，与民休息，鼓励农民垦田种桑，规定农家每户种一株榆树、一百棵茭白、五十棵葱、一畦韭菜，养两只母猪、五只鸡。对于那些心存戒备、依然带剑的人，他劝说道："干吗不把剑卖了去买头牛？"经过几年治理，渤海一带社会安定，百姓安居乐业，温饱有余，龚遂名声大振。

于是，汉宣帝召他还朝，

他有一个属吏王先生，请求随他一同去长安，说："我对你会有好处的。"

其他属吏却不同意，说："这个人，一天到晚喝得醉醺醺的，又好说大话，还是别带他去为好！"

龚遂说："他想去就让他去吧！"

到了长安后，这位王先生还是终日沉溺在醉乡之中，也不见龚遂。可有一天，当他听说皇帝要召见龚遂时，便对看门人说："去将我的主人叫到我的住处来，我有话要对他说！"一副醉汉狂徒的嘴脸，龚遂也不计较，还真来了。

王先生问："天子如果问大人如何治理渤海，大人当如何回答？"

龚遂说："我就说任用贤才，使人各尽其能，严格执法，赏罚分明。"

王先生连连摆头道："不好，不好！这么说岂不是自夸其功吗？请大人这么回答：'这不是小臣的功劳，而是天子的神灵威武所感化！'"龚遂接受了他的建议，按他的话回答了汉宣帝，宣帝果然十分高兴，便将龚遂留在身边，任以显要而又轻闲的官职。

同样是臣子，而韩信不是这样，刘邦曾经问韩信："你看我能带多少兵？"韩信说："陛下带兵最多也不能超过十万。"刘邦又问："那么你呢？"韩信说："我是多多益善。"这样的回答，刘邦怎能不耿耿于怀！韩信又怎会有好下场呢？

喜好虚荣，爱听奉承话，这是人类天性的弱点，作为一个万人注目的帝王更是如此。

为什么人不同命——多请教

敏而好学，不耻下问。

——《论语》

李亮和陆云是同一所名牌大学的毕业生，他们的成绩都很优秀。两人分配到同一家单位。一年以后，陆云被提升为部门主管，李亮则被调到公司下属的一家机构，职位没有实权，地位明升暗降。为什么呢？

他们分配到该单位后，领导各交给他们一件工作，并交代他们可以全权处理。李亮接到任务后，做了精心的准备，方案也设计得十分到位。他一心投入工作，全然不记得要向领导请示一下。领导是开明的，既然说过让他全权处理，自然也不干涉，但也没有和下面人交代什么。等到李亮把自己的计划付之于实践时，各部门人员见他是新来的，免不了有些怠慢，李亮心直口快，与一个人顶了起来，这可惹了麻烦，因为这人正是公司总经理的亲信。后果可想而知，他的工作处处受阻，最后计划中途“流产”。

陆云接到任务后，经过周密分析调查，提出了若干方案给领导看，又向领导逐条分析利弊，最后向领导请教用哪个方案。这时，领导对他的分析已经信服了，就采取了他所推荐的那个方案。这时他又问领导如何具体实施，领导说：“你自己放手干吧，年轻人比我们有干劲。”陆云连忙说：“我刚来，一切都不熟悉，还得多听领导的意见。”因为陆云的态度谦恭，意见又到位，领导很满意，当即给几个部门的主管打电话，让他们大力协助陆云的工作。因为有了领导的交代，陆云在实施自己的方案时又时时注意与各部门人员的协调，所以他的工作完成得又快又好。

孔子教导我们要“不耻下问”，但“上问”也是必不可少的。领导也许学历不如你，某些方面的能力也不强，但是他能成为领导自然有他的长处，多向他请教不但能提高自己的能力，有助于做好工作，还能给领导留下良好的印象。

很多刚入职场的年轻人因为害羞而不敢向领导请教，或者因为自傲而不愿向领导请教，又或者害怕向领导请教会显得自己没水平……其实大可不必顾虑这些。多思勤问的人总会得到领导的重视的：一是，你的提问显出你对工作的热情和思考；二是，你的提问显出你的谦虚和诚恳。这样的人谁会不喜欢？

你是不是常常向上司询问有关工作的事？或者是自己的问题，有没有跟上司一起商量呢？如果没有，从今天起，你就应该做出改变，尽量地发问。有心的上司都很希望他的部下来询问，这表示他在工作上有了不明之处，而上司予以回答，就能减少错误。如果假装什么都懂，一切事都不问，上司会觉得“这个人恐怕不是真懂”，会对你的能力表示怀疑。

表扬过后——拿捏分寸

职员能否得到提升，很大程度不在于是否努力，而在于上司对你的赏识程度。

——（美国）科尔曼

美国人力资源管理学家科尔曼曾说过：“职员能否得到提升，很大程度不在于是否努力，而在于上司对你的赏识程度。”但是，一旦发现上司对你非常赏识，你也千万不要以此为荣，更不要因此骄傲蛮横、目中无人。而是要学会把握好分寸，分寸把握不好，上司对你的赏识也就会慢慢变味，把握好分寸，领导才会更欣赏你。

利曼是一家出版公司的图书编辑，最近在做一些小动物的书，将这些小动物的生态情况等做一些介绍，读者对象是小朋友，要把原来那些科普味很浓的文字都修改成儿童感兴趣的文字。

上司对利曼的工作非常满意，他经常当着同事的面夸奖利曼，说利曼的感觉很好，其文字很符合孩子们的心理特征。利曼第一次听上司如此说的时候，心里很高兴，也很自豪，自己的付出得到肯定，自然很欣慰。但是，后来上司说得多了，利曼就觉得不太妥当。觉得上司如此表扬自己事实上是否定了其他员工的工作，如此一来很容易被其他同事妒忌。最后，一旦将来工作没有做好，上司会觉得自己没有用心去做。于是利曼决定找准时机来防止上司过多的赞扬。

再次开会时，上司又表扬了利曼。上司话音刚落，利曼即站起来恰到好处地说：“经理，您对我满意我很知足，但其实我的成绩都是在同事们的帮助下取得的，他们才是幕后默默支持我的英雄。而且，进公司这么久以来，我从您的身上也学了很多。在未来的工作过程中，我希望大家不要嫌弃我拙劣，能够多多帮助我，让我能够有所进步和提高！”

面对上司的赏识一定要沉得住气，拿捏好分寸做出最理智的回应，千万不能招来众怒，引起不必要的麻烦。

毛毛虫实验——不盲从

人多不足以依赖，要生存只有靠自己。

——（法国）拿破仑

缺乏自信心，盲从他人，往往会给自己带来损失或伤害。要想在生活中、事业上有所成就，就必须善于用自己的头脑思考问题，想人之未想，见人之难见，为人之不能为，并坚信自己终究会达到目的，方能获得成功。

法国有位叫约翰·法伯的科学家曾做过一个著名的实验，人们称之为“毛毛虫实验”。法伯把若干只毛毛虫放在一只花盆的边缘上，使其首尾相接围成一圈，在花盆不远的地方，撒了一些毛毛虫喜欢吃的松叶，毛毛虫开始一只跟一只，绕着花盆，一圈又一圈地走。一个小时过去了，一天过去了，毛毛虫还在不停地、坚韧地爬行，一连走了7天7夜，终因饥饿和筋疲力尽而死去。而这其中，只需任何一只毛毛虫稍微与众不同地改变其行走路线，就会轻而易举地吃到松叶。

毛毛虫不懂得变通，只会盲目地跟着前面的毛毛虫走，所以它们又叫游行毛毛虫，只会一只跟着一只转圈圈，而没有一只摆脱原来的路，去走一条新路，最后只能死去。许多失败者就像毛毛虫一样，放弃主宰自己的命运，总是按别人的意愿过日子。这种“最大的失败者”的突出特点就是盲从，他们没有目标，就像一艘没有舵的船，永远漂流不定，只会到达失望、失败和丧气的海滩。

“永远不可能靠着盲目而成为世界第一名，想要成为世界第一名就得要立异、要创新。”宝马汽车公司总裁曾如此说。当时，宝马公司发现，奔驰车设计得越来越高档，而且看起来很气派、高贵，适合重要人物使用。一向生产高档车的宝马决定抓住这个商机，走年轻人的路线，走时髦的路线，使车款开始趋向于流线型跑车，与众不同的设计使宝马获得了成功。

的确，因循守旧，踩着别人的脚印前进，只会使你陷入思想的沼泽地。只有挣脱思维模式的桎梏，才能欣赏到别人看不到的风景。

工作中也是如此。上司虽然比我们经验丰富，但一味盲从就会失去自我，丧失思考力，这样的员工是不会得到上司的青睐的。那些有独到见解和新颖创意的人，往往会受到重视，而我们为什么不做他们中的一员呢?

第四章

用谁不重要，重要的是怎么用——任用下属

刘秀的驭人术——收放结合

一张一弛，文武之道。

——《礼记》

只有懂得收放分寸的人，才能将主动权稳固地把握于己身。

刘秀当上东汉开国皇帝后，有一段时间很是忧郁。群臣见皇帝不开心，一时议论纷纷，不明所以。一日，刘秀的宠妃见他有忧，怯生生地进言说：“陛下愁眉不展，妾深为焦虑，妾能为陛下分忧吗？”刘秀苦笑一声，怅怅道：“朕忧心国事，你何能分忧？俗话说，治天下当用治天下匠，朕是忧心朝中功臣武将虽多，但治天下匠的文士太少了，这种状况不改变，怎么行呢？”

宠妃于是建议说：“天下不乏文人大儒，陛下只要下诏查问、寻访，终有所获的。”刘秀深以为然，于是派人多方访求，重礼征聘。不久，卓茂、伏湛等名儒就相继入朝，刘秀这才高兴起来。刘秀任命卓茂做太傅，封他为褒德侯，食两千户的租税，并赏赐他几杖车马、一套衣服、丝绵五百斤。后来，又让卓茂的长子卓戎做了太中大夫，次子卓崇做了中郎，给事黄门。

伏湛是著名的儒生和西汉的旧臣，刘秀任命他为尚书，让他掌管制定朝廷的制度。卓茂和伏湛深感刘秀的大恩，他们曾对刘秀推辞说：“我们不过是一介书生，

为汉室的建立未立寸功，陛下这般重用我们，只怕功臣勋将不服，于陛下不利。为了朝廷的大计，陛下还是降低我们的官位为好，我们无论身任何职，都会为陛下誓死效命的。”

刘秀让他们放心任事，心里却也思虑如何说服功臣朝臣，他决心既定，便有意对朝中的功臣们说：“你们为大汉的建立立下大功，朕无论何时都会记挂在心。不过，治理国家和打天下不同了，朕任用一些儒士参与治国，这也是形势使然啊，望你们不要误会。”

尽管如此，一些功臣还是对刘秀任用儒士不满，他们有的上书给刘秀，开宗明义地表达了自己的反对之意，奏章中说：“臣等舍生忘死追随陛下征战，虽不为求名求利，却也不忍见陛下被腐儒愚弄。儒士贪生怕死，只会搅动唇舌，陛下若是听信了他们的花言巧语，又有何助呢？儒士向来缺少忠心，万一他们弄权生事，就是大患。臣等一片忠心，虽读书不多，但忠心可靠，陛下不可轻易放弃啊。”

刘秀见功臣言辞激烈，于是更加重视起来，他把功臣召集到一处，耐心对他们说：“事关国家大事，朕自有明断，非他人可以改变。在此，朕是不会人言亦言的。你们劳苦功高，但也要明白‘功成身退’的道理，如一味地恃功自傲，不知满足，不仅于国不利，对你们也全无好处。何况人生在世，若能富贵无忧，当是大乐了，为什么总要贪恋权势呢？望你们三思。”

刘秀当皇帝的第二年，就开始逐渐对功臣封侯。封侯地位尊崇，但刘秀很少授予他们实权。有实权的，刘秀也渐渐压抑他们的权力，进而夺去他们的权力。大将军邓禹被封为梁侯，他又担任了掌握朝政的大司徒一职。

刘秀有一次对邓禹说：“自古功臣多无善终的，朕不想这样。你智勇双全，当最知朕的心啊。”邓禹深受触动，却一时未做任何表示。他私下对家人说：“皇上对功臣是不放心啊，难得皇上能敞开心扉，皇上还是真心爱护我们的。”邓禹的家人让邓禹交出权力，邓禹却摇头说：“皇上对我直言，当还有深意，皇上或是让我说服别人，免得让皇上为难。”

邓禹于是对不满的功臣一一劝解，让他们理解刘秀的苦衷。当功臣们情绪平复下来之后，邓禹再次觐见刘秀说：“臣为众将之首，官位最显，臣自请陛下免去臣的大司徒之职，这样，他人就不会坐等观望了。”

刘秀嘉勉了邓禹，立刻让伏湛代替邓禹做了大司徒。其他功臣于是再无怨言，纷纷辞去官位。他们告退后，刘秀让他们养尊处优，极尽优待，避免了功臣干预朝政的事发生。

放纵是有条件的，在某些方面，该放的就要放；而在另一些方面，该收的也一定要收。职场之中也是这个道理，对下属控制得太紧，容易引起对方的反抗情绪，他们的才华也无法得到完全施展。稍微放宽些，给他们一定空间，反而更能调动起他们的积极性，他们对你的忠诚度也会增加许多。

刘邦的自知之明——起用强者

信任往往可以换来忠诚。

——（英国）富勒

有一次，汉高祖刘邦与韩信谈论诸将才能高下。刘邦问道：“你看我能指挥多少兵马？”韩信回答：“陛下至多能指挥十万兵马。”刘邦又问：“那你能指挥多少兵马呢？”韩信自豪地回答：“臣多多益善耳。”刘邦笑道：“既然你带兵的本领比我大，却为什么被我控制呢？”韩信很诚实地说：“陛下不善于指挥兵，但善于驾驭将，这就是我被陛下控制的原因。”

韩信话说得很实在、很坦诚，刘邦不但不怒，反而很满意。因为他很有自知之明，他说自己不是全才，在很多方面不如自己的下属。他之所以能打败不可一世的楚霸王项羽，一统天下，是因为重用了一些某些方面比自己能力更强的人。

在启用强者方面，刘邦表现出了一个统帅最值得称道的品格和能力。打天下如此，干其他事业也莫不如此。美国钢铁大王卡内基的墓碑上刻着一行字“这里躺着一位善用比自己能力更强人的人”，一语道破了上司应有的管理品质。工作中下属是能人的现象随处可见，否则就会一代不如一代。然而每个上司对待能力高强的下属的态度却千差万别，正是由于这不同的态度和做法，不仅影响着能干的下属的命运，同样也影响着自身利益。那么，作为上司，应善用能力比自己强的下属。

能力强的人的可贵就在于有主见、有创意，不随波逐流，不看别人的眼色行事。他们创造力强，能为组织带来绩效，为上司开创局面，甚至其能力超过上司。既是创新开拓就难免与传统、权威不一致，甚至也可能与上司合不来。任何发明创造、改革进取都不能保证百分之百的成功，错误与失败在所难免，甚至失败多于成功。上司用强于自己的人要有“大肚能容，容天下难容之士”的雅量，这样才能成就大业，成常人难成之举。

以欣赏的心态来看待有能力的人。要平和积极地对待表现出色的下属，不要有嫉妒心理。如果有嫉妒心理，就会有许多过激的行为和语言产生，这大大影响到上司自身的形象和声誉。以欣赏的心态来看待下属，这样不仅下属会有自豪感和荣耀感，而且也会积极地把能力都发挥出来，而上司自身也会得到尊重、信赖，大家就会团结起来，于是工作效率会大大提高。

对待有能力的下属要把握 3 点：

1. 要用

给能人挑战性的工作，千方百计地调动能人的积极性，让他们出色地完成工作，让他们的能力得到发挥，让他们的才华得到施展，给他们以舞台满足感。只有这样才能留住他们，不然，离去只是迟早的事情。

2. 要管

能人毛病多，恃才傲物，有时甚至爱自作主张，因此，必须要管，要有制度约束，要多与之进行思想沟通交流，力争达成共识和共鸣。目的在于让他们与你相互了解，防止因相互不了解而产生误会和用人不当，出现麻烦和损失。

3. 要养

如果能人是鱼，组织就是水，而这个组织就是由组织中的每一位成员组成，也包括能人自己。因此除了要引导能人少说多做，做出成绩外，还要善意地帮他改掉毛病，同时也要教导组织成员解放思想、更新观念，见贤思齐，使组织形成团结合作积极进取的健康氛围。只要组织健康良好，自然就能养住能人，而且还会培育出更多的能人和吸引组织外的能人进来，使组织成为一个聚贤的宝地。养能还包括荐举能人和培养人才，为自己的升迁做准备。

因此，如果你希望你的下属能够各尽其才、各尽其能，为公司的发展而奋斗，就必须敢于起用他们，让他们的才华推动公司的发展。

乾隆的妙招——调解矛盾

一个橱柜里的碗碟难免会磕磕碰碰。

——谚 语

上司对下属间的摩擦，最好是采取循循善诱的方法，耐心细致地从思想引导着手。切不可采取强硬粗暴的态度，更不可以用“高压”的手段。

据说乾隆年间，有一天，乾隆在新任大学士和珅和三朝元老刘统勋的陪同下，到承德避暑山庄的烟雨楼前观景赋诗。

乾隆向东一望，湖面碧波荡漾，向西一观，远方山峦重叠，不禁随口说道：“什么高，什么低，什么东，什么西。”刘统勋随口和道：“君子高，臣子低，文在东来武在西。”宰相和珅见刘统勋抢在他的前面，十分不快，想了一下说道：“天最高，地最低，河（和）在东来流（刘）在西。”这里，“河”与“流”明指热河向西流入离宫湖，但和珅却用谐音暗示自己与刘统勋，并借皇家礼仪上的东为上首、西为下首的习俗暗示刘统勋：你虽是三朝元老，但在我和珅之下。

刘统勋听了，知道和珅诗意所指，甚是恼怒，便想寻机报复。这时，乾隆要两人以水为题，拆一个字，说一句俗语，做成一

首诗。刘统勋望着清波中自己老态龙钟的面容，偷视了一下和珅自负的得意之形，灵机一动，咏道：

“有水念溪，无水也念奚，单奚落鸟变为鸡。得意的狐狸欢如虎，落坡的凤凰不如鸡。”

和珅听罢，既暗自赞叹刘统勋的才华，又为诗中讽刺他是狐狸和鸡而恼怒，便反唇相讥道：“有水念湘，无水还念相，雨落相上便为霜。各人自扫门前雪，哪管他人瓦上霜。”言外之意，暗示刘统勋不要多管闲事。

乾隆听罢两人的诗，自然觉出了两人不和的弦音，便面对湖水说道：“两位爱卿，朕也不妨对上一首：有水念清，无水也念青，爱卿协心便有情。不看僧面看佛面，不看孤情看水‘情’。”

和珅和刘统勋听罢，心中为之一震，顿时脸上烧得火辣辣的，知道皇上是在诱导他们应当同心协力。二人当即拜谢乾隆皇帝。从此，和珅和刘统勋便结为忘年之交。

自己的下属，包括自己在内是一个整体，这个整体的运行态势决定于每个人，更决定于每个人的合作态度。有的人能力很强，但是喜欢独来独往，而有的人虽然成绩不突出，但是富于合作精神。在领导看来，其实更加喜欢后一种人，因为他能够使大家团结起来，共同工作。

在日常的工作中，大家强调团队精神，只有在大家的合作之下，工作效率才能够提高。能力高但不具备团队精神的人会影响整个集体的运转。

身为上司，经常会遇到一些十分棘手的问题，比如下属闹情绪、不和……都需要你去调解。但要注意的是，上司在调解这些问题时一定要公正、不偏不倚。调解好了下属的矛盾，使他们都对你心生感激，你才可以从容地驾驭下属。

屈尊降贵的吴起——讲究情义

最失败的领导，就是那种员工一看见你，就像鱼一样没命地逃开的领导。

——（日本）松下幸之助

讲究情义是人性的一大弱点，中国人尤其如此，“生当陨首，死当结草”“女为悦己者容，士为知己者死”，无一不是“感情效应”的结果。

吴起是战国时期著名的军事家，他在担任魏军统帅时，与士卒同甘共苦，深受下层士兵的拥戴。当然，吴起这样做的目的是要让士兵在战场上为他卖命，多打胜仗。他的战功大了，爵禄自然也就高了。

有一次，一个士兵身上长了个脓疮，作为一军统帅的吴起，竟然亲自用嘴为士兵吸吮脓血，全军上下无不感动，而这个士兵的母亲得知这个消息时却哭了。有人奇怪地问道：“你的儿子不过是小小的兵卒，将军亲自为他吸脓疮，你为什么哭呢？你儿子能得到将军的厚爱，这是你家的福分哪！”这位母亲哭诉道：“这哪里是在爱我的儿子呀，分明是让我儿子为他卖命。”

人非草木，孰能无情，有了这样“爱兵如子”的统帅，部下能不尽心竭力，效命疆场吗？

在现代企业中，强调人性化，最大限度调动员工的积极性，这正与中国古代的这一对待士兵的原则相合。日本著名的企业家松下幸之助就是一个注重屈尊降贵的人，他曾说过：“最失败的领导，就是那种员工一看见你，就像鱼一样没命地逃开的领导。”他每次看见辛勤工作的员工，都要亲自上前为其沏上一杯茶，并充满感激地说：“太感谢了，你辛苦了，请喝杯茶吧！”正因为在这些小事上，松下幸之助都不忘记表达出对下级的爱和关怀，所以他获得了员工们一致的拥戴，他们都心甘情愿地为他效力，企业于是越做越大。所以，我们的领导者对于下属应该强调人性化的领导和管理，这样下属才会积极工作、做到最好。

国王与大力士——活用权力

人们对于一位君主及其能力的第一个印象，就是通过对他左右的人们观察得来的。

——（意大利）马基雅维利

公司的每一次成功都是领导与下属共同努力的结果。一个领导的决策再高明，如果没有下属的有效执行，也形同虚设。因为下属就是领导的手脚，领导要想自如地运用自己的手脚，必须给他们力量与勇气。如果你的创意足够高明，却经常束缚自己的手脚，那么你也很难获得大的成就。

古时，有一个王国正在遭受邻国的入侵，国王再也坐不住了，他面向全国征兵，要进行一场反击。

一天，有一位被称为天下无敌的大力士被召入伍，国王对他宠信有加，所以主动向他提出来："你应征入伍，有什么职位要求吗？"

大力士回答他说：“做新兵的统领。”

“当然可以。”

一个月之后，国王见大力士迟迟没有要带兵出击的意思，眼看敌人就要攻入城内，国王非常着急，他召见了大力士：“你已经统兵一个多月了，为什么还不上战场呢？”

大力士非常镇静地回答：“我没有好的马与大刀。”

国王于是答应说：“我可以赐予你一匹宝马与一把宝刀。”

这回国王总算放心了，希望大力士早日起程。但是当他得知自己的军队在前线大败时，才发现大力士依然没有出发。国王非常愤怒地责问大力士：“你如果再不出兵，国家就要灭亡了，我满足了你提出的条件，你为什么还不出兵？”

大力士回答说：“我还想提一个要求，你必须提供我四千两黄金。”

无奈，国王只好答应了。

几天后，前方传来消息，大力士带兵大获全胜，把敌人赶出了国门。国王非常高兴，但是，他还是不知道前几次大力士为什么不轻易出战。于是，在为大力士举行的庆功宴上，国王问他说：“你为什么前两次不肯出战呢？”

大力士回答说：“没有锐利的武器，部队就没有锐气，没有黄金，士兵的家属没有必要的生活保障，他们就会有后顾之忧，没有一定时间的训练，也就不能形成统一有效的指挥。”

国王愕然，面对一场重要的战争，没有充分的准备是注定要吃败仗的。

公司中，也有许多这样的“国王”，他们身居要职，高高在上，但常常不体恤“民情”，只是希望自己的意志一旦被传达下去就立刻被执行。其实，现实往往会与他们的意愿相背离，不是下属不能实现目标，不是他们没有成功的意念，而是他们在付出前会有所顾虑——巧妇难为无米之炊，更何况让员工去倾尽全力挽救一份事业、赢得一份事业呢？卓越的老总往往会非常敏锐地意识到这一点，必要的时候，他们会提供给员工一定的财力、物力、人力，以让他们全身心地投入到工作中，而不会因此分散他们的精力，让他们产生顾虑。

有句话说，“没有不好的组织，只有不好的领导”。你手中的权力可以限制员工的“自由”，但是绝不能限制他们能力的发挥，你需要用这种领导权力来促进他们的能力，充分施展他们的才华。只有这样，才能真正让自己的事业越来越大。